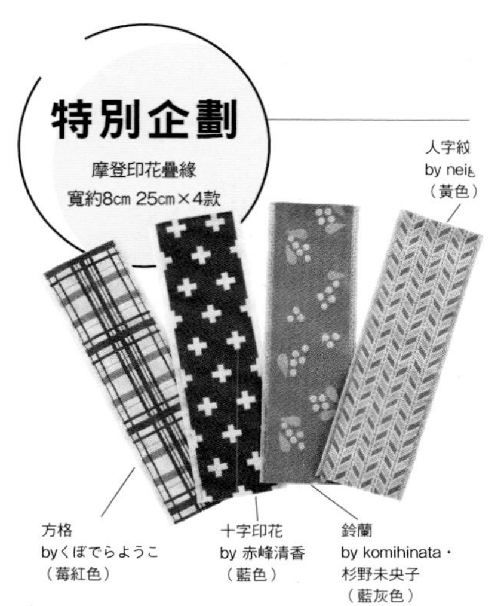

特別企劃
摩登印花疊緣
寬約8cm 25cm×4款
人字紋
by neige
（黃色）
方格
byくぼでらようこ
（莓紅色）
十字印花
by 赤峰清香
（藍色）
鈴蘭
by komihinata・
杉野未央子
（藍灰色）

人氣作家監製

摩登印花疊緣

Kojima beri JAPAN

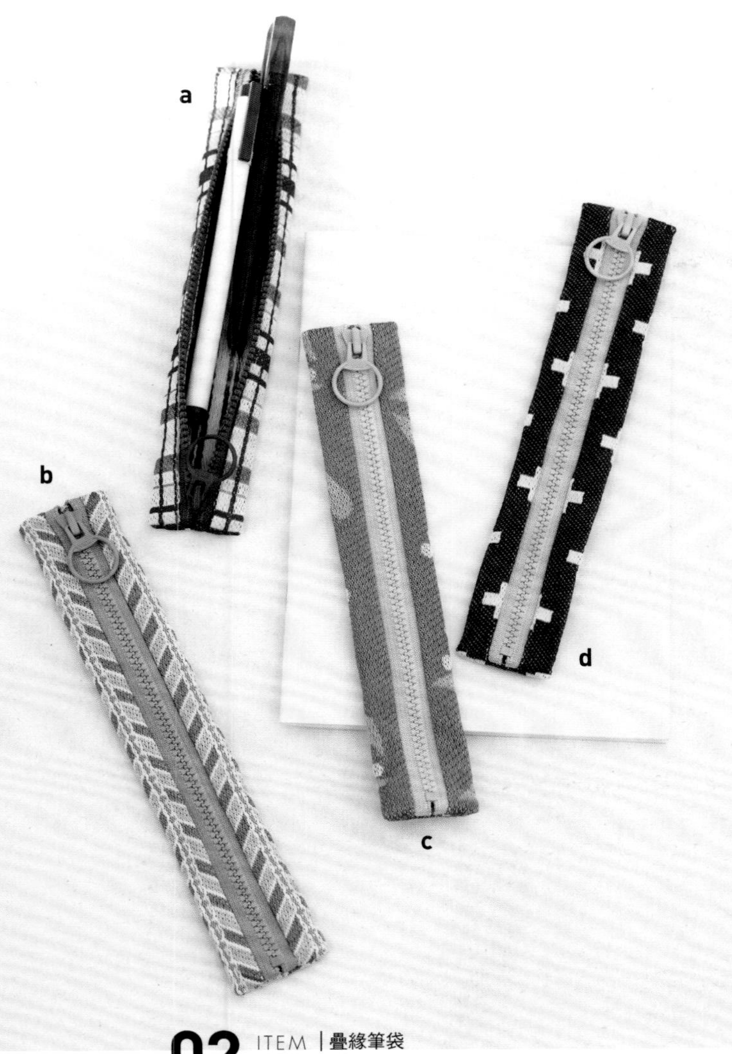

No.02 ITEM｜疊緣筆袋

作 法｜P.07

只需一條疊緣及一條20cm拉鍊即可製作。不只可當成筆袋，收納鉤針也恰好合適。建議可搭配彩色拉鍊玩出撞色的效果。

【疊緣】**a**＝格紋byくぼでらようこ（莓紅色） **b**=人字紋by neige+・猪俣友紀（黃色） **c**＝鈴蘭by komihinata・杉野未央子（藍灰色） **d**＝十字印花by赤峰清香（藍色）／FLAT（髙田織物株式会社） 拉鍊＝Vislon圓環拉鍊 20cm 莫藍迪色調10條組3VSR20-10MIX／日本紐釦貿易株式会社

No.01 ITEM｜疊緣零錢包

作 法｜P.07

疊緣手作初學者，就從這款零錢包開始吧！
不但短時間可完成，成品還很結實牢固。
收納飾品也很推薦。

【疊緣】**a**＝人字紋by neige+・猪俣友紀（黃色） **b**＝鈴蘭by komihinata・杉野未央子（藍灰色） **c**＝十字印花by 赤峰清香（藍色） **d**＝方格byくぼでらようこ（莓紅色）／FLAT（髙田織物株式会社）

攝影＝回里純子　造型＝西森 萌

現今，備受矚目的手藝素材！

這個夏天，要用疊緣作什麼？

現下，手藝界最火熱的是疊緣手作！
此素材優點在於縫製的便利性、高質感的完成度及豐富的可愛圖案。
本單元將介紹人氣手作家利用獨家設計的疊緣，創作出的當季推薦單品。

No.03 創作者
赤峰清香
@sayakaakaminestyle

十字印花疊緣

摩登的十字印花疊緣是由赤峰清香小姐設計。雙面可用也是其魅力所在。

圖案一致的包底

採用相同的十字印花疊緣，底部也要時尚！成品兼具挺度與強度。

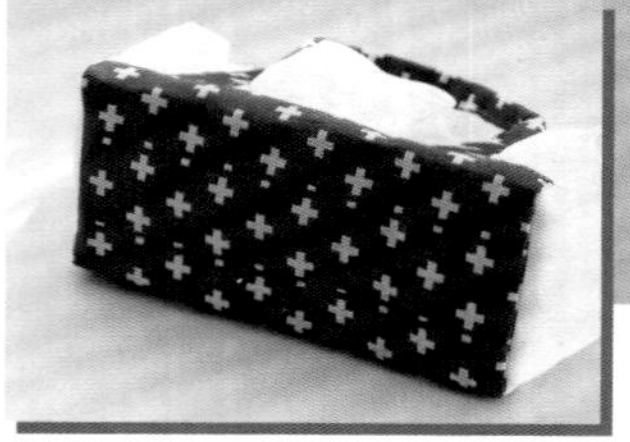

No.03 ITEM｜疊緣工具包
作 法｜P.66

以綠色的十字印花疊緣×純白疊緣的配色，表現出清爽活力感的寬版工具包。活用疊緣挺度的外口袋，便於收納零散物品。

疊緣A＝珍珠（No.70）　疊緣B＝十字印花by 赤峰清香（綠色）／FLAT（高田織物株式会社）

b

a

有內口袋

由於有大型內口袋，可方便收納手機等物品。

No.04

ITEM｜疊緣圓提把包
作 法｜P.68

短暫外出或物品較多時，可作為備用包使用的圓提把包。此尺寸放入A4文件也OK。

【a】疊緣A＝人字紋by neige+・猪俣友紀（米色）疊緣B＝法國 by neige+・猪俣友紀（黑白色調）疊緣C＝iroha （No.11・紫色）
【b】疊緣A＝人字紋by neige+・猪俣友紀（黃色）疊緣B＝人字紋by neige+・猪俣友紀（藍灰色）疊緣C＝iroha（No.02・深藍色）／FLAT（高田織物株式会社）

No.04 創作者
猪俣友紀
@neige__y

No.05

ITEM｜疊緣束口提袋
作 法｜P.70

將鈴蘭印花的疊緣拼接起來，製成涼爽的單提把包。深度足可裝入500ml的水瓶，也很適合搭配浴衣外出。

疊緣＝鈴蘭by komihinata・杉野未央子（藍灰色）／FLAT（髙田織物株式会社）

可愛的圓底！

直徑約15㎝的圓底，穩定性極佳又萬用。

No.05創作者
komihinata・杉野未央子
@komihinata

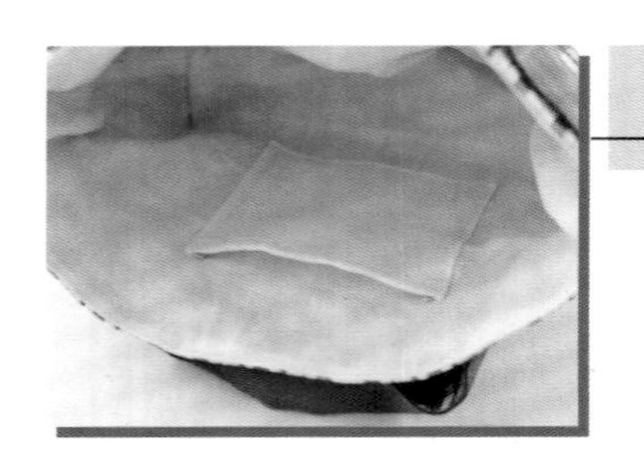

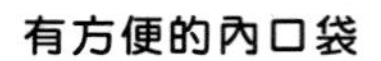

有方便的內口袋

No. 06 ITEM｜疊緣橫長包
作 法｜P.71

配合格紋樣式的疊緣，製作成橫長寬版的時尚布包，可橫向放入B5文件。綠色提把則是收斂整體的重點色搭配。

疊緣A＝方格byくぼでらようこ（森林綠）疊緣B＝iroha（No.05・綠色）／FLAT（髙田織物株式会社）

No.06創作者
くぼでらようこ
@dekobokoubou

more&more

享受疊緣樂趣的方式

FLAT 倉敷美觀地區店
（日本鄉土玩具館）
岡山縣倉敷市中央1-4-16
營業時間：10:00～17:00
停車場：無
公休日：年初年末／不定期公休

FLAT 兒島本店
（髙田織物株式会社敷地）
岡山縣倉敷市兒島唐琴2-2-53
營業時間：10:00～15:00
停車場：有
公休日：週日＆國定假日
（週六不定期公休／公司營業日無休）

去瞧瞧！

FLAT

疊緣產地的聖地，在岡山縣倉敷市被稱作疊緣博物館的日本第一疊緣專賣店。在這裡可以發現＆找到喜愛的疊緣！

＼ 可愛疊緣＆最新的疊緣資訊看這裡！ ／

FLAT

https://flat-shop.net

線上買！

疊緣專賣店FLAT的線上購物網站，在日本全國24小時都能享受購物樂趣。

一起來玩疊緣手作

完成尺寸
寬7.5×高6.5cm

原寸紙型
A面

材料
疊緣 約8cm 寬25cm
裡布（棉布）25cm×10cm
四合釦 10mm 2組

P.03_ No.01 疊緣零錢包

疊緣裁切圖

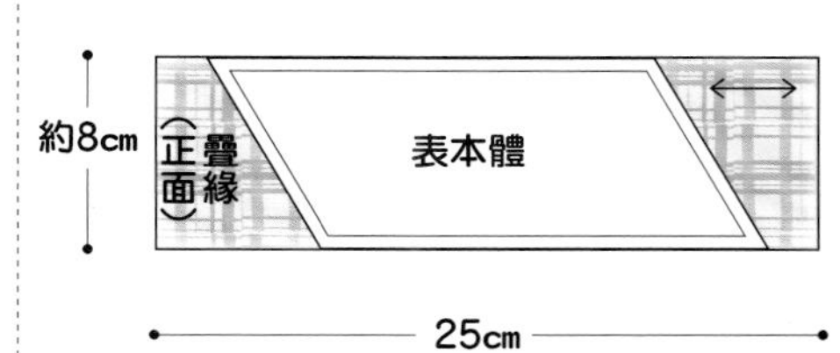

約8cm
疊緣（正面）
表本體
25cm

裁布圖

※紙型翻面使用。

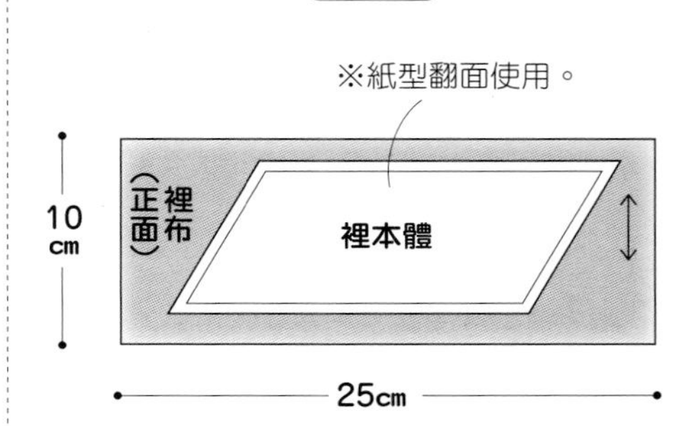

10cm
裡布（正面）
裡本體
25cm

1. 疊合表本體＆裡本體

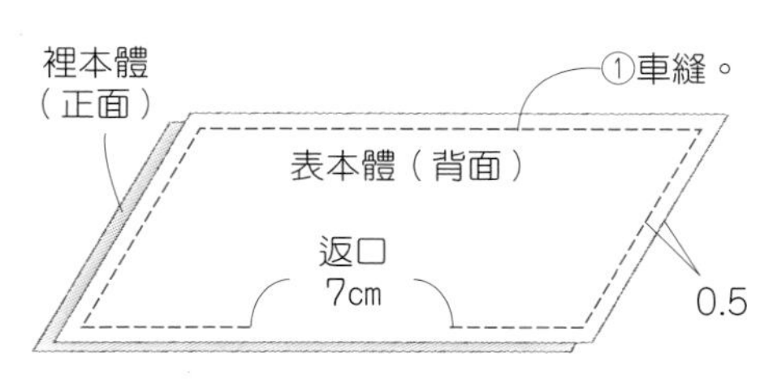

裡本體（正面）
①車縫。
表本體（背面）
返口 7cm
0.5

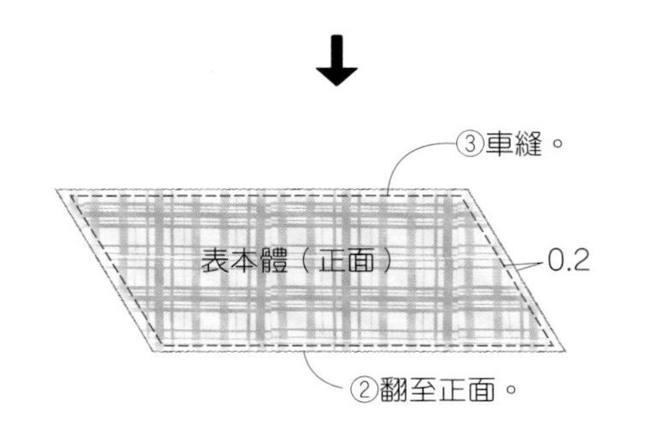

③車縫。
表本體（正面）
0.2
②翻至正面。

2. 安裝四合釦＆摺疊扣合

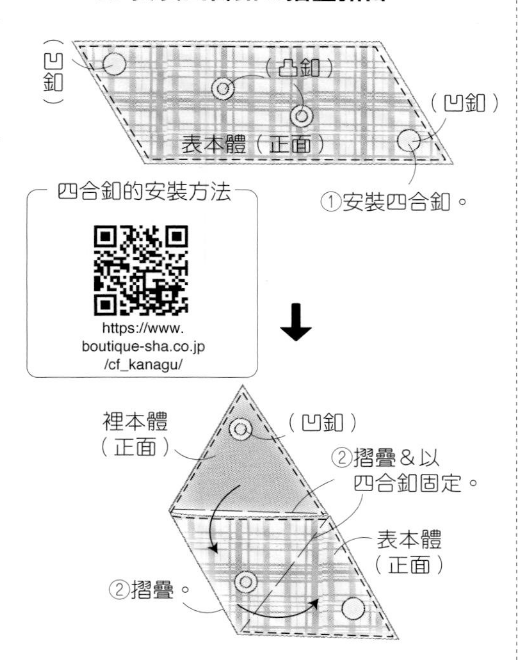

（凹釦）
（凸釦）
（凹釦）
表本體（正面）
四合釦的安裝方法
https://www.boutique-sha.co.jp/cf_kanagu/
①安裝四合釦。
裡本體（正面）
（凹釦）
②摺疊＆以四合釦固定。
表本體（正面）
②摺疊。

完成尺寸
寬22×高7.6cm

原寸紙型
無

材料
疊緣 寬約 8cm 25cm
Vislon拉鍊 20cm 1條

P.03_ No.02 疊緣筆袋

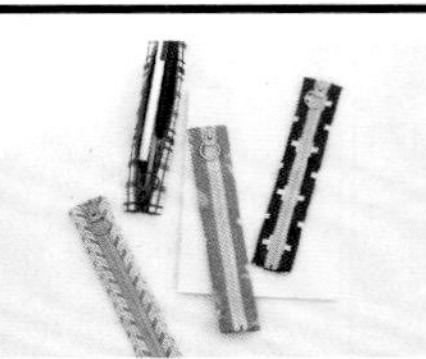

疊緣裁切圖

※標示尺寸已含縫份。

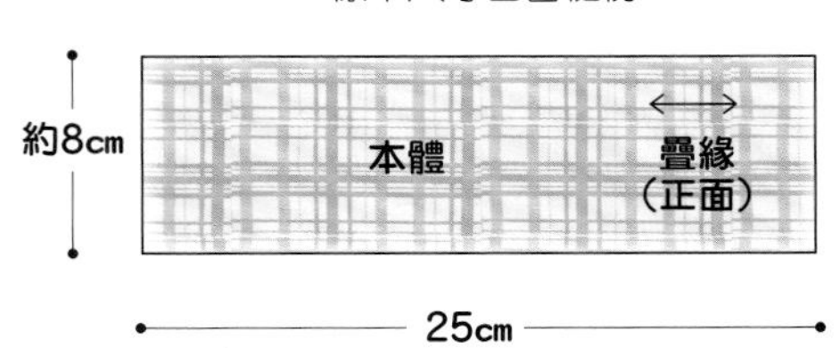

約8cm
本體
疊緣（正面）
25cm

1. 接縫拉鍊

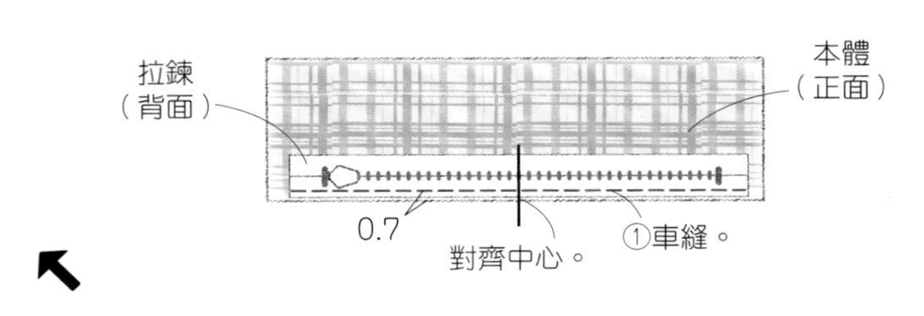

拉鍊（背面）
本體（正面）
0.7
對齊中心。
①車縫。

2. 車縫本體

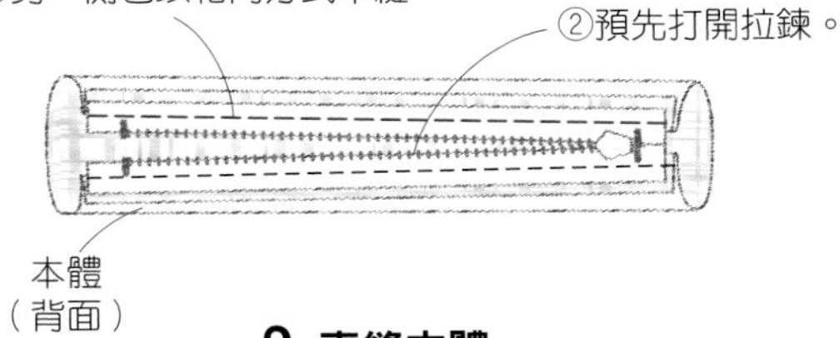

③另一側也以相同方式車縫。
②預先打開拉鍊。
本體（背面）

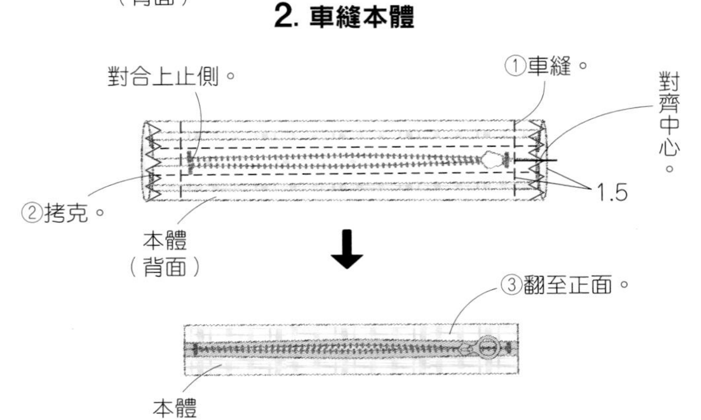

對合上止側。
①車縫。
對齊中心。
1.5
②拷克。
本體（背面）
③翻至正面。
本體（正面）

一秒打開各國旅遊勝地的迷人風光
立體紙雕的世界美景
Seiji Tsukimoto
月本せいじ◎著

Summer Edition
2023 vol.61

CONTENTS

封面攝影　回里純子
藝術指導　みうらしゅう子

SI
PARAÍSO

Let's enjoy! 夏色手作

作品 INDEX

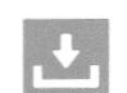

此符號標示的作品，代表「可自行下載＆列印含縫份紙型」。詳細說明請至P.62確認。

BAG

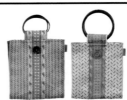

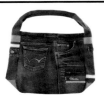

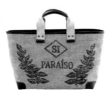

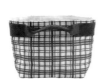

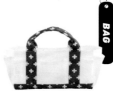

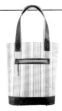

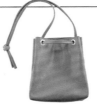

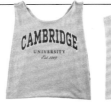

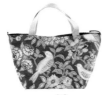

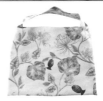

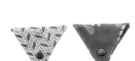

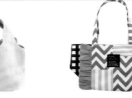

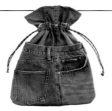

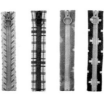

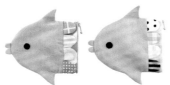

No.42
P.47 企鵝波奇包
作法｜P.104

No.40
P.46 石蟹波奇包
作法｜P.102

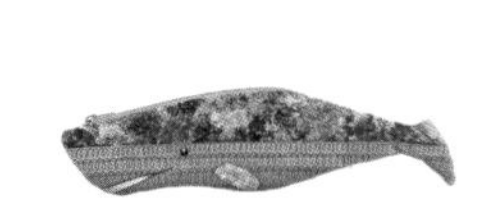

No.39
P.46 抹香鯨波奇包
作法｜P.101

No.38
P.45 掀蓋式波奇包
作法｜P.100

No.37
P.45 扇貝邊束口波奇袋
作法｜P.99

No.22
P.25 袖套
作法｜P.81

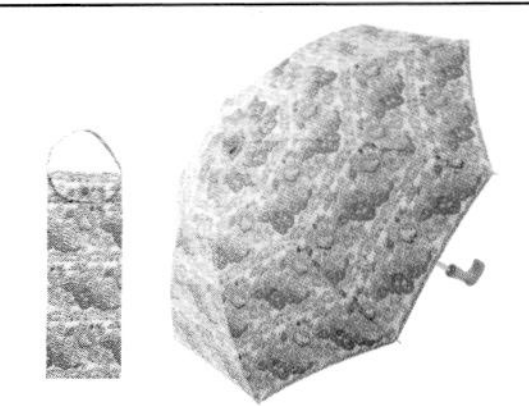

No.19
P.23 摺疊陽傘＆傘套
作法｜P.80

No.17
P.22 可摺疊紙纖維布帽
作法｜P.78

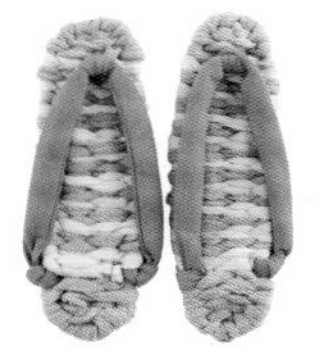

No.16
P.17 布草履
作法｜P.18

FOOD
CAS

No.08
P.13 盆栽套
作法｜P.73

ZAKKA&ETC...

No.51
P.56 扁平波奇包
作法｜P.112

No.52
P.57 刺子繡～團扇
作法｜P.57

No.50
P.56 兔子玩偶
作法｜P.111

No.49
P.52 針插（紫陽花）
作法｜P.65

No.48
P.52 針插（黃花敗醬草）
作法｜P.65

No.47
P.52 針插（薊花）
作法｜P.65

No.41
P.47 發光水母胸針
作法｜P.103

No.46
P.51 寬鬆直筒連身裙
作法｜P.110

No.45
P.50 寬鬆直筒長版上衣
作法｜P.108

No.44
P.49 輕便褲
作法｜P.106

No.43
P.48 雙面裙
作法｜P.105

No.14
P.16 oversize 褶襉T恤
作法｜P.77

WEAR

直接列印含縫份紙型吧！

本期刊登的部分作品，
可以免費自行列印含縫份的紙型。

- 不需攤開大張紙型複寫。
- 因為已含縫份，列印後只需沿線剪下，紙型就完成了！
- 提供免費使用。

進入
"COTTON FRIEND PATTERN SHOP"

https://cfpshop.stores.jp/

※P.62 至 P.63 刊有詳細的下載方法。

改造麻布袋

DONGOLOS

粗紋麻布的袋子，以咖啡豆袋的印象而廣為人知。尺寸大且耐用，因此除了居家佈置及製作背包之外，也適用於野餐或園藝等場景，進行不同改造就能享受多變的樂趣。麻布袋可於咖啡店或二手購物商店取得。

這個夏天，一起來享受改造之樂

改造手作節！

本次選用了容易改造的牛仔褲及T恤，再加上麻布袋素材的改造好點子。夏季改造手作節開始！

攝影＝回里純子　造型＝西森 萌　妝髮＝タニ ジュンコ　模特兒＝桜庭結衣

SI
PARAÍSO

No.07

ITEM｜麻布袋托特包

作 法｜P.72

麻布袋搭配皮革，改造成有護角的正式布包。裡布使用厚棉布，結構堅固且側身寬達16cm，裝入大量物品也沒問題。

No.07, 08創作者

布包講師・冨山朋子

@popozakka

No.08

ITEM｜盆栽套
作 法｜P.73

種植觀葉植物時，比起直接以購買時的花盆擺放，加上麻布袋製作的盆栽套，更添居家佈置的樂趣。由於作法簡單，是很推薦新手的改造手作。

No.09

ITEM｜面紙套
作 法｜P.109

亦可吊掛使用的非盒裝面紙專用套。麻布袋的紅線，帶來自然時尚的效果。

No.10

ITEM｜袖珍包面紙套
作 法｜P.109

利用麻布袋改造作品的餘布，簡單製作袖珍包面紙套。由於立刻就能完成，也適合當成贈禮。只要掌握運用標誌區塊的訣竅，成品質感就會大提升。

改造牛仔褲

JEANS

揹在肩上是這種感覺！

牛仔褲改造的訣竅

牛仔褲的裁剪方法

1

從褲角沿股下縫線剪開。

2

攤開後就成為一片丹寧布。

腰帶等部分若想直接使用，就拆開縫線取下。

完整取用口袋的方法

1

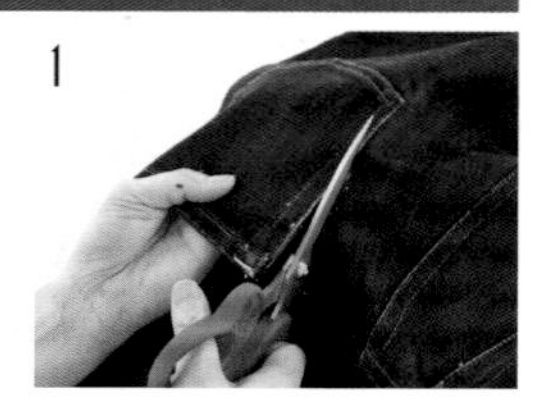

將口袋連同本體一起剪下。

2

從背面側沿著縫線裁剪本體。

3

取下口袋了！

No. 11

ITEM | 皮革底牛仔包
作 法 | P.74

這是一款單背帶式的牛仔丹寧布包。底部採用皮革拼接，製作出高質感。露出腰帶環背面的紅線，或接縫上適合丹寧布的配件，就能讓整體產生一致性。

No.11創作者

布包講師・冨山朋子

@popozakka

No. 12

ITEM｜牛仔束口包
作 法｜P.69

將牛仔褲的脇線放在正面，並以口袋為設計重點。因是口袋豐富的束口包，分類零散物品特別方便。

No. 13

ITEM｜拉鍊口袋波奇包
作 法｜P.76

裁下2片保留了周圍縫份的口袋後，只需車縫拉鍊即完成的簡單設計。作為少許小物的專用收納包非常好用。

No.14,15創作者

縫紉作家・加藤容子

@yokokatope

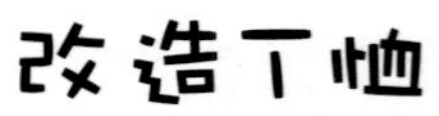
改造T恤

T-SHIRT

使用oversize T恤

No. 14

ITEM | oversize褶襉T恤
作 法 | P.77

改造oversize T恤。在腰部＆袖子加入褶襉，呈現出女人味的線條。由於尺寸較大，因此讓人在意的臀部也能蓋住，進化成自在好穿的長版上衣。

改造喜愛的文字T！
CAMBRIDGE
UNIVERSITY
SUNSET
ARIZONA

CAMBRIDGE
UNIVERSITY
Est. 1209
SUNSET
IN THE DESERT OF
ARIZONA

No. 15

ITEM ｜環保袋
作 法 ｜P.76

將T恤裁剪領口＆袖口，輕鬆製作環保袋。T恤即使不收邊也不會脫線，作為改造素材非常方便；但材質較軟的T恤，還是建議進行拷克補強以免過鬆，耐用度也較讓人放心。

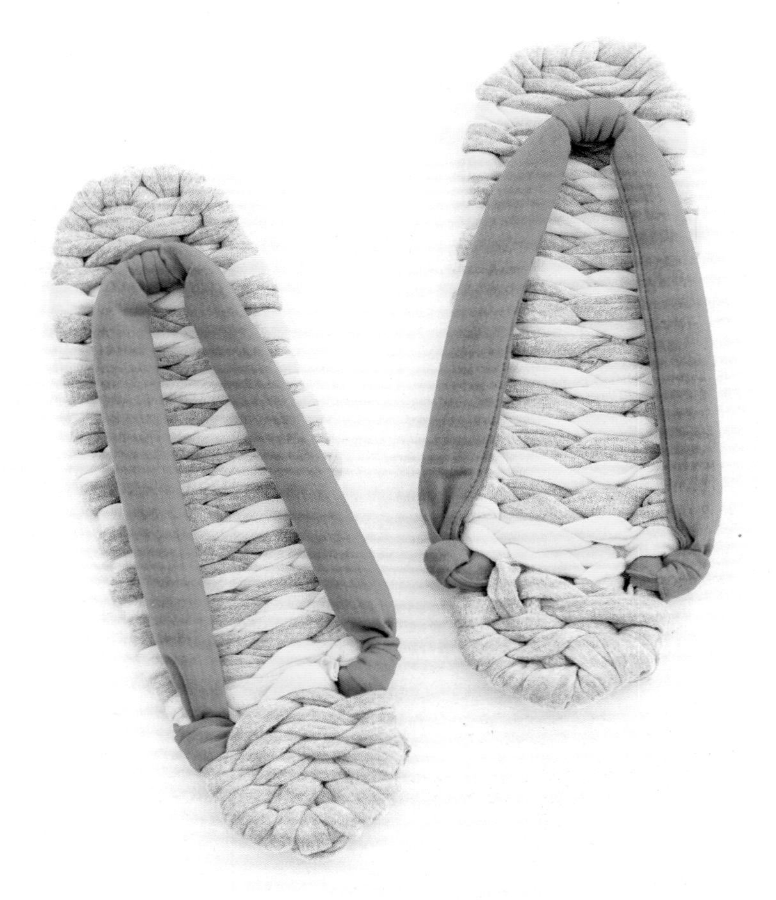

No. 16

ITEM ｜布草履
作 法 ｜P.18

舊T恤變身布草履！可以有各種色彩組合、搭配繽紛色彩的鼻緒（草履帶），或組合各種圖案都很可愛。次頁將進行簡單易懂的說明，請務必試著作作看！

P.17 No.16 布草履的作法

工具・材料

T恤（女版L size）2件

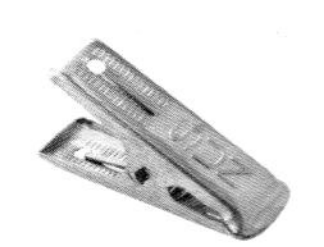

洗衣夾 1個

塑膠繩 粗0.8cm 3m

褲裙架 1支

配布（棉）70×40cm

單膠鋪棉 60×10cm

1 製作編繩

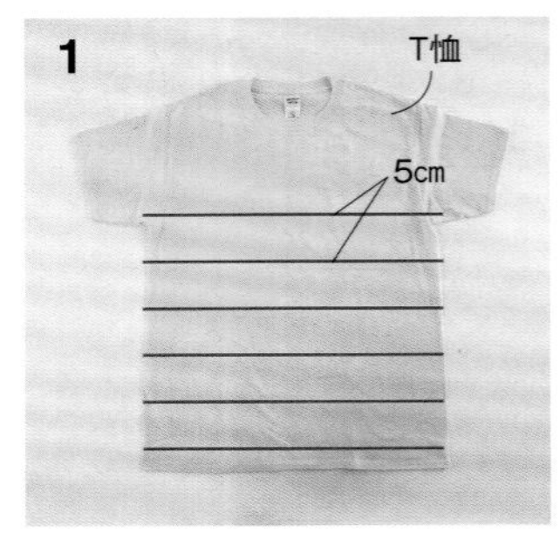

1
T恤
5cm

將T恤剪成5cm寬。

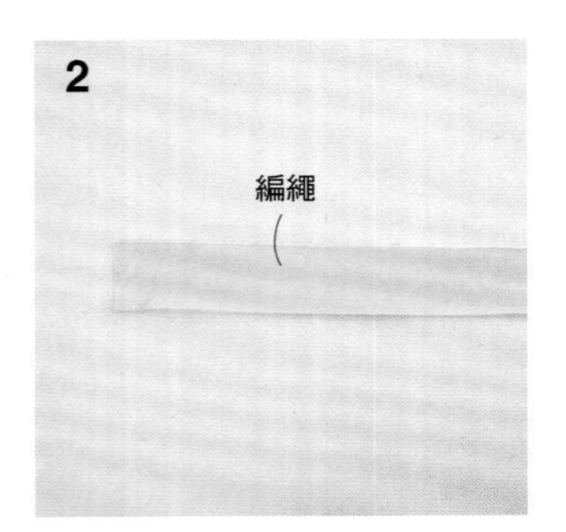

2
編繩

剪開兩脇縫線，即為1條的長度。

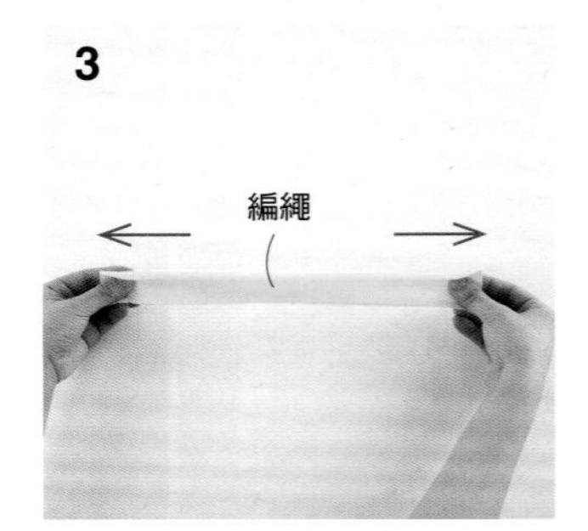

3
編繩

輕拉編繩兩端，使切邊捲起。

2 準備基底

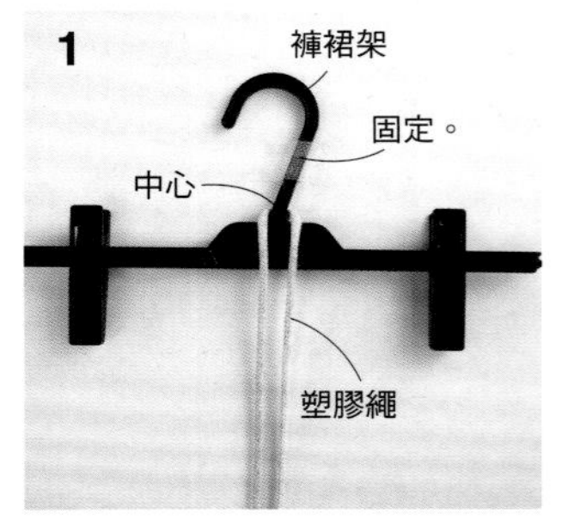

1
褲裙架
固定。
中心
塑膠繩

將150cm的塑膠繩打結成環狀，繩子中心掛在褲裙架上。再以膠帶將褲裙架提把固定在桌面上。

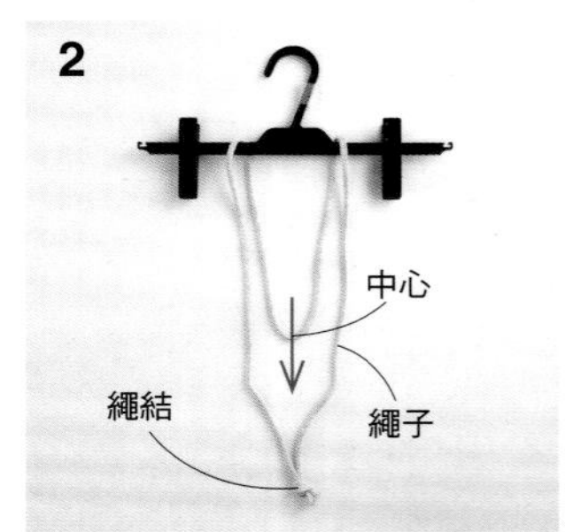

2
中心
繩結
繩子

將繩環中心往下拉。

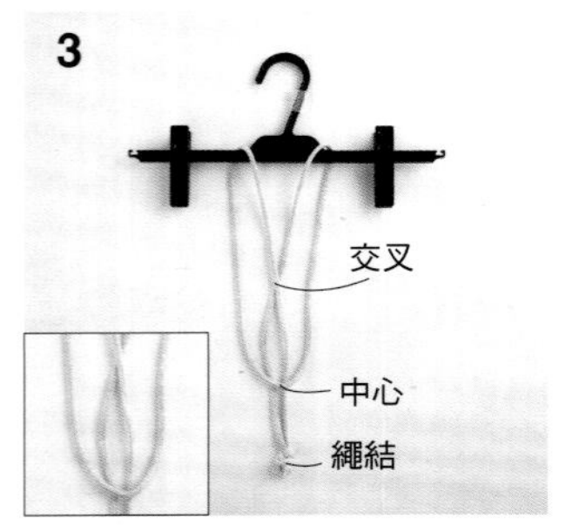

3
交叉
中心
繩結

使繩結端的兩線交叉，以繩環中心在上的方式放置。

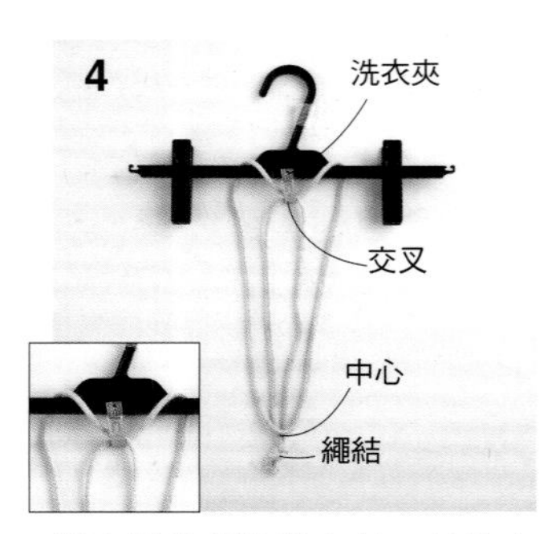

4
洗衣夾
交叉
中心
繩結

將交叉的部分往上拉，以洗衣夾固定。

3 編織腳跟

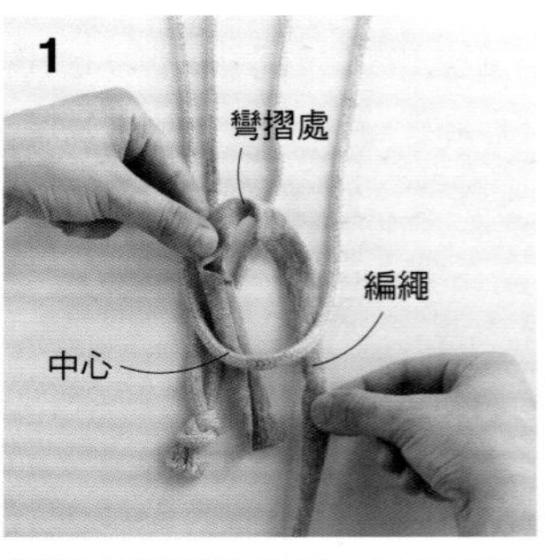

1
彎摺處
編繩
中心

從腳跟側開始編織。摺疊編繩一端，將編繩的彎摺處置於繩子中心的下方。

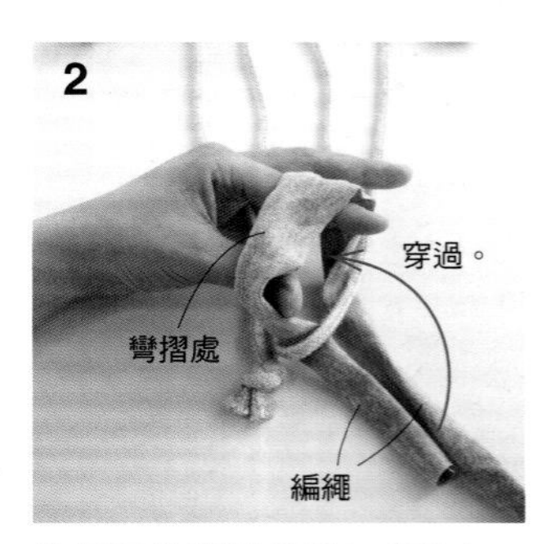

2
穿過。
彎摺處
編繩

將編繩的彎摺處掛在手指上，將編繩兩端回穿過彎摺處。

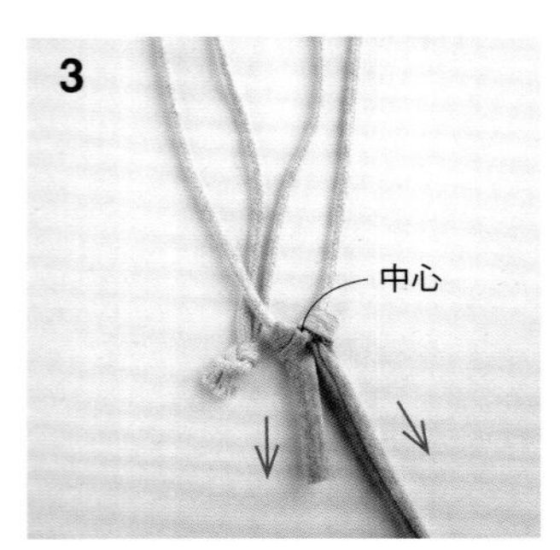

3
中心

拉緊編繩末端，固定在繩子中心。

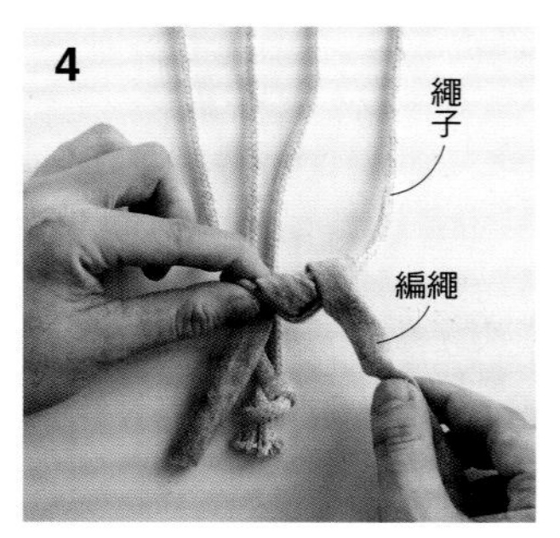
4
繩子
編繩

以編繩較長的一端，纏繞繩子2圈。

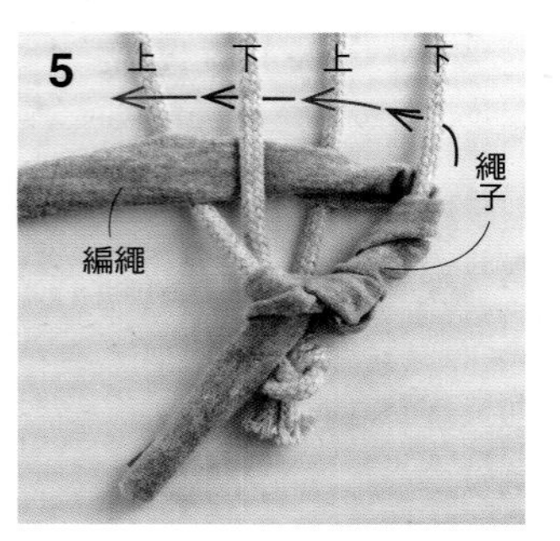
5
上 下 上 下
繩子
編繩

將編繩從繩子右端，以下→上→下→上的方式穿過。

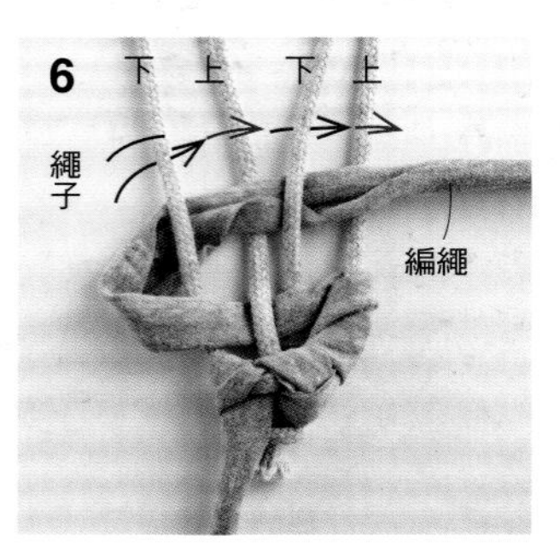
6
下 上 下 上
繩子
編繩

第2排與第1排交錯，從繩子左側以下→上→下→上的方式穿過。

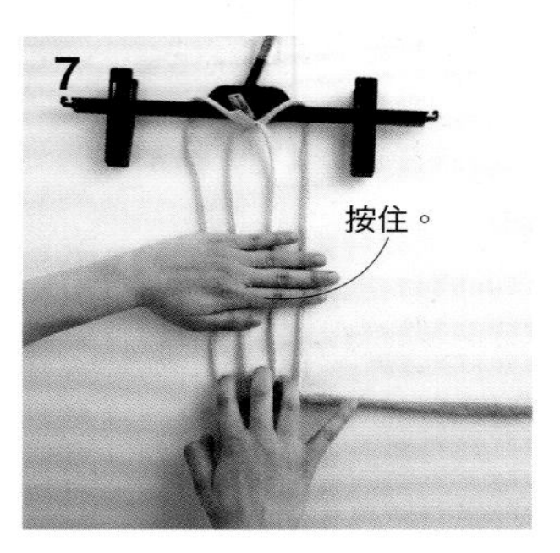
7
按住。

第2排編好後，以手指往下拉，並調整織目。※此步驟可一邊編織，一邊適度進行。

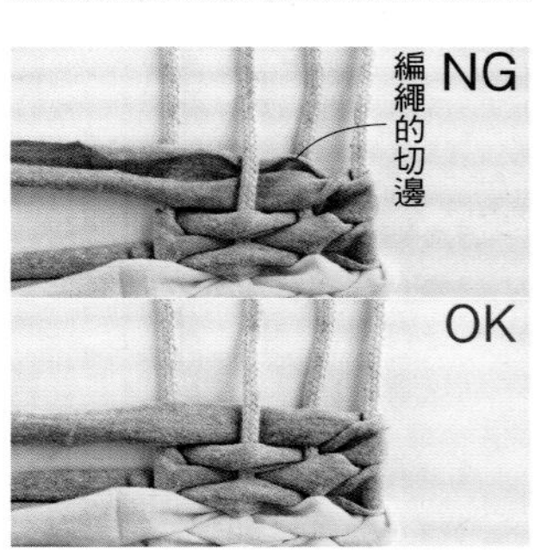
編繩的切邊
NG
OK

進行調整，以免編繩切邊外露。

4 編織本體

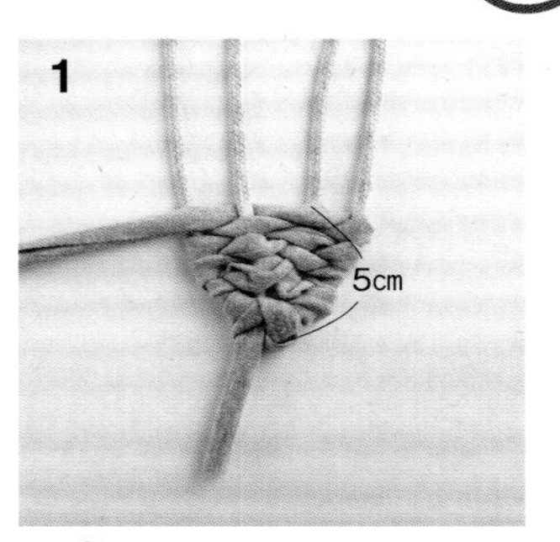
1
5cm

以③-**5**至**7**相同作法繼續編織5cm後，替換編繩顏色。編織完成，將末端直接穿出外側。

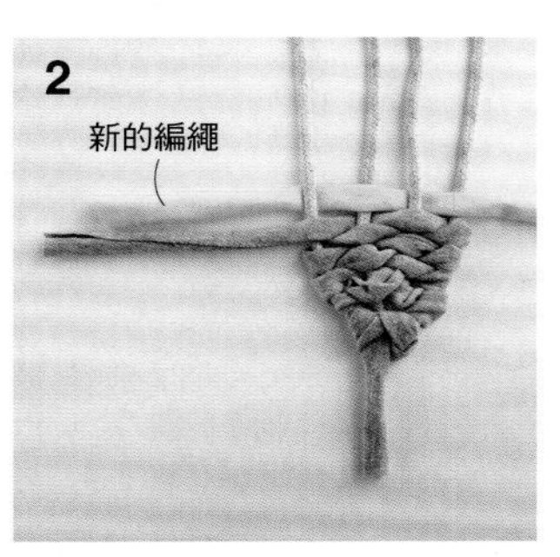
2
新的編繩

將新編繩的末端留在外側，開始編織。當編繩變短時，也以相同方式處理。

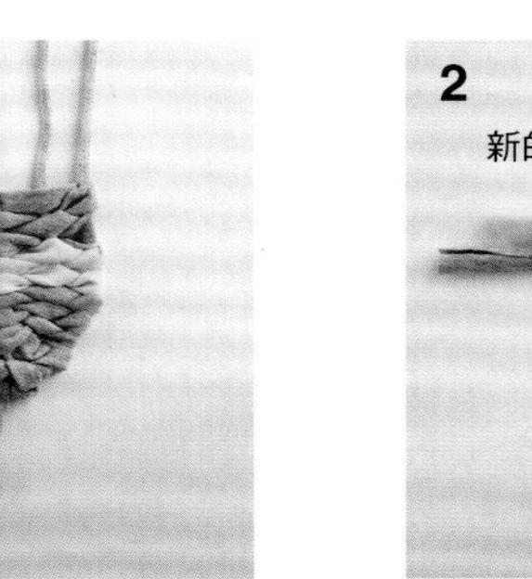
3

一邊變換喜好的顏色，一邊繼續編織。

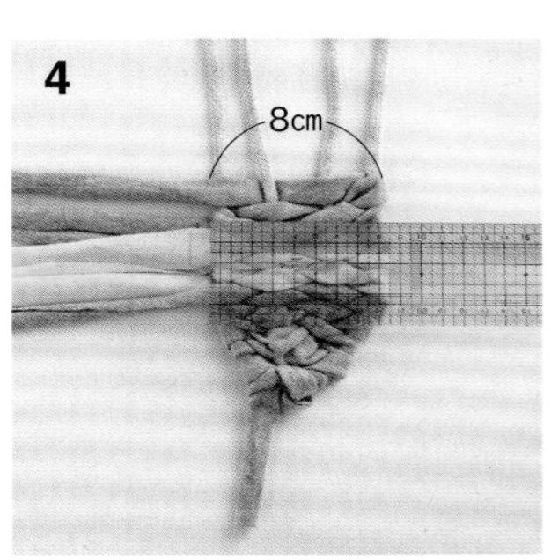
4
8cm

編好7至8排時，先確認寬度。（女鞋參考尺寸＝8cm）
調整至符合寬度後，再進行編織。

5 編織腳尖

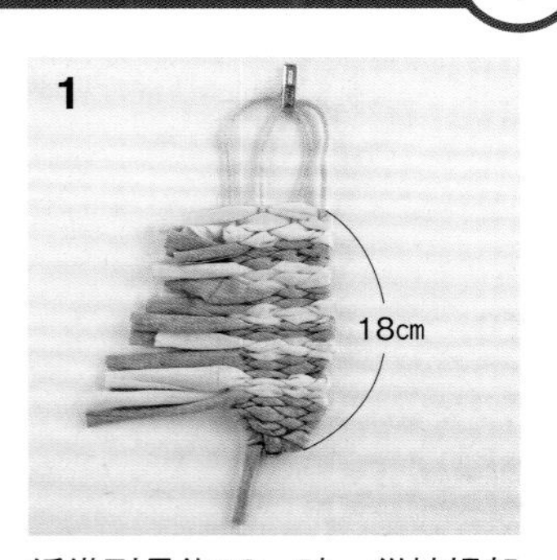
1
18cm

編織到長約18cm時，從褲裙架上移下。

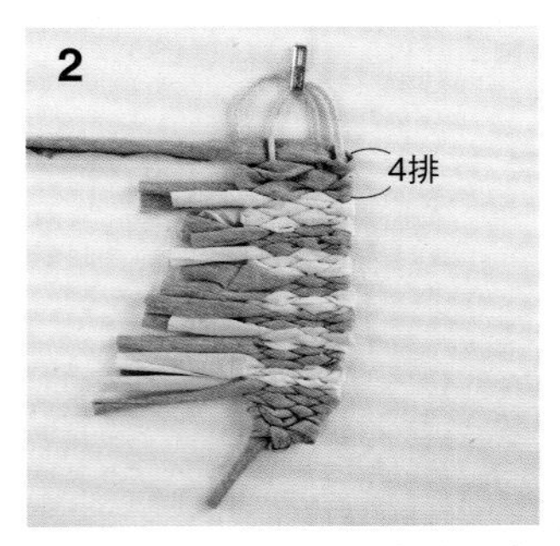
2
4排

編織約4排，讓編繩末端從左側穿出。

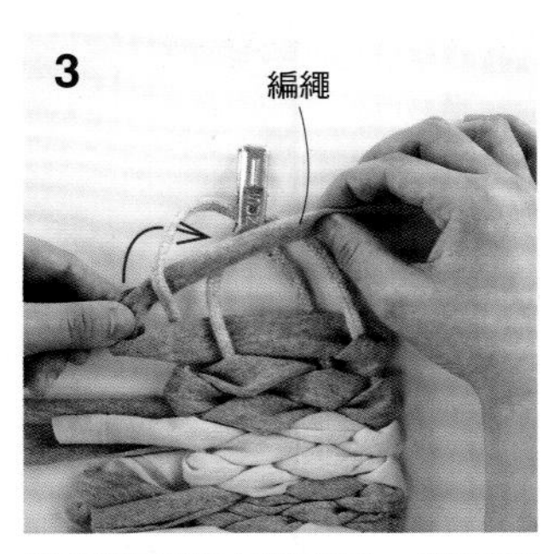
3
編繩

將編繩穿過左端繩子，進行纏繞。

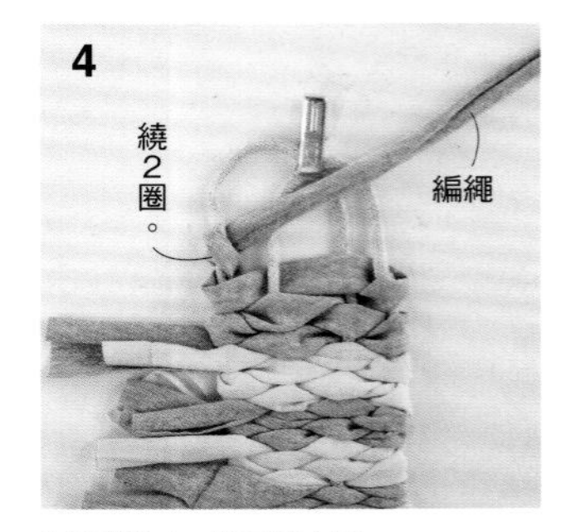
4
繞2圈。
編繩

以同樣方式再繞1圈。

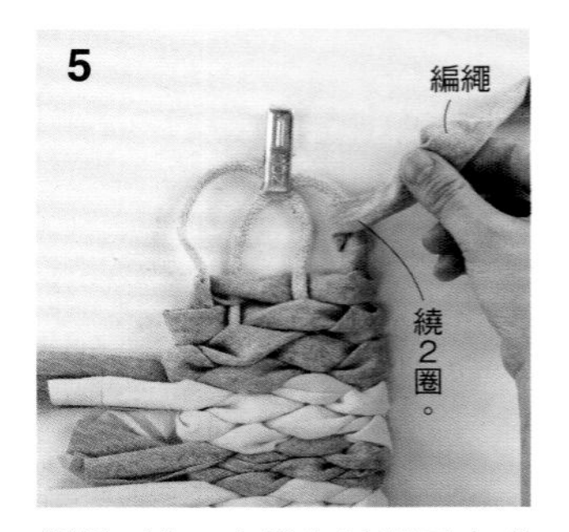
5
編繩
繞2圈。

編織1排，右端也以相同方式將編繩纏繞在繩子上2圈。

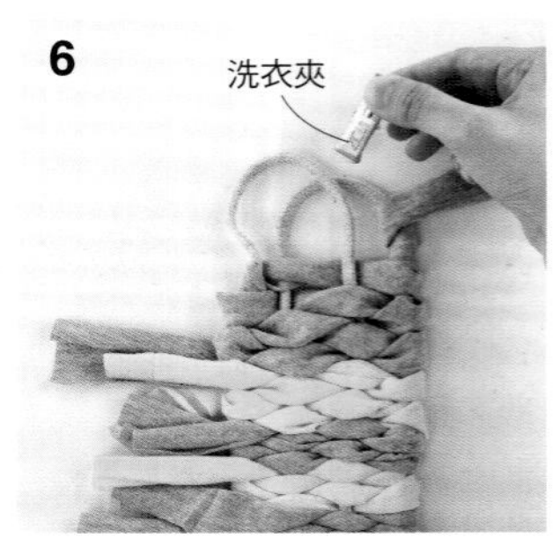
6
洗衣夾

拿下洗衣夾。

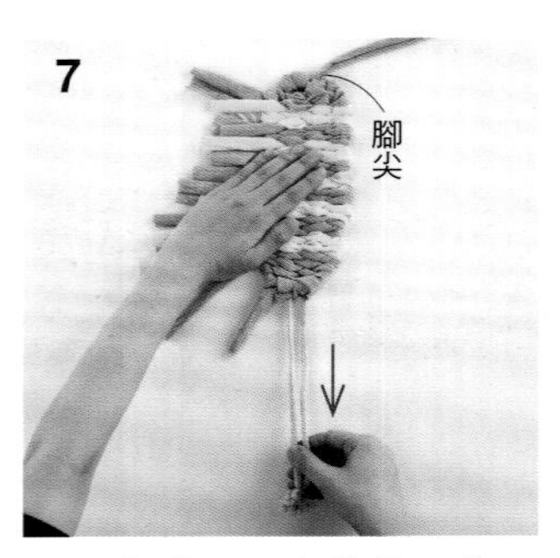
7
腳尖

壓住本體，用力將繩子往下拉，調整至使腳尖具有弧度。

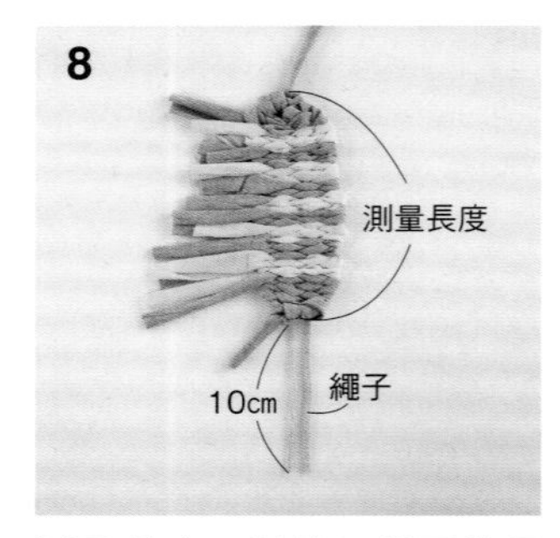
8
測量長度
10㎝
繩子

測量長度，調整至想要的尺寸（女用＝23㎝）。將腳跟側（起編處）的繩子剪成約10㎝。

6 處理繩端

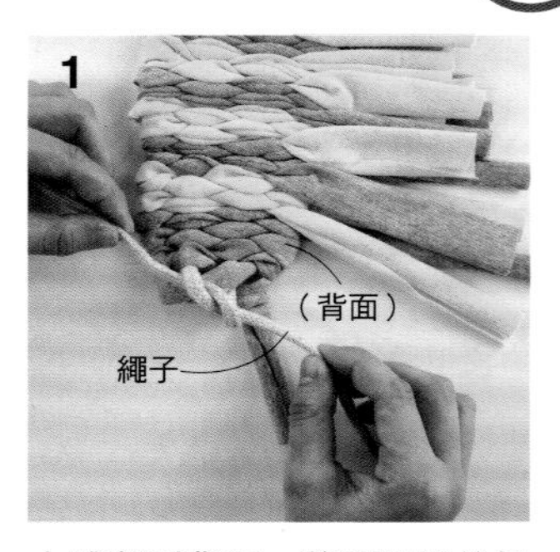
1
（背面）
繩子

本體翻到背面，將腳跟側的繩子打一次結。

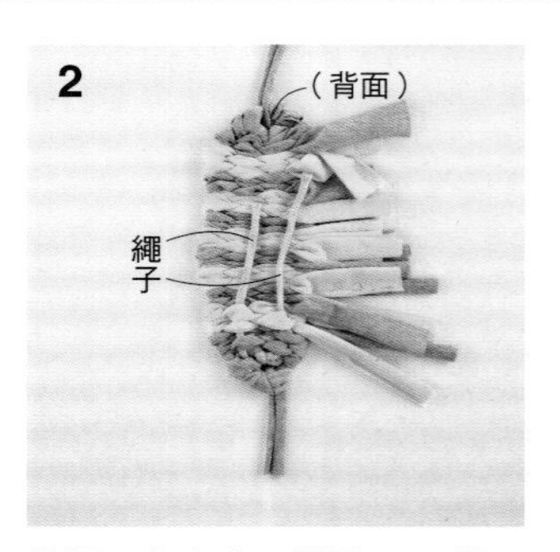
2
（背面）
繩子

將繩子直向穿入織目5至6排，剪去多餘部分。

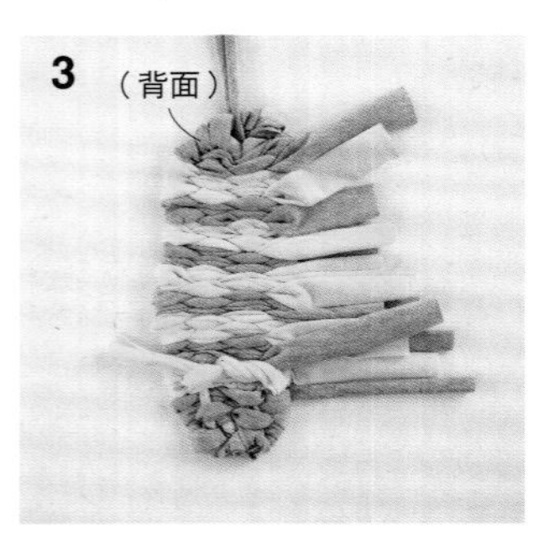
3
（背面）

處理橫向穿出的編繩末端。穿入橫向織目2、3目。

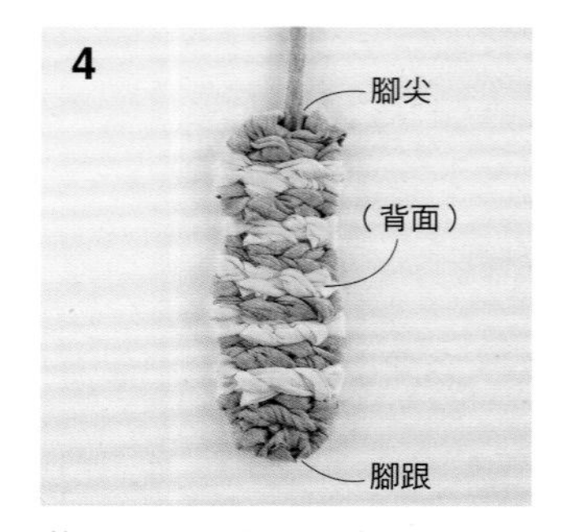
4
腳尖
（背面）
腳跟

將所有編繩末端都穿入織目，並剪去多出的部分。

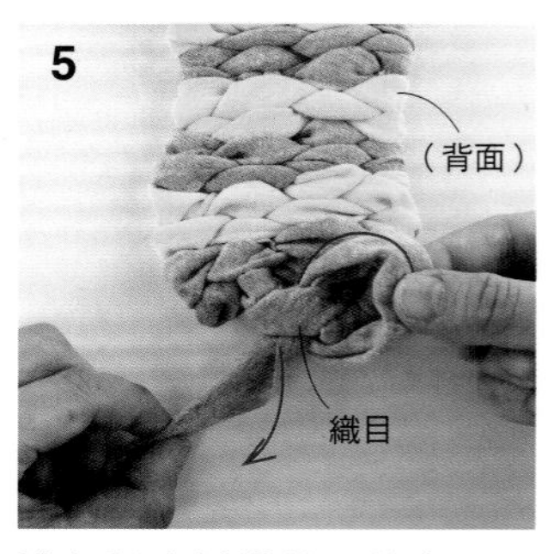
5
（背面）
織目

進行腳尖編織結尾的處理。將編繩末端纏繞於腳尖織目2圈。

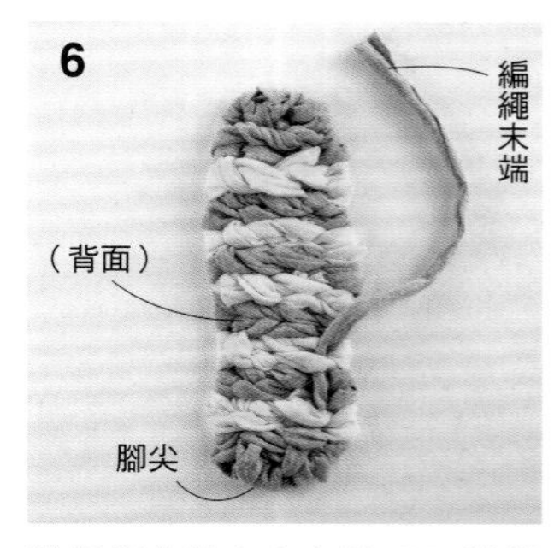
6
編繩末端
（背面）
腳尖

將編繩末端直向穿過5至6排織目，剪去多出的部分。

（正面）　（背面）

本體完成。

7 製作鼻緒＆鼻緒立（草履帶繫帶）

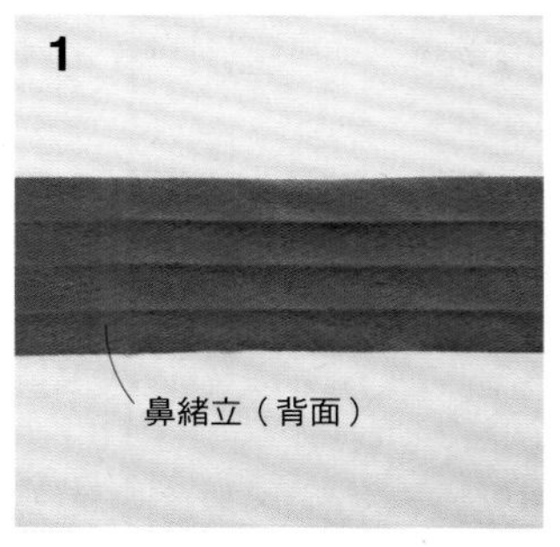
1
鼻緒立（背面）
以配布30cm×10cm裁切2片鼻緒立。

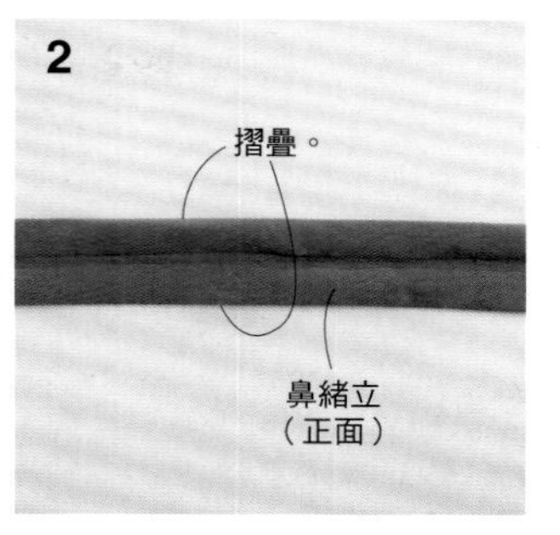
2
摺疊。
鼻緒立
（正面）
將兩側摺往中心接合，熨燙摺疊。

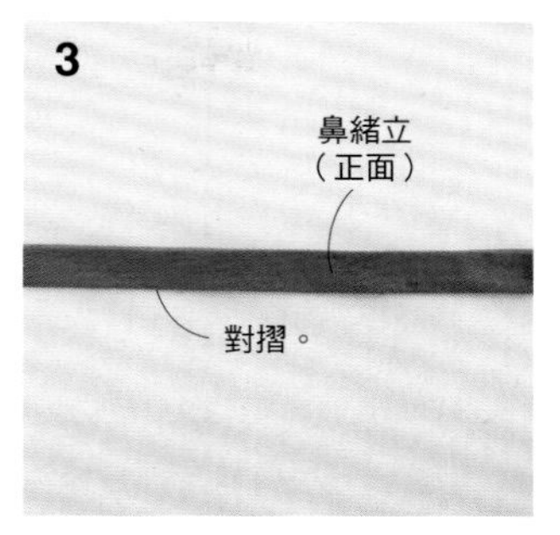
3
鼻緒立
（正面）
對摺。
再次對摺。

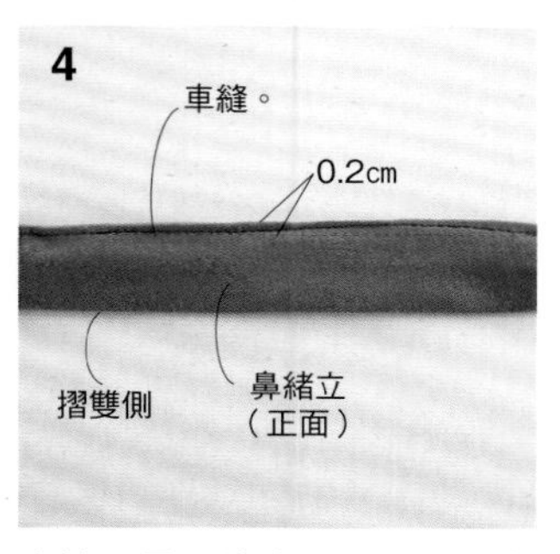
4
車縫。
0.2cm
摺雙側
鼻緒立
（正面）
車縫。另一片也以相同方式製作。

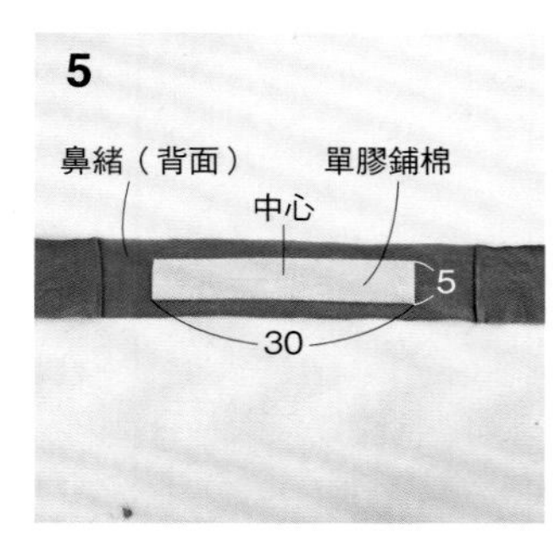
5
鼻緒（背面）
單膠鋪棉
中心
5
30
以配布70cm×10cm裁切2片鼻緒，在中心黏貼單膠鋪棉。

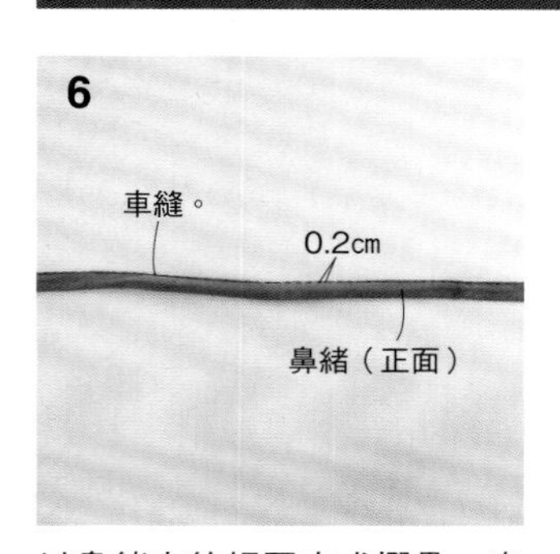
6
車縫。
0.2cm
鼻緒（正面）
以鼻緒立的相同方式摺疊、車縫。另一片作法亦同。

8 裝上鼻緒＆鼻緒立

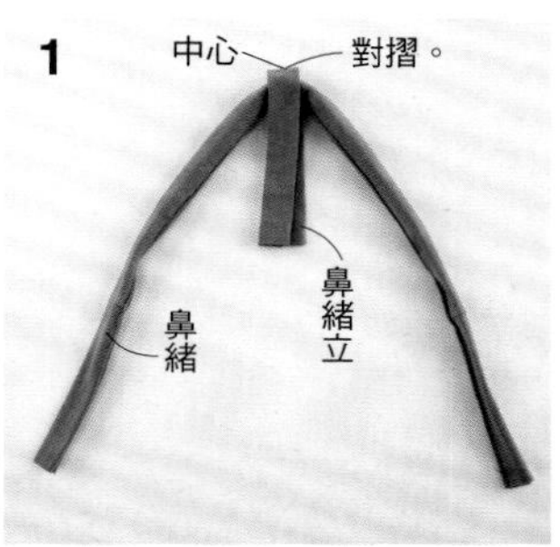
1
中心
對摺。
鼻緒
鼻緒立
對摺鼻緒立，夾住鼻緒＆對齊中心。

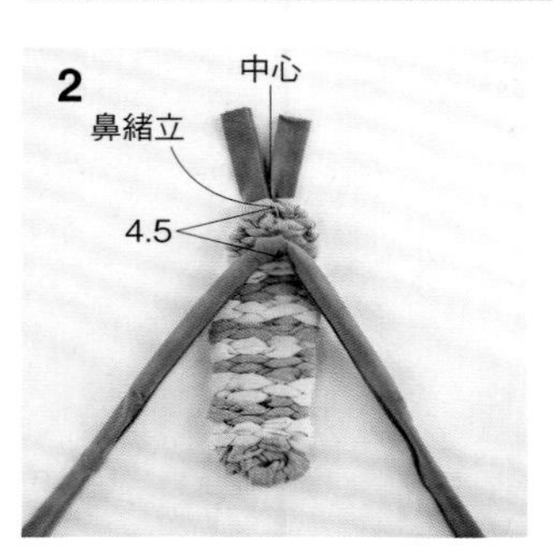
2
中心
鼻緒立
4.5
將鼻緒立一端插入本體織目之間，另一端則插入下方一排的織目當中。

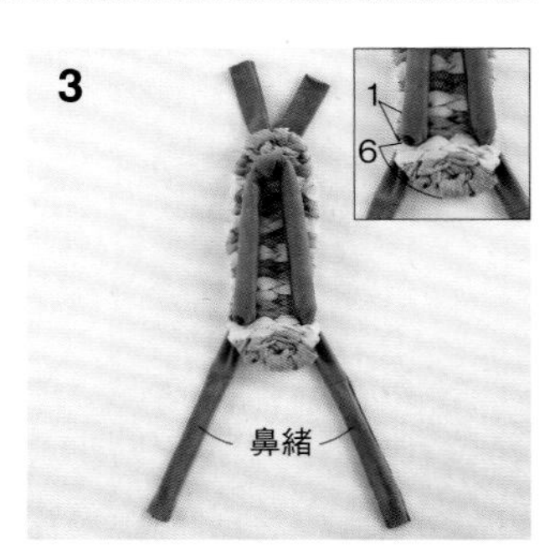
3
1
6
鼻緒
將鼻緒兩側插入本體織目當中。

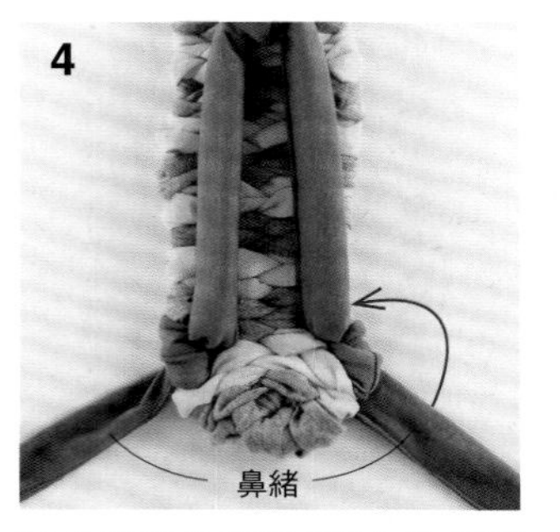
4
鼻緒
將鼻緒穿往步驟**3**插入的相同織目中，從下往上纏繞2圈。

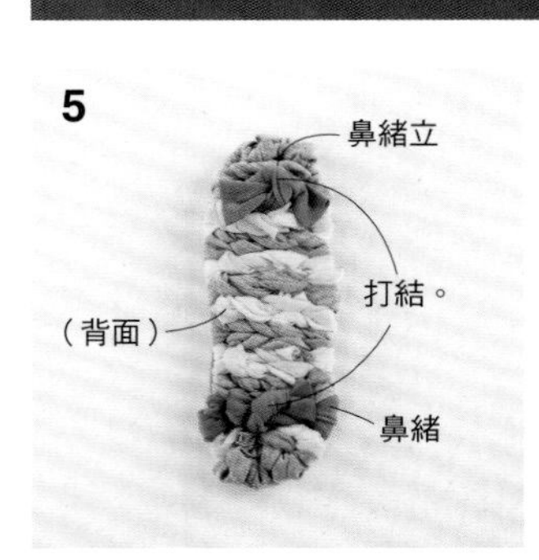
5
鼻緒立
打結。
（背面）
鼻緒
本體翻到背面，將鼻緒＆鼻緒立分別打結2次。多餘部分則修剪成正面看不到的長度。

完成

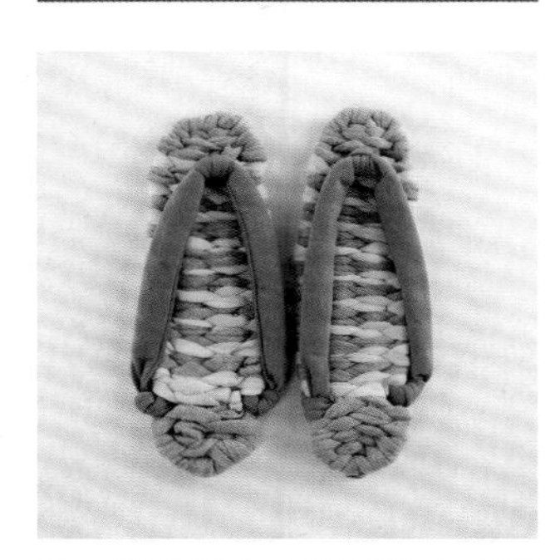
另一側也以左右對稱的方式製作，完成！

準備好消暑措施了嗎？
涼夏
手作靈感

炎熱的季節到來！Cotton Friend特別企劃
——涼爽度過夏季的手作單品。

No.17

ITEM｜可摺疊紙纖維布帽
作 法｜P.78

使用帽子專用的紙纖維布製作而成。帽簷寬約6cm，高雅的形狀除了可確實遮蔽陽光，還能漂亮地襯托臉部輪廓。

表布＝帽子專用的紙纖維素材／株式會社Nishida

No.18

ITEM｜綁帶式帽子收納包
作 法｜P.79

將**No.17**快速摺疊，收入專用收納袋中，外出攜帶就不會過分佔據包包內部的空間。以帽子同款的黑色羅紋緞帶呈現出成套的感覺。

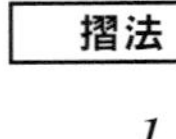

摺法

1
將帽子摺成扁平狀。

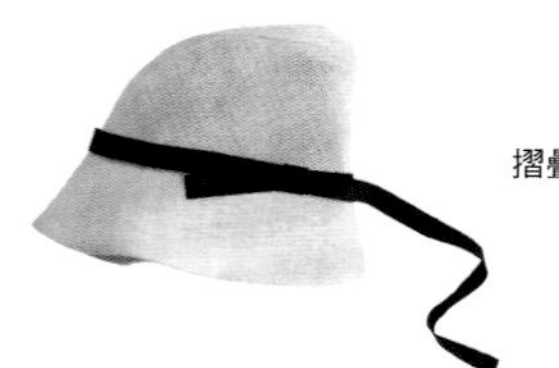

2
摺疊右側1/3。

3
以步驟*2*相同方式摺疊左側1/3，將帽子摺三褶。

4
以緞帶繞一圈，收入波奇包中。

No.17, 18創作者
帽子作家・キムラマミ
@mameco_mami

攝影＝回里純子　造型＝西森 萌　妝髮＝タニ ジュンコ　模特兒＝桜庭結衣

No. 19

ITEM｜摺疊陽傘＆傘套
作 法｜P.80

製作時，令人不禁開始期待夏天到來的陽傘＆專用傘套組。以代表南法的印花布SOULEIADO，為簡單的穿搭增添華麗感如何呢？

表布＝平織布 仿舊布料 by SOULEIADO（SLFCV-100B）／株式會社TSUCREA 陽傘骨＝摺疊陽傘骨組B type（NAW-M2B）／日本紐釦貿易株式會社

No.19創作者
布物作家・
くぼでらようこさん
@dekobokoubou

No. 20

ITEM｜扇袋
作 法｜P.111

每年夏天過後，扇袋上的淡淡髒污總是特別明顯。何不使用喜愛的布料手工作個新的呢？由於能輕鬆完成，也很適合多作幾個當成小禮物備用。

【a】表布＝LIBERTY FABRIC'S（Betsy 3332019N-J22F）
【b】表布＝LIBERTY FABRIC'S（Betsy 3332019N-J22B）
／CF市集

a
b

No.21 ITEM｜抽繩包
作法｜P.83

不但能空出雙手，也方便物品拿放的肩背包，使用較防雨且耐髒的合成皮來製作。透過不同的肩帶穿法，是當成手提包使用也OK的優秀單品。

表布＝合成皮布（GT-X 206・淡藍）／銀河工房

No.21創作者
創作家／Kurai Miyoha
@kurai_muki

No.22 ITEM｜袖套 作法｜P.81

隨著日照越來越強，開始多加注重防曬吧！只需快速套入手臂即可，穿著短袖時可為手肘以下阻擋紫外線。由於使用針織布，因此建議以Resilon（株式會社Fujix）這類的針織布專用線縫製。

表布＝雙面提花針織布 野草圖案（MR8303-6 混色・灰／象牙）／maffon

No.20,22,23創作者
縫紉作家・加藤容子
@yokokatope

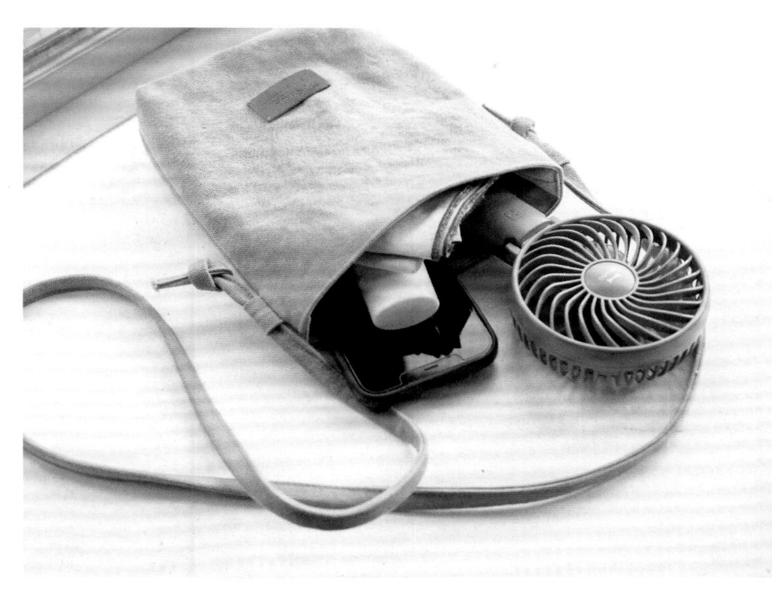

No.23 ITEM｜手持風扇隨身包 作法｜P.82

能確實收納這個季節不可欠缺的手持電風扇，還有手機、錢包等必備物品的尺寸，是兼具功能性的隨身斜背小包。內側有分層，因此收納方便，拿取也容易。

表布＝8號帆布酵素洗（水洗藍）／L'idee

這樣一來，你也是縫紉機大師

縫紉必備的縫紉機。想必有不少人買了之後，說明書一次都沒看過對吧？
最近新款的家用縫紉機內建了許多能輕鬆車縫的優秀功能，何不學會善用縫紉機，更加享受手作樂趣呢？

※在此以一般稱作家用縫紉機的水平式（無梭殼）類型縫紉機進行解說示範。但縫紉機依機種的不同，按鍵或名稱也有可能會不同，實際操作前還請確認手上縫紉機的說明書。

mission 01 從了解縫紉機各部位的名稱&功能開始！

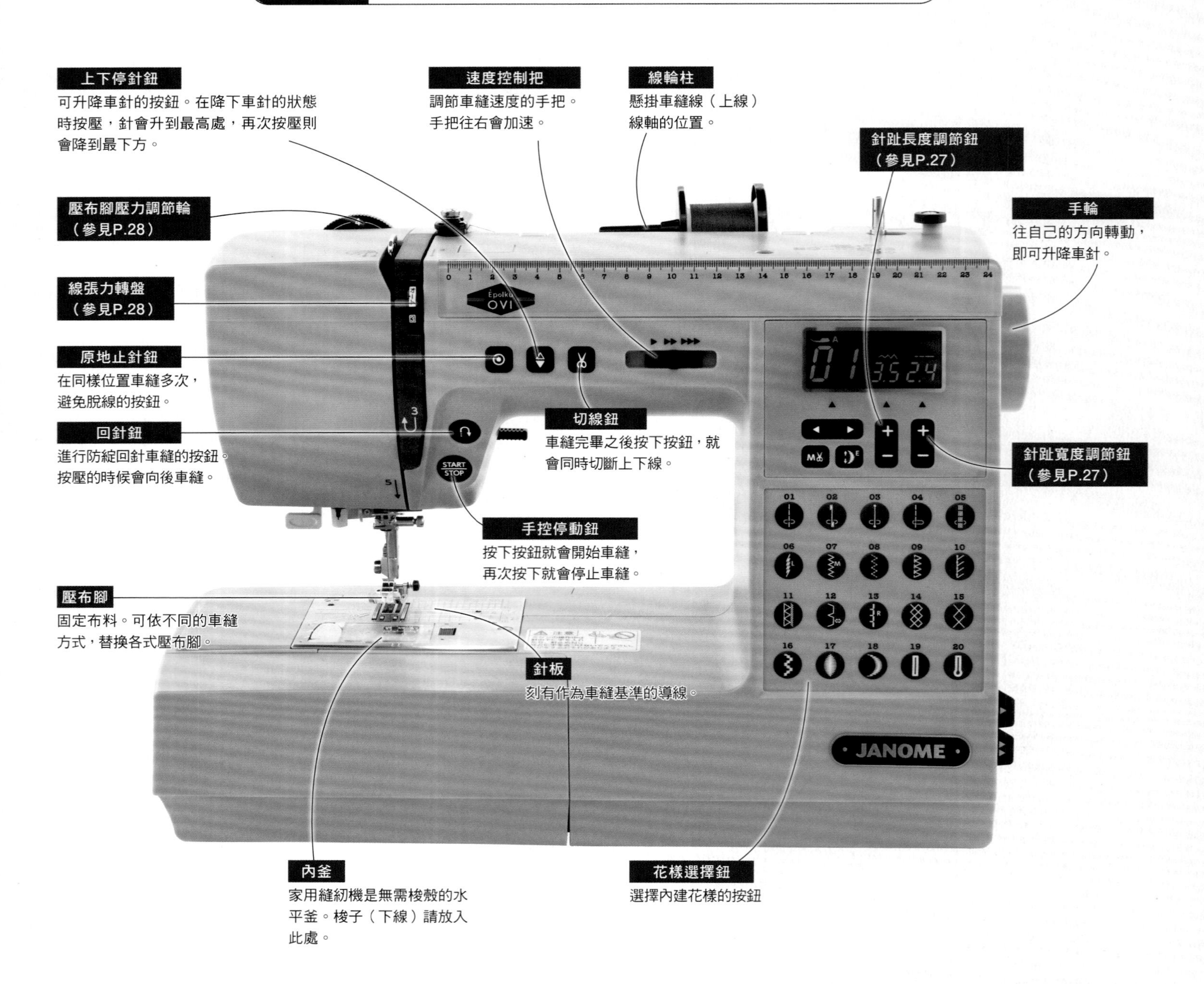
上下停針鈕
可升降車針的按鈕。在降下車針的狀態時按壓，針會升到最高處，再次按壓則會降到最下方。
速度控制把
調節車縫速度的手把。手把往右會加速。
線輪柱
懸掛車縫線（上線）線軸的位置。
針趾長度調節鈕（參見P.27）
手輪
往自己的方向轉動，即可升降車針。
壓布腳壓力調節輪（參見P.28）
線張力轉盤（參見P.28）
原地止針鈕
在同樣位置車縫多次，避免脫線的按鈕。
切線鈕
車縫完畢之後按下按鈕，就會同時切斷上下線。
回針鈕
進行防綻回針車縫的按鈕。按壓的時候會向後車縫。
針趾寬度調節鈕（參見P.27）
手控停動鈕
按下按鈕就會開始車縫，再次按下就會停止車縫。
壓布腳
固定布料。可依不同的車縫方式，替換各式壓布腳。
針板
刻有作為車縫基準的導線。
內釜
家用縫紉機是無需梭殼的水平釜。梭子（下線）請放入此處。
花樣選擇鈕
選擇內建花樣的按鈕
Epolku OVI
START STOP
JANOME

攝影＝腰塚義彥・藤田律子　排版＝松本真由美

使用機種：Épolku OVI（株式會社JANOME）

mission 02 確實地穿入上下線！

或許你會想：這不是理所當然的嗎？但只要好好地穿入上、下線，幾乎就可以解決縫紉機大部分的問題。

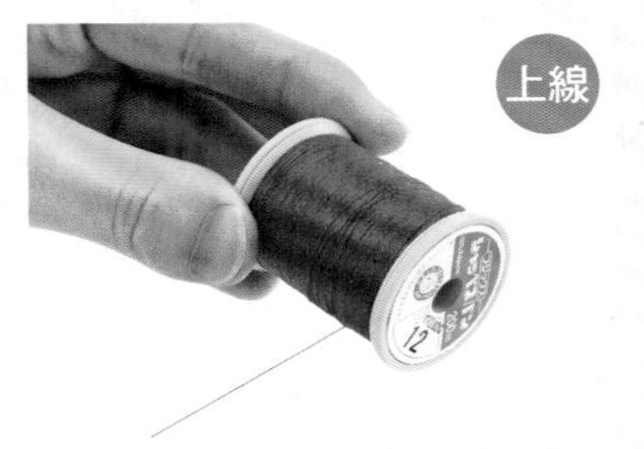

上線

①確認車縫線出線方向。線輪柱為橫式的機種，要從下方出線。

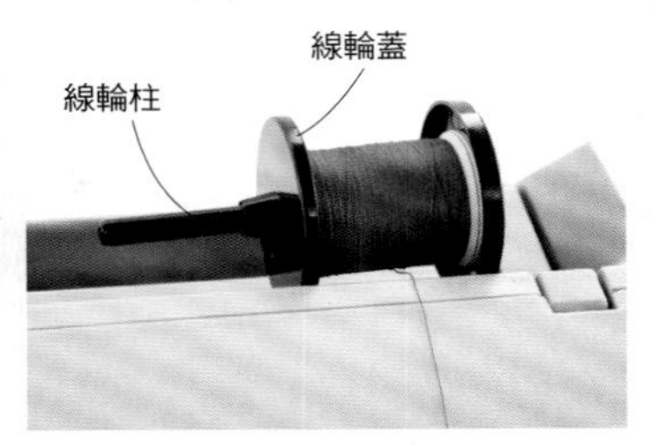

線輪蓋
線輪柱

②將線軸插入線輪柱中，線輪蓋確實壓到底以固定車線。

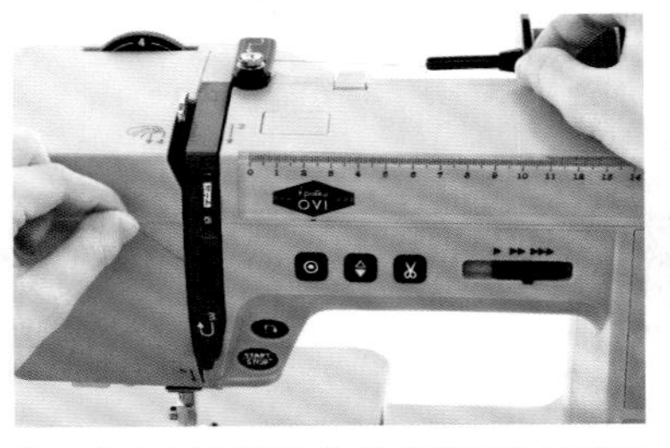

③在抬起壓布腳的狀態（若不抬起壓布腳，縫紉機上線就無法正確地穿線），右手壓住線軸，左手按照縫紉機的標示穿線。在繞線的同時要確實將線穿入深處。

④由前往後將線穿入針孔，線頭從壓布腳下方穿出。

下線
×
○

①均勻地捲線於梭子上。下線若不平均地捲在梭子上，會造成線張力失調，或使縫紉機出狀況。

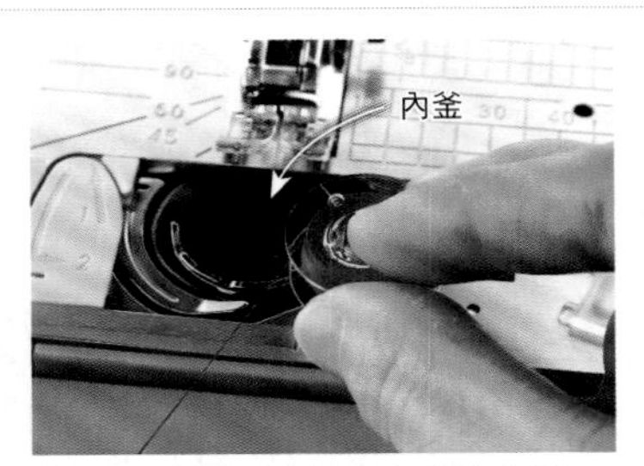

內釜

②確認好線軸的出線方向（逆時針），將線軸放入內釜。

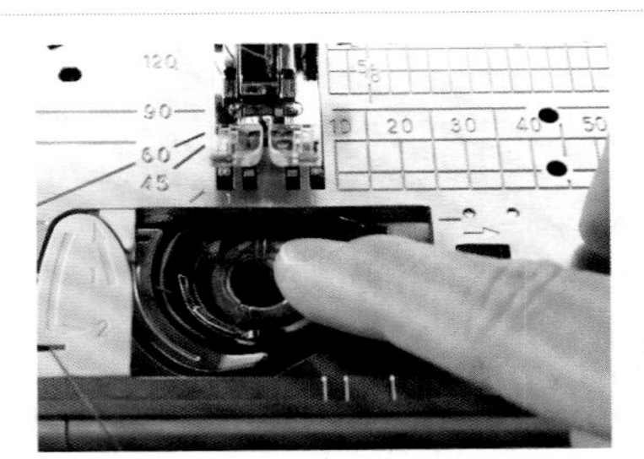

③按住線軸，依照縫紉機標示穿線。

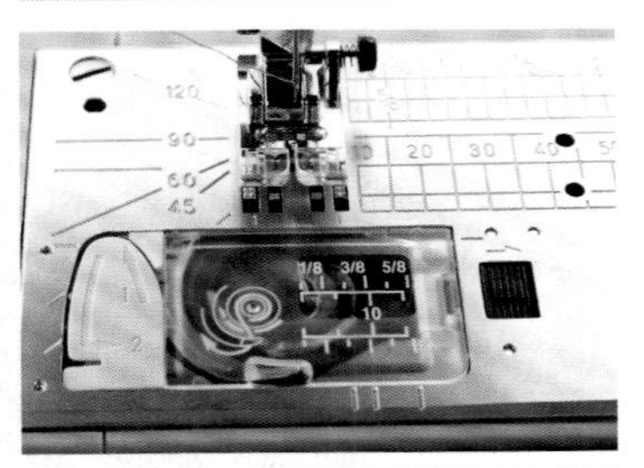

④蓋上蓋板。家用縫紉機不用拉出下線，也能直接車縫。

mission 03 熟練縫紉機功能的操作吧！

針趾寬度調節鈕的作用是什麼？

可左右移動車針位置，以及調整針趾寬度。

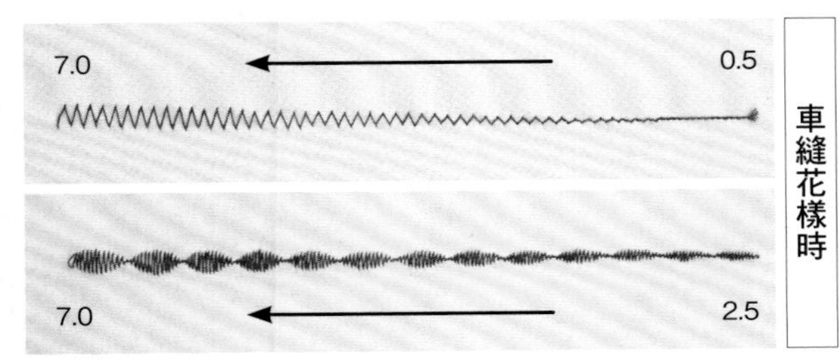

7.0
0.5
7.0
2.5

車縫花樣時

可調節針趾寬度。數值越大，花樣寬度越寬。單位為cm。

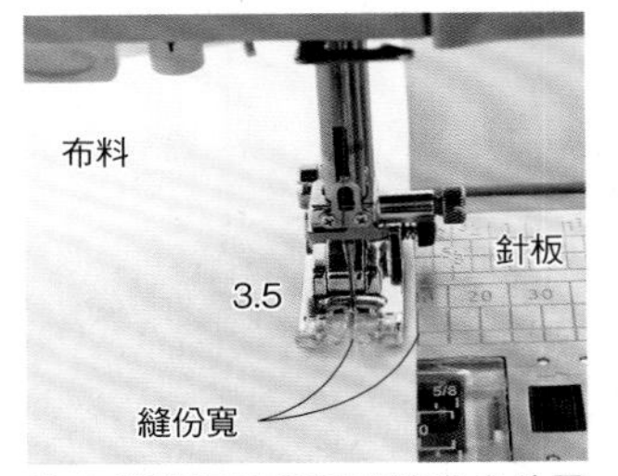

布料
針板
3.5
縫份寬

將布端對齊針板刻度等參考位置車縫時，將車針對準距離參考點縫份寬度的位置（圖中是在正中央3.5。）

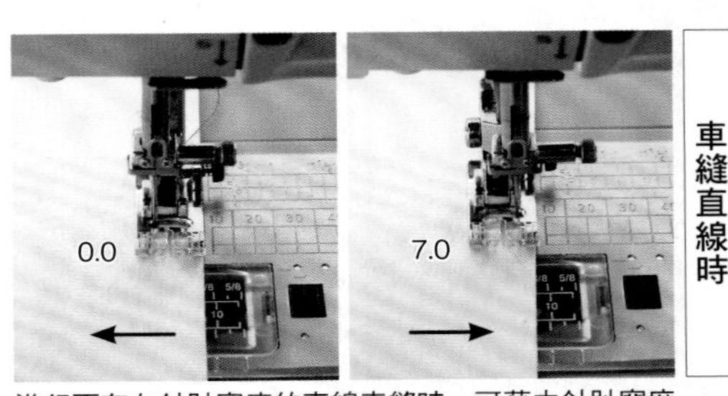

0.0
7.0

車縫直線時

進行不存在針趾寬度的直線車縫時，可藉由針趾寬度調節鈕將車針移動至方便車縫的位置。數值越大會往右，越小則往左。

針趾長度調節鈕的作用是什麼？

可調節針趾長短。單位為cm。

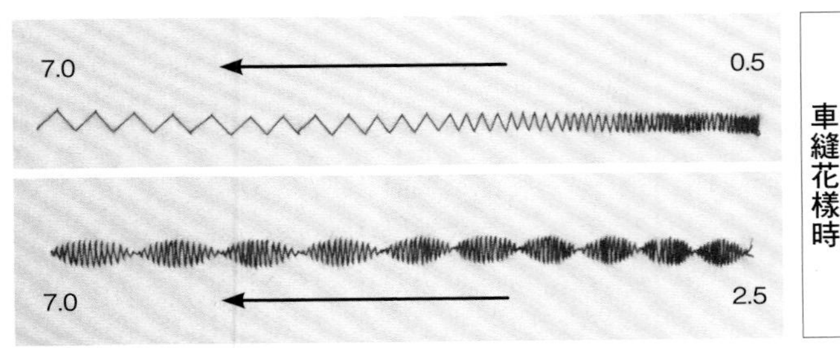

7.0
0.5
7.0
2.5

車縫花樣時

可調節針趾長短。數值越大，花樣會直向變長、密度變小。

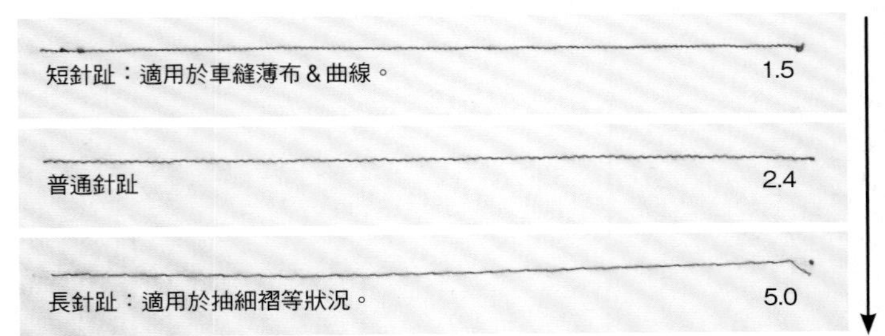

短針趾：適用於車縫薄布＆曲線。
1.5
普通針趾
2.4
長針趾：適用於抽細褶等狀況。
5.0

車縫直線時

可調整針趾長度。數值越大針趾越長（粗），越小則針趾越短（密）。

何謂壓布腳壓力？

是指縫紉機壓布腳固定布料的力道。當遭遇車縫厚布時會滑動，車縫薄布時縫紉機難以前進等困難，就要調整壓布腳壓力。

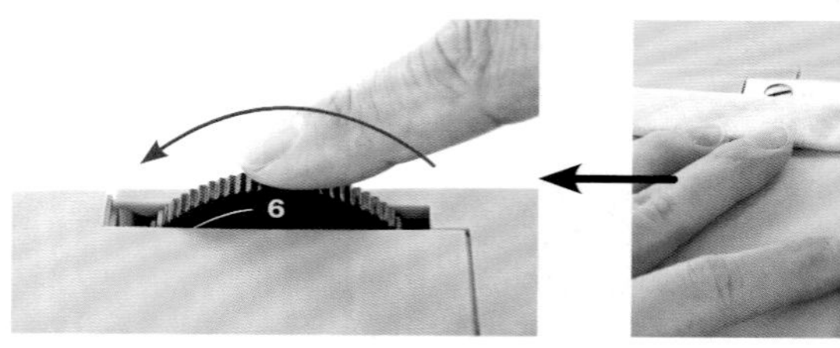
6

加強壓布腳壓力（5至6）。

車縫厚布，覺得容易滑動時。

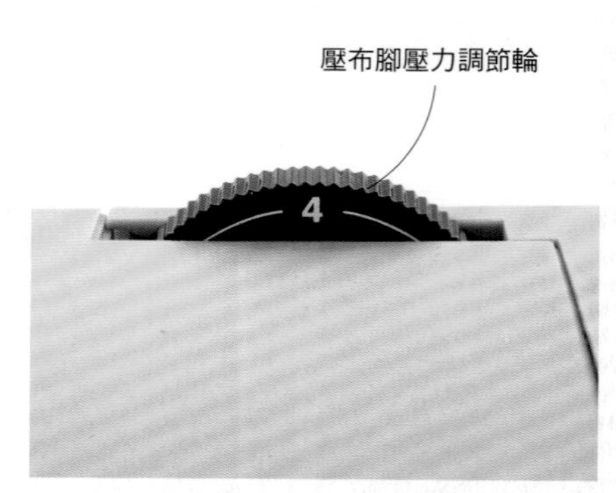
壓布腳壓力調節輪
4

以壓布腳壓力調節輪進行調整。數字越小壓力越弱，數字越大則越強。一般布料約在3至6之間即可。

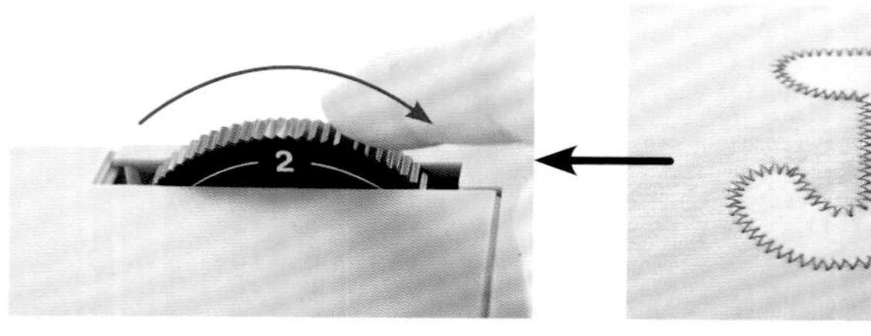
2

減弱壓布腳壓力（1至3）。

車縫薄布，縫紉機難以前進時。車縫彈性布料時。或進行貼布繡這類需沿曲線車縫、重疊車縫縫份部分時。

何謂線張力？

線張力是指上下線的平衡，上下線以相同力道交錯於布料近乎中央處，上線側＆下線側都呈現相同針趾時（車縫直線的狀況），就是漂亮的縫線。請務必在車縫之前，重疊2片要車縫布料的零碼布進行試車，以確認線張力。

會因車線與布料種類的不同，產生線張力失調的狀況。這時要以線張力轉盤來調整線張力。

※下線如果像毛巾一般纏繞，有可能是穿線方式或機器設定有誤。確實重穿上線等，重新檢查設定之後，再來調整線張力吧！

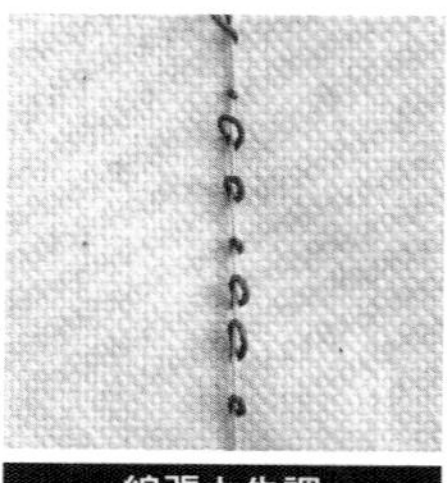

線張力失調

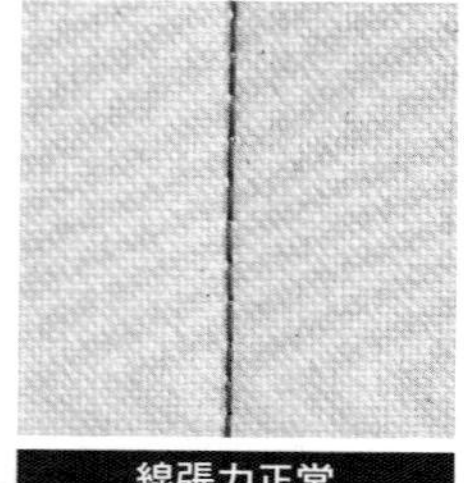

線張力正常

由於家用縫紉機幾乎所有機型都有自動調節線張力的功能，因此車縫細平布這類一般布料時，只要轉到自動，就能車出漂亮的縫線。

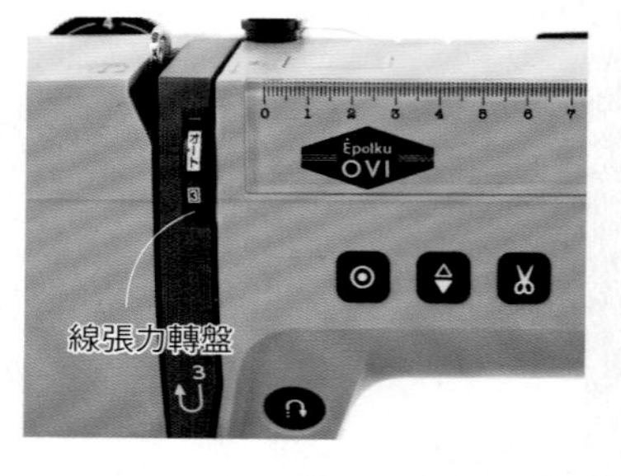
線張力轉盤

加強上線（將線張力轉盤的數字轉大）。

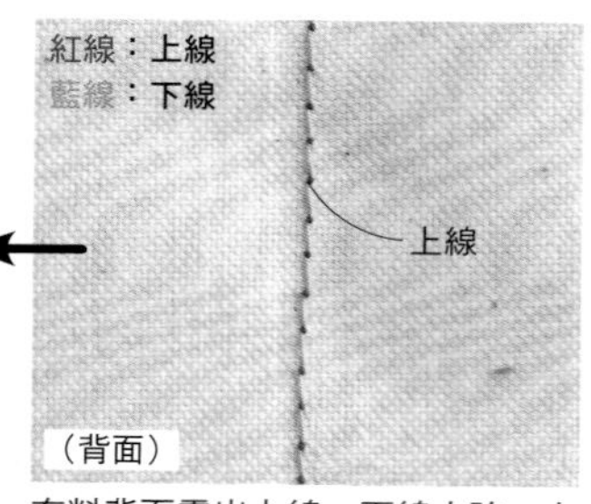
紅線：上線
藍線：下線
上線
（背面）

布料背面露出上線→下線太強，上線被下線拉扯的狀態。

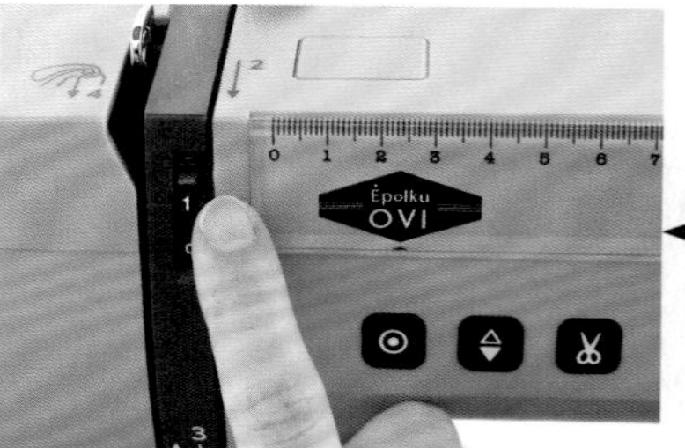

調弱上線（將線張力轉盤的數字轉小）。

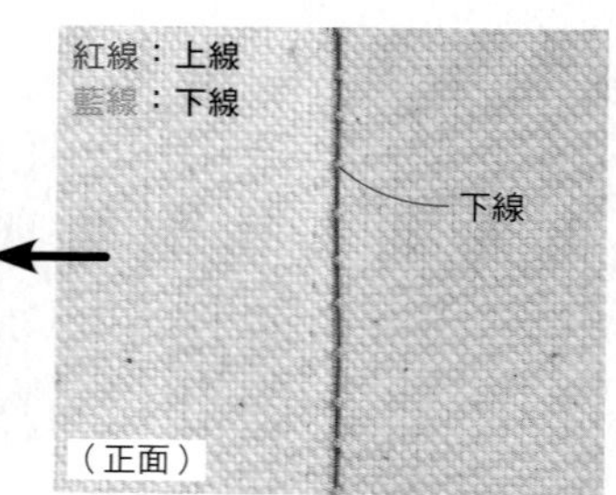
紅線：上線
藍線：下線
下線
（正面）

布料正面露出下線→上線太強，下線被上線拉扯的狀態。

使用線張力轉盤來抽細褶吧！

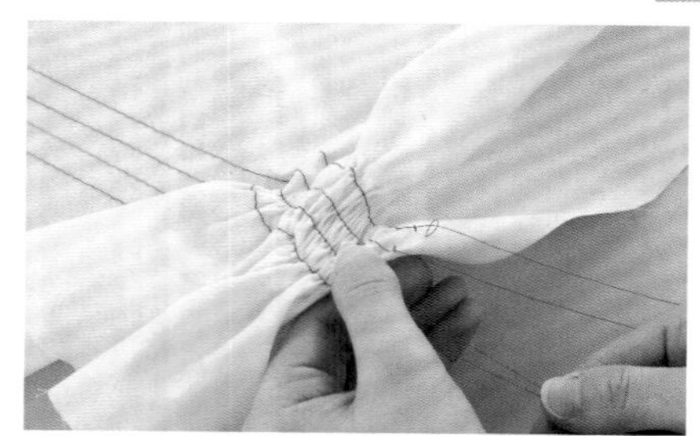

③拉下線抽細褶。藉由減弱上線張力，使抽細褶變得容易。

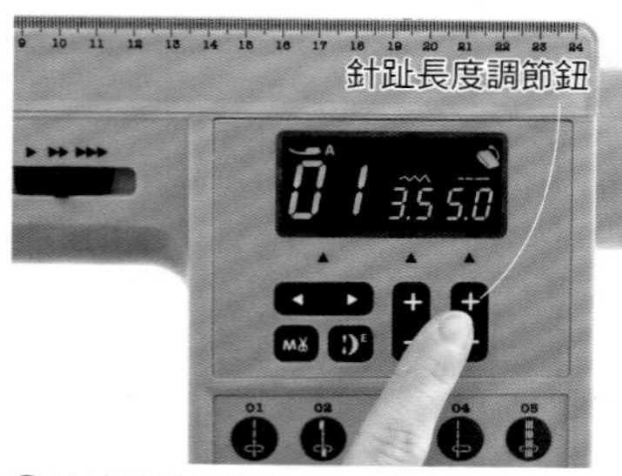
針趾長度調節鈕

②以針趾長度調節鈕，將針距調大（5.0左右）。

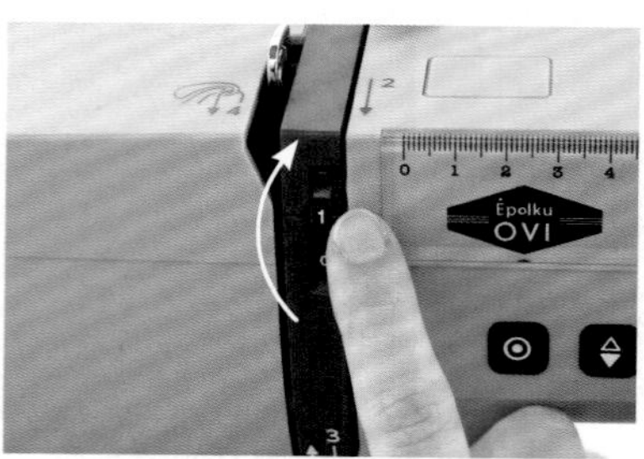

①將線張力轉盤朝數字小的方向旋轉，以減弱上線張力。

mission 04 駕馭內建的針趾花樣！

雖然有很多種類，但卻不太會用的縫紉機內建針趾花樣。
在此簡單介紹幾個運用在作品中的好點子以供參考。

以Z字車縫，縫上鈕扣

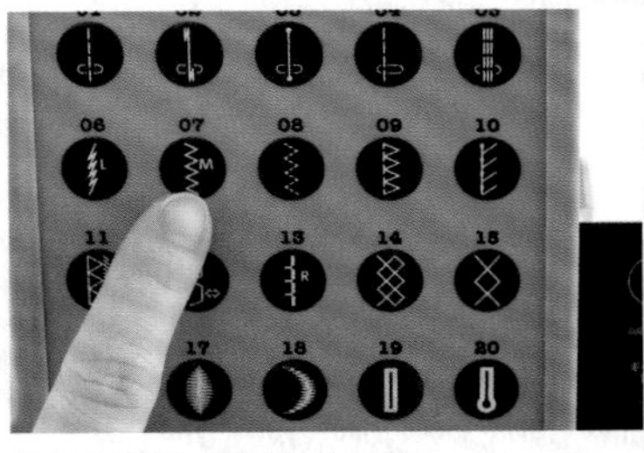

①縫紉機樣式選擇Z字車縫。

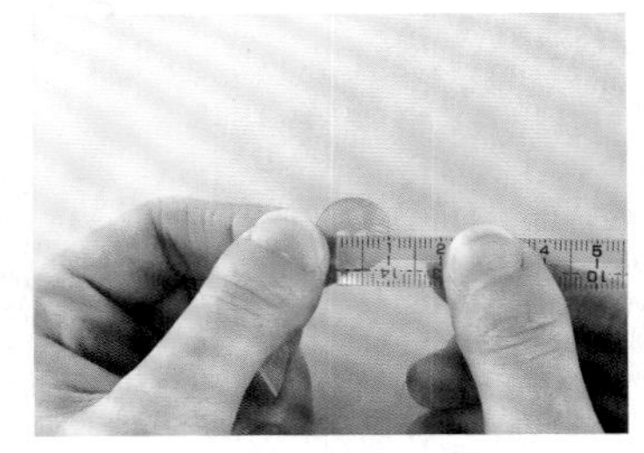

②測量鈕釦兩孔洞之間的距離。

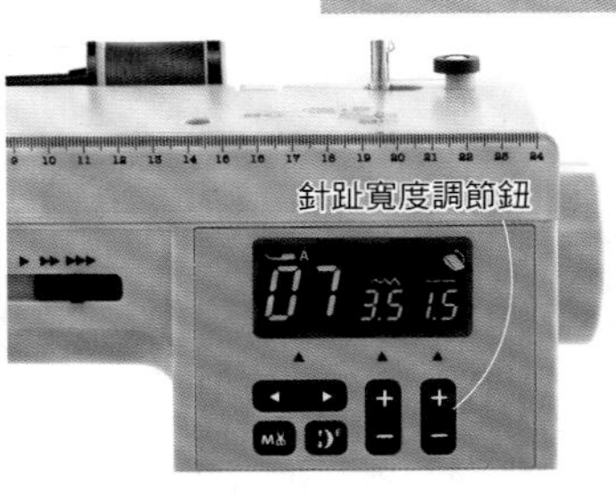
針趾寬度調節鈕

③將「針趾寬」調整成鈕釦孔洞間的距離（在此為3.5mm）。

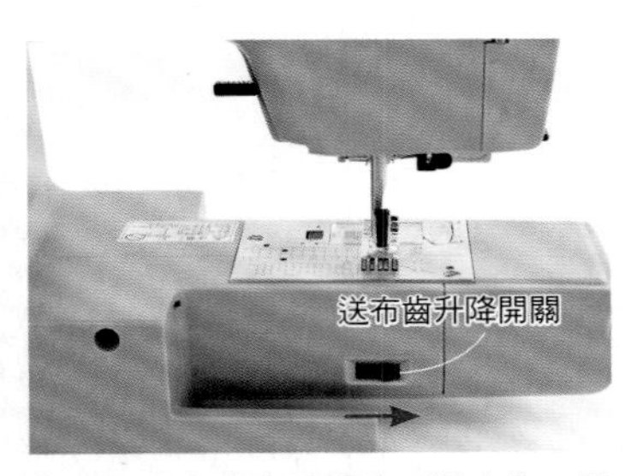
送布齒升降開關

④以送布齒升降開關降下送布齒。降下送布齒，便可依照喜好方向進行車縫。

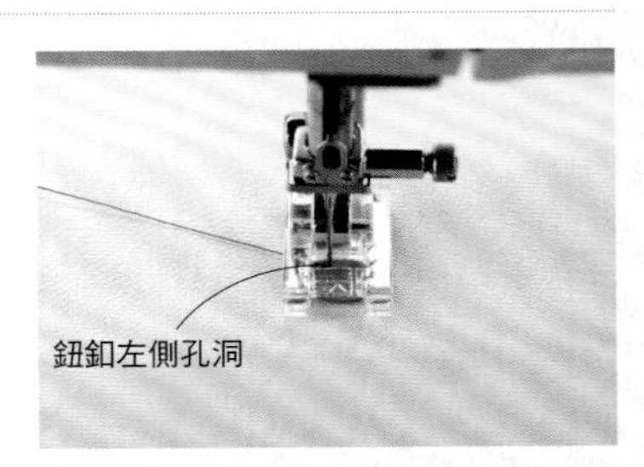
鈕釦左側孔洞

⑤將鈕釦孔洞呈橫向地放置在安裝處，降下車針至鈕釦左側孔洞，再放下壓布腳。

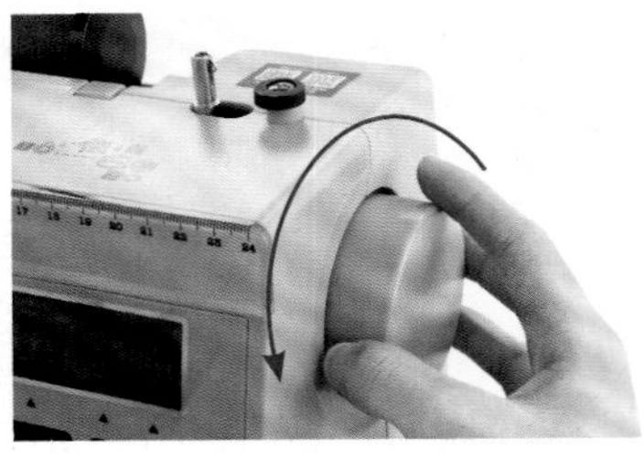

⑥將手輪朝自己的方向轉動，確認車針進入鈕釦右側孔洞。當無法進入時，要調整「針趾寬度」。

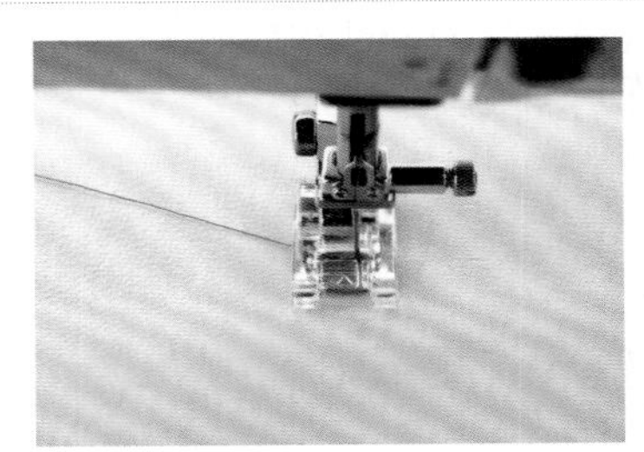

⑦確認之後就開始車縫。車縫約10針，壓下原地止針鈕，車縫至縫紉機停止。

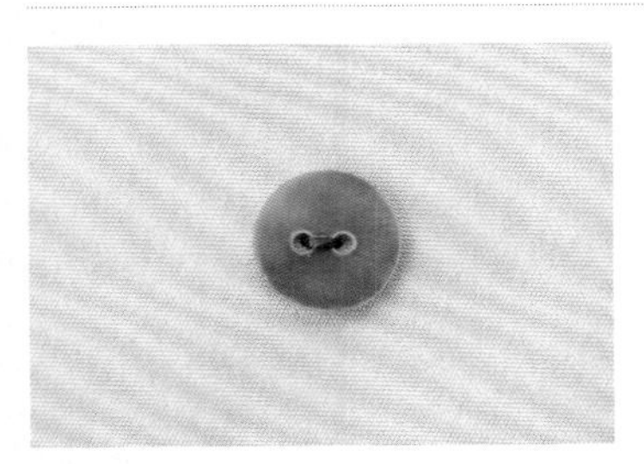

⑧完成！

扇貝花邊

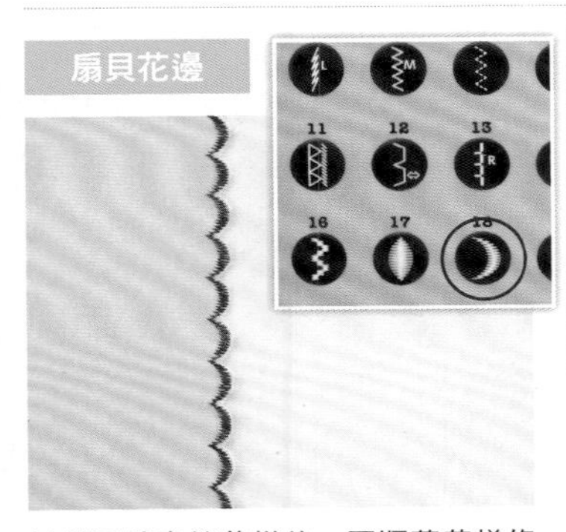

以緞面繡車縫花樣後，再順著花樣修剪，就能作出扇貝花邊。

作品範例

只要加入扇貝花邊，
作品就會呈現出女性氛圍。

貝殼壓褶

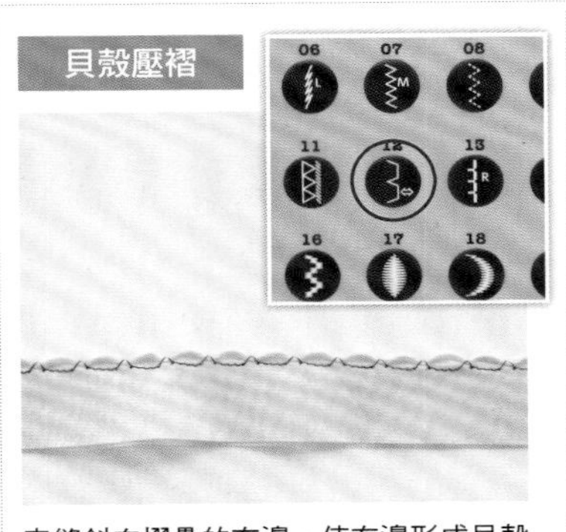

車縫斜向摺疊的布邊，使布邊形成貝殼狀的車縫方式。

作品範例

可夾在上衣縫線，
作出蕾絲般的效果。

縮褶繡

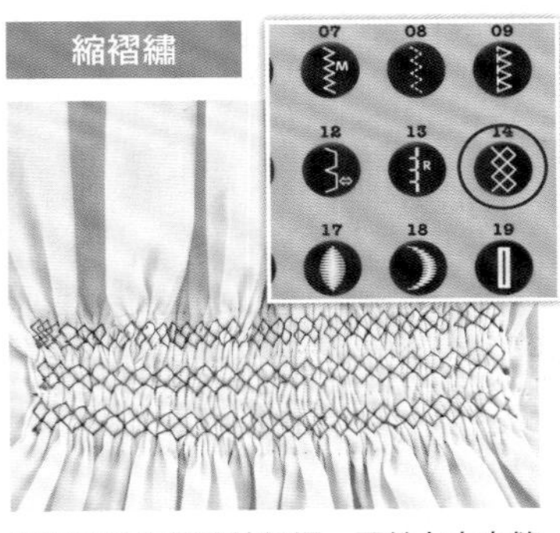

以長針趾車縫線抽細褶。再於上方車縫花樣，可車縫出縮褶繡的風格。

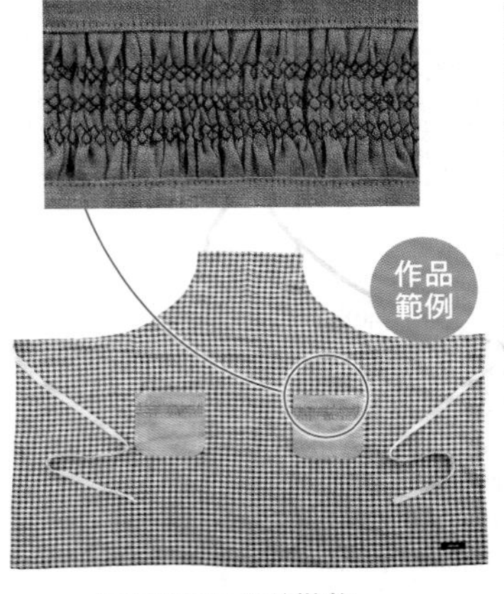
作品範例

作為圍裙口袋的裝飾。

Z字車縫

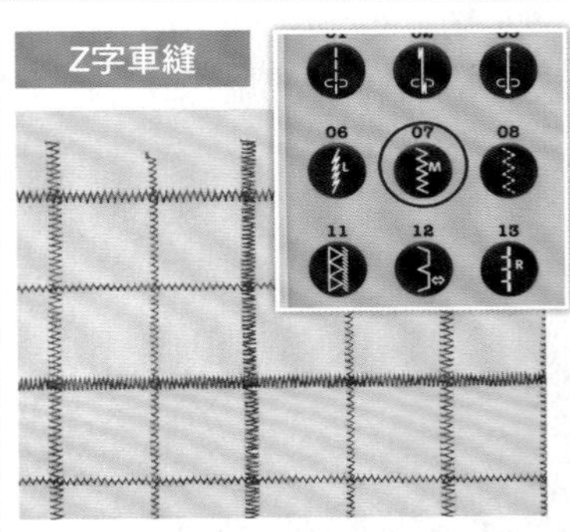

可改變Z字形的寬度與長度，車縫出花樣變化。

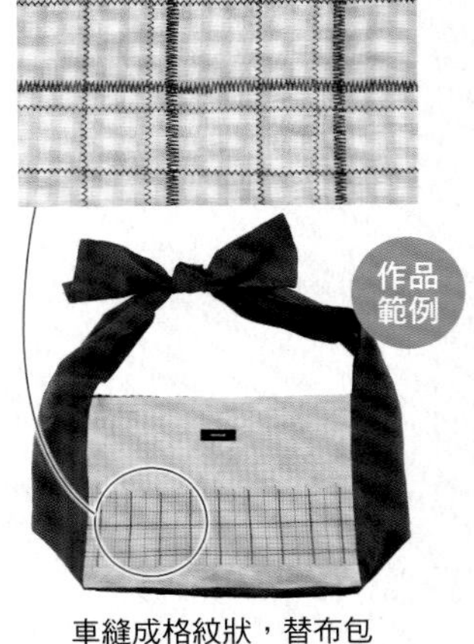
作品範例

車縫成格紋狀，替布包
增添設計感。

BAG with my favorite STORY

赤峰清香的布包物語

布包作家赤峰清香老師認為，轉換心情就靠閱讀！。將在每一期伴隨親筆寫下的感想文，向大家介紹想要推薦的喜愛書籍，並製作取其內容為創作意向的設計包款。請和介紹的書籍一同享受企劃主題「布包物語」。

攝影＝回里純子　造型＝西森萌　妝髮＝タニジュンコ　模特兒＝桜庭結衣

※使用時，請確認繩子不會從耳絆脫落。

marine
Sara

marine標誌，是使用有光澤的繡線Sara進行鎖鏈繡。

赤峰清香設計的疊緣「斜條紋」。推薦可作為手藝作品的亮點。

No. 24 ITEM｜海洋風格包
作 法｜P.84

以斜條紋圖案的疊緣作為裝飾的清爽布包，提把繩索更為整體增添了海洋風情。具有寬達12cm的側身，雖然是大尺寸布包，但尼龍材質的輕巧使作品擁有令人驚喜的輕便性。

表布＝尼龍N530（51・白） 配布＝尼龍N420（1・白）／富士金梅®（川島商事株式會社） 疊緣＝斜條紋 by 赤峰清香（藍）／ FLAT（高田織物株式會社） 提把＝棉繩10mm（CTR-03L）／株式會社清原 刺繡線＝繡線 Sara（73・藍）／株式會社Fujix

《すいかの匂い》 江國香織◎著（新潮文庫）
※暫譯：西瓜的香氣

すいかの匂い
江國香織
新潮文庫

這次要介紹的是4、5年前的夏天，受到簡單清爽的封面與奇妙的書名所吸引，從兒子書架上找到的一本書。這本兒子高中時代的作業用書，是以11位少女作為主角的夏日回憶故事『すいかの匂い』。

我本身偏好於能慢慢地感受到溫暖，留下清爽讀後感的小說。但江國香織小姐的這本書對我而言並非這種類型。雖然如此，但不知為何，到了夏天就會淡淡回想起這一本書。它給人的印象不是乾燥清爽的夏天，而是悶熱潮溼的夏天。

為何會吸引我的一大理由，我想是能讓我感受到昭和的懷舊氛圍吧！一瞬間忽然與遙遠的記憶連接起來，而玻璃珠相互碰撞產生的喀噠聲、從和室傳來嘰嘰的蟬叫聲、在滿是圓滾滾石頭的海岸玩耍的那天，現在已過世的母親，曾坐在那個海岸的岩石上，笑著看向我……一邊浮現起童年的回憶，一邊慢慢地閱讀這本書。其中，突然被喚起的驚險回憶是草帽漂浮在水田中的描寫。那是發生在我小學1、2年級，我們拿著游泳用具，排成一排前往海邊的事。記得當時一陣風吹來，有人的帽子被風吹起，意外掉在小小稻田之中。至於那頂帽子最後如何？現在已經想不起來了啊。

這本書推薦給想要品嚐昭和風情的人。或許能忽然喚起你塵封已久的夏日往事，感受到懷念的氛圍喔！

回到正題。從本書發想誕生的是讓人聯想到夏天的布包。說到夏日配色，那就是純白配上藍色。我至今已作出多到無法再多，滿是夏日氣息的海洋風格包啦！今夏，請務必與『すいかの匂い』一起享受手工縫製的海洋風格包。

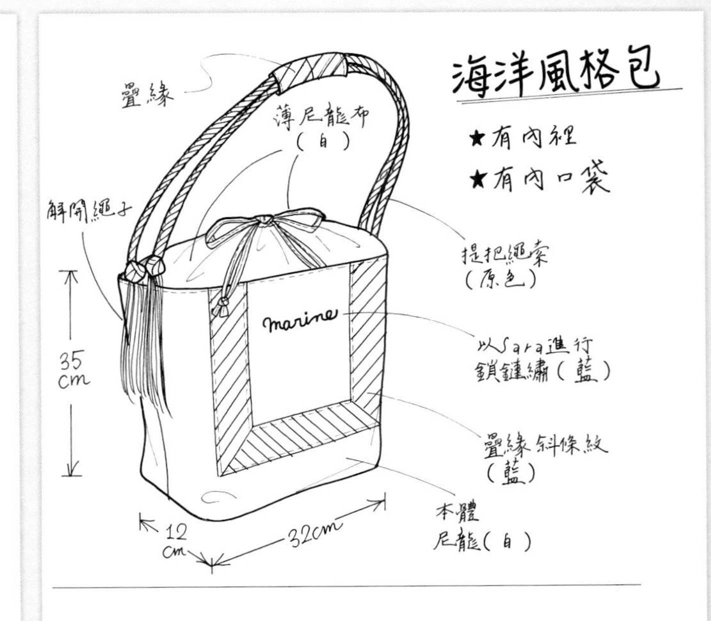

海洋風格包
★有內裡
★有內口袋
疊緣
薄尼龍布（白）
解開繩子
提把繩索（原色）
marine
以Sara進行鎖鏈繡（藍）
35cm
疊緣斜條紋（藍）
本體尼龍（白）
12cm
32cm

profile **赤峰清香**

文化女子大學服裝學科畢業。於VOGUE學園東京、橫濱校以講師的身分活動。近期著作《仕立て方が身に付く手作りバッグ練習帖（暫譯：學會縫法 手作包練習帖）》Boutique社出版、《きれいに作れる帽子（暫譯：作漂亮的帽子）》主婦與生活社出版，內附能直接剪下使用的原寸紙型，因豐富的步驟圖解讓人容易理解而大受好評。

@sayakaakaminestyle

第一次自己製作後背包就上手！後背包製作祕技最強教學工具書，就是這一本！

「該怎麼選擇後背包的布料？」
「完全剖析口袋種類&車縫方式！」
「如何設計後背包的開口？」
「想要學會肩帶的作法！」

以上是初學後背包製作的新手們，
最想知道的四大難題，
日本手作包設計名師--水野佳子
特別為了「後背包製作」整理重點，
在這本工具書裡，你通通都可以找到解答！

全圖解
最實用
後背包
Rucksack Lesson
手作研究所
肩帶、插扣、拉鍊、口袋製作教學超解析
後背包的
布料？
後背包的
開口？
完全剖析
口袋種類
&
車縫方式！
肩帶的
作法！
內附2大張紙型
水野佳子◎著

後背包手作研究所

全圖解最實用！肩帶、插扣、拉鍊、口袋製作教學超解析

水野佳子◎著

平裝 88 頁／ 21cm×26cm ／全彩／定價 480 元

製作精良的
布包＆小物LESSON帖

布包講師・冨山朋子好評連載。
在此介紹活用私藏布料，講究作工與實用性的布包與小物。

攝影＝回里純子　造型＝西森 萌　妝髮＝タニ ジュンコ　模特兒＝桜庭結衣

No. 25 ITEM｜結合布＆皮革的托特包
作り方｜P.86

剛剛好能直放入手作誌，好用尺寸的托特包。在提把、拉鍊口袋、包底使用皮革，增添高級質感。

表布＝亞麻布（Naturals L633-5 Striped）／COLONIAL CHECK
裡布＝綿厚織79號（#3000-3 原色）／富士金梅®（川島商事株式會社）

肩帶是手提＆肩揹都OK舒適的50cm長度。皮革×棉織帶的搭配，則可防止使用時變形。

包包內部有一整圈的內口袋。大滿足的5格收納口袋，讓瑣碎的物品不會再混亂地散落在包包內。

包包的一面有拉鍊口袋。建議用來放置想要迅速拿取的卡片套等物品。

包底有兼具補強作用的腳釘，也是提升設計質感的亮點。

布包作家・講師 冨山朋子

@popozakka

文化服裝學院 生涯學習BUNKA 推廣部布包講座講師。近期著作有《バッグ講師が教える とっておきの布で作る仕立てのよいバッグとポーチ（暫譯：布包講師教你 用壓箱布料製作精良車工的布包與波奇包）》Boutique社出版。

到完成為止！
有清楚易懂的影片示範

攝影＝回里純子　造型＝西森萌　妝髮＝タニジュンコ　模特兒＝桜庭結衣

| 鎌倉SWANY |

夏日風格的日常包

從短暫外出，
到住宿一夜的小旅行，
天天都好用的鎌倉SWANY夏日包企劃。

No.26

ITEM｜寬單柄方包
作法｜P.88

能襯托夏日休閒穿搭的大型印花單柄提把包。雖然容量很大，但約7㎝寬的粗肩帶可減輕肩膀負擔，是讓人開心的貼心設計。

表布＝棉輕帆布（IE7047-1）／鎌倉SWANY

作法影片看這裡！

https://youtu.be/C1YAikPO_dl

No.27 ITEM｜梯型托特包
作 法｜P.89

無論是休閒或高雅的穿搭皆OK，呈現優美梯型輪廓的托特包。開口處以鈕釦嚴密固定，讓人格外放心。皮革提把則增添高級感。

表布＝棉輕帆布（IE7045-3）／鎌倉SWANY

作法影片看這裡！

https://youtu.be/MXNTI5G9QrQ

a
b
c

作法影片看這裡！

https://youtu.be/QfzEZhxQeV0

No.28 ITEM｜橢圓底圓角包

作法｜P.90

便當、隨身水瓶或A4文件等物品都裝得下，適合平日使用的尺寸。因橢圓底內夾有底板，具有能夠穩定自立的優點。手縫加上真皮提把後，成品更添加了正式感的效果。

a・表表布＝棉輕帆布（IE7044-4）
b・表布＝棉輕帆布（IE7044-1）
c・表布＝棉輕帆布（IE7044-2）／鎌倉SWANY

No. 29 ITEM | 橫寬型托特包
作 法 | P.91

作法 | P.91

將問號鉤釦在D型環上，並把本體兩脇摺入內側，就能變身成小巧包型的托特包。依內容物量或當日穿搭風格，自由改變揹法＆形狀吧！

表布＝棉質輕帆布（IE7046-2）／鎌倉SWANY

作法影片看這裡！

https://youtu.be/AjUhpQWcb1U

人氣作家教你！

夏色零碼布活用作法

由人氣手作作家指導零碼布的活用方式！
從身邊的零碼布中找出夏日款式，一起來享受手作的樂趣。

攝影＝回里純子　造型＝西森 萌

Petit bonheur
tressaillir de joie

內口袋是讓人開心的大尺寸。

No.30至32創作者

はりもぐら。のおうち時間さん

經營YouTube頻道「はりもぐら。のおうち時間さん」，是訂閱數超過20萬人的人氣手藝作家。

@harimogu

No.30 ITEM｜拼布祖母包
作 法｜P.92

將夏色零碼布直向進行拼布，製作成適合天天使用的祖母包。由於有內口袋，鑰匙或IC卡等需立刻快速拿取的小物收納相同完善。

No.31

ITEM | 超迷你單柄包
作 法 | P.93

如吊飾般，只要在提籃包等包包的提把上掛上小小一個，就非常可愛的迷你包。在這個炎夏季節時，事先裝入防曬乳，即可迅速取出相當方便。

附有塑膠按釦，取下非常順手。

Petit bonheur
tressaillir de joie

No.32

ITEM | 卡片套
作 法 | P.94

只需啪啪地摺疊本體用布，就能作出兩個口袋，完成構造新奇的卡片套。以**No.30**布包相同的零碼布製作，可享受成套的樂趣。

No.33至35創作者

Siromo・神山裕

以繽紛印花布的搭配組合大受歡迎的布小物作家。著作《余ったハギレでなに作る？（暫譯：要用剩下的零碼布作什麼？）》Boutique社出版，在書中也刊登了許多可愛小物。

@siromo_fabric

No.33

ITEM｜荷葉邊肩背包

作 法｜P.95

以色調清爽的幾何學圖案印花布重新拼組而成的肩背包。以夾在本體接縫處的荷葉邊為亮點，成為夏季簡約穿搭的重心。

如童玩沙包般的拼接包底也值得一看！

No. 34

ITEM | 海葵彈片口金包
作 法 | P.96

大大地展開，形狀宛如海葵的彈片口金包。疊縫在本體上的彈片口金口布，是突顯荷葉邊的加分設計。若選擇明亮色彩的裡布，打開時的可愛度也會加倍。

No. 35

ITEM | 曼波魚波奇包
作 法 | P.97

悠游在蔚藍大海中的曼波魚，變身成可愛的拉鍊波奇包！不織布的圓眼睛和小巧的嘴巴是魅力所在。最適合用來當成化妝包或零錢包。

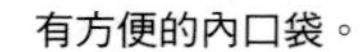

有方便的內口袋。

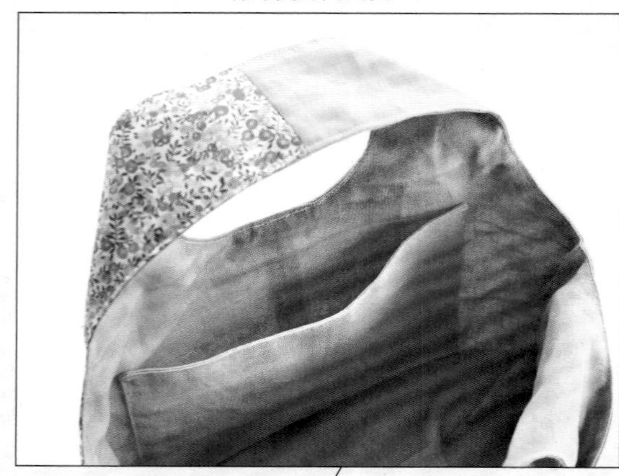

No.36

ITEM｜拼接祖母包
作 法｜P.98

想襯托最喜愛的LIBERTY布料，故以鮮明色調的亞麻布進行剪接。因為作有摺疊側身，不但具穩定性且實用度也很出色。

表布＝Tana Lawn by LIBERTY・FABRIC'S（Wiltshire Bud・36300116 AE）／株式會社LIBERTY JAPAN

摺疊作法的設計包底也是亮點。

No.36至38創作者

yasumin・山本靖美

活用LIBERTY布料的小物製作大受歡迎。

@yasuminsmini
@yasumin

No.37

ITEM | 扇貝邊束口波奇袋
作 法 | P.99

以波浪般的扇貝花邊為亮點的束口波奇包，適合收納背包中的零散物品。重點是藉由使用素色亞麻布製作本體，來突顯出LIBERTY布料的貝殼花邊。

表布＝Tana Lawn by LIBERTY・FABRIC'S（Emma Louise・3632010 XE）／株式會社LIBERTY JAPAN

No.38

ITEM | 掀蓋波式奇包
作 法 | P.100

可愛半月形的掀蓋式波奇包。雖然正面與掀蓋使用了圖案及色調皆不同的LIBERTY布料，但透過在側身配置鮮明色的亞麻布平衡了整體。

配布＝Tana Lawn by LIBERTY・FABRIC'S（配布A／Birdsong・DC28995YE 配布B ／Emery Walker・20-36302103 CE 配布C／Glenjade・3639015UE）／株式會社LIBERTY JAPAN

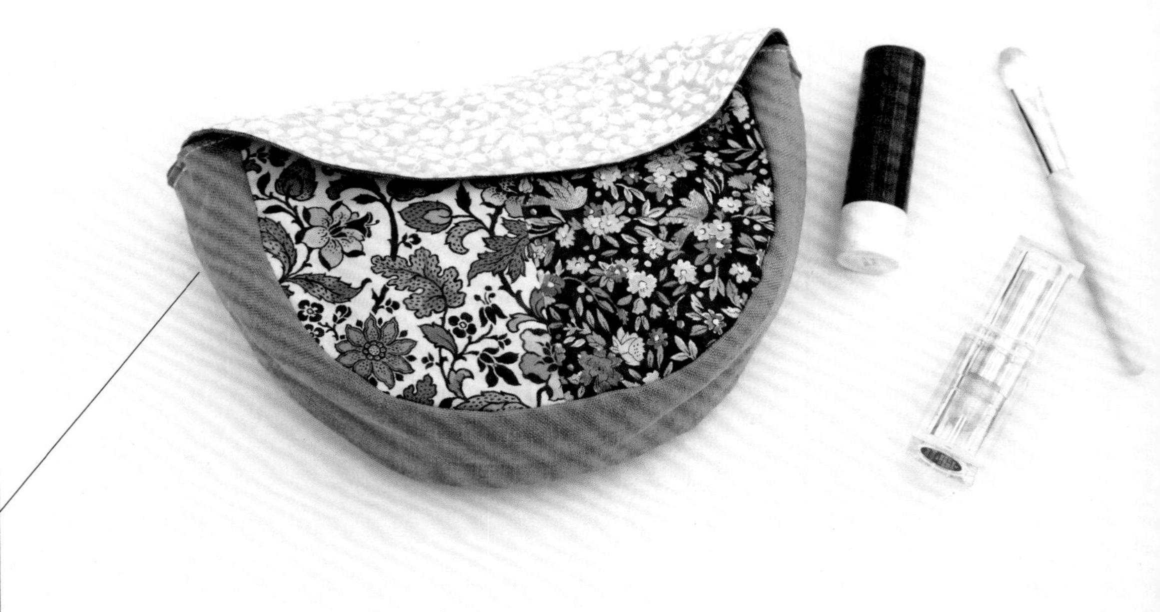

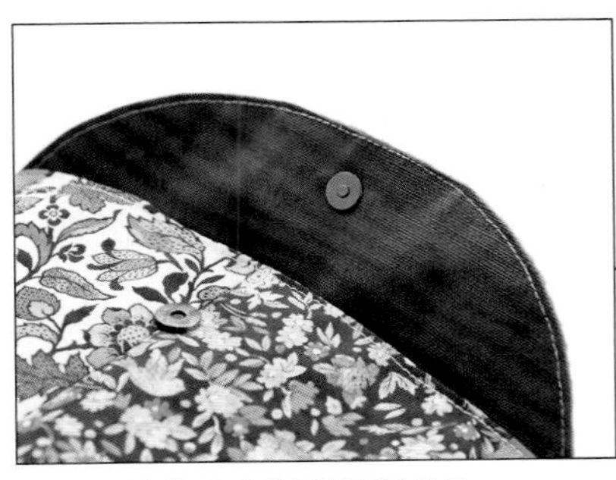

掀蓋是以磁釦開闔的設計。

用手作享受樂趣

海邊的可愛生物們

鯨魚、企鵝、螃蟹還有水母……
享受充滿夏日風情，以海洋生物為主題的手作樂趣如何？

攝影＝回里純子　造型＝西森 萌　妝髮＝タニ ジュンコ　模特兒＝桜庭結衣

No.39
No.40

No.39 ITEM｜抹香鯨波奇包
作 法｜P.101

海中之王「抹香鯨」登場！背部縫有15cm拉鍊，製作成體長約26cm的波奇包。可當成筆袋或棒針收納袋使用。

No.40 ITEM｜石蟹波奇包
作 法｜P.102

將清爽藍色奪目的「石蟹」作成拉鍊波奇包，悄悄放在背包中……光是想像，就讓人嘴角上揚！

No.39至40創作者
細尾典子
@norico.107

在著作《かたちが楽しいポーチの本（暫譯：有趣形狀的波奇包之書，Boutique社出版）》當中除了海洋生物之外，還收錄了可愛動物、交通工具、水果等，滿滿的波奇包。

No.41

ITEM ｜發光水母胸針
作 法 ｜P.103

將飄搖在夜晚海洋中的發光水母製作成胸針。搭配數種蕾絲緞帶當成觸手，並以具有透明感的歐根紗＆薄紗塑型出傘狀的部分，呈現水母的纖細氛圍。

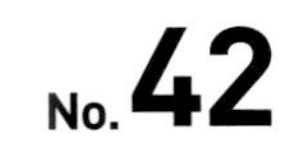

No.42

ITEM ｜企鵝波奇包
作 法 ｜P.104

以網布材質製作的身體＆可愛的表情，讓人無法討厭的企鵝波奇包。以肚子上的拉鍊進行開闔吧！

No.41至42創作者
福田とし子
@beadsx2

攝影＝回里純子
造型＝西森 萌
妝髮＝タニ ジュンコ
模特兒＝桜庭結衣
No.45・46作品縫製
＝小林かおり

SUMMER EASY SEWING

夏季簡易縫紉

這個夏天想要穿！想要作！實現願望的特別企劃「夏季簡易縫紉」開課！
在此為你推薦布材簡單，設計簡約卻具有存在感的夏季單品。

No.43

ITEM｜雙面裙
作 法｜P.105

使用4片長方形布料，製作份量感滿點的夏裙。雖然是Tana Lawn薄布，但由於是重疊兩層的雙面樣式，因此無需擔心透光。可配合穿搭改變穿法，非常靈活。

表布＝Tana Lawn by LIBERTY・FABRIC'S（Malory 5491108-TE）
裡布＝Tana Lawn by LIBERTY・FABRIC'S（Navy Lake）／株式會社LIBERTY JAPAN

裡布使用深藍色的素色布料，呈現出沁涼感。

No.43創作者

服飾設計師・海外竜也

因縫有腰帶環，使用不同的穿繩方式變成吊帶褲也ＯＫ。

No.44

ITEM｜輕便褲
作 法｜P.106

以泰國褲發想的輕便褲。摺入寬褲兩脇，將腰帶打結，並把打結處上方的布料反摺就完成了！是可隱藏讓人在意的腰部＆大腿的輕鬆單品。

表布＝Tana Lawn by LIBERTY・FABRIC'S（Winning Rings・DC30367-LBE）／株式會社LIBERTY JAPAN

No.44創作者
設計師・海口奈緒
@viecoudre

No.45,46創作者
設計師・
クライ・ムキ
@kurai_muki

No.45

ITEM｜寬鬆直筒長版上衣
作 法｜P.108

輕盈！涼快！活動自如！人氣魅力的appappa寬鬆直筒長版上衣是炎熱夏天時的絕佳衣款。無需麻煩接縫袖子的拉克蘭樣式長版上衣，在後領圍車入鬆緊帶，穿脫都方便。

表布＝棉麻（先染棉 麻節紗平織布・35386-6）／布料店solpano

No. 46

ITEM | 寬鬆直筒連身裙
作 法 | P.110

將**No.45**長版上衣的衣長加長，作成洋裝款式。布料局部縮皺，加工成凹凸紋路的鹽縮WAVE材質，不僅膚觸柔軟，還能呈現出自然的感覺。具透視感的洋裝也提昇了涼爽度。

表布＝棉（80LAWN SALT SHRINKAGE PLAIN・NF-60950-951A）／株式會社KOKKA

攝影＝回里純子
造型＝西森 萌

以刺繡線
MOCO增色

花卉刺繡針插

何不繡上繽紛的夏季花朵，來製作針插呢？
以擁有80種柔色調的繡線MOCO，讓裁縫工作桌綻放繽紛花朵吧！

No.47至49

ITEM｜針插（No.47薊花・No.48黃花敗醬草・No.49紫陽花）
作 法｜P.114

在單邊約7cm的掌心大小針插上，盛開惹人憐愛的刺繡花朵！繡線MOCO特有的蓬鬆立體效果，深具魅力。

No.47
No.48
No.49

No.47至49創作者
刺繡家・yula
@yula_ handmade_2008

花卉刺繡針插使用繡線

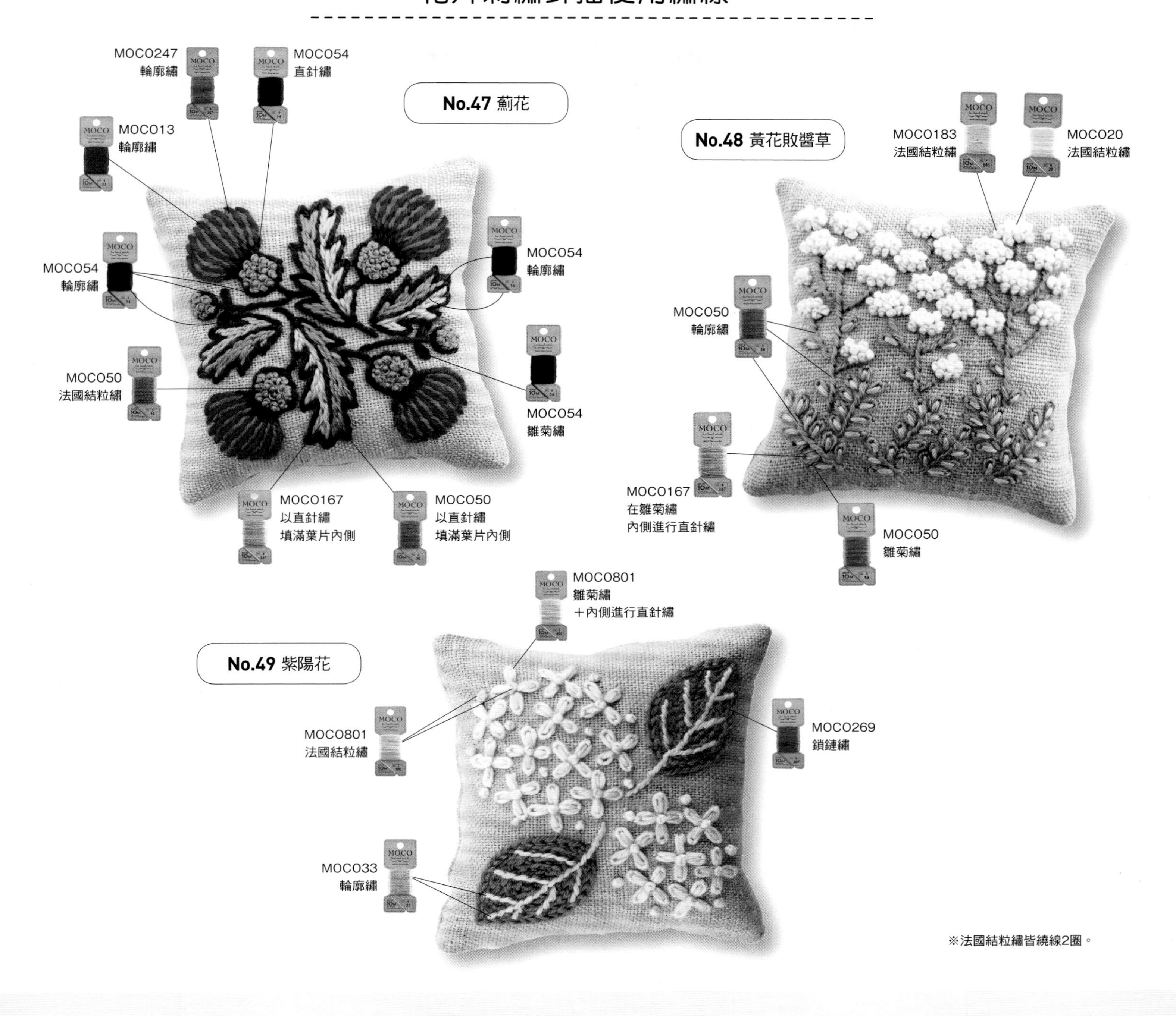
No.47 薊花
MOCO247
輪廓繡
MOCO54
直針繡
MOCO13
輪廓繡
MOCO54
輪廓繡
MOCO54
輪廓繡
MOCO50
法國結粒繡
MOCO54
雛菊繡
MOCO167
以直針繡
填滿葉片內側
MOCO50
以直針繡
填滿葉片內側
No.48 黃花敗醬草
MOCO183
法國結粒繡
MOCO20
法國結粒繡
MOCO50
輪廓繡
MOCO167
在雛菊繡
內側進行直針繡
MOCO50
雛菊繡
No.49 紫陽花
MOCO801
雛菊繡
＋內側進行直針繡
MOCO801
法國結粒繡
MOCO269
鎖鏈繡
MOCO33
輪廓繡

※法國結粒繡皆繞線2圈。

以清涼串珠製作

夏日手作小物

鋪滿閃亮耀眼的珠子，編織出圖案的「串珠編織」。可輕鬆製作的卡型串珠編織器，體積小巧方便攜帶，相當適合初學者。從這個夏天開始，一起來玩串珠編織如何呢？

攝影＝回里純子（P.54）・腰塚良彥（P.55）　造型＝西森 萌

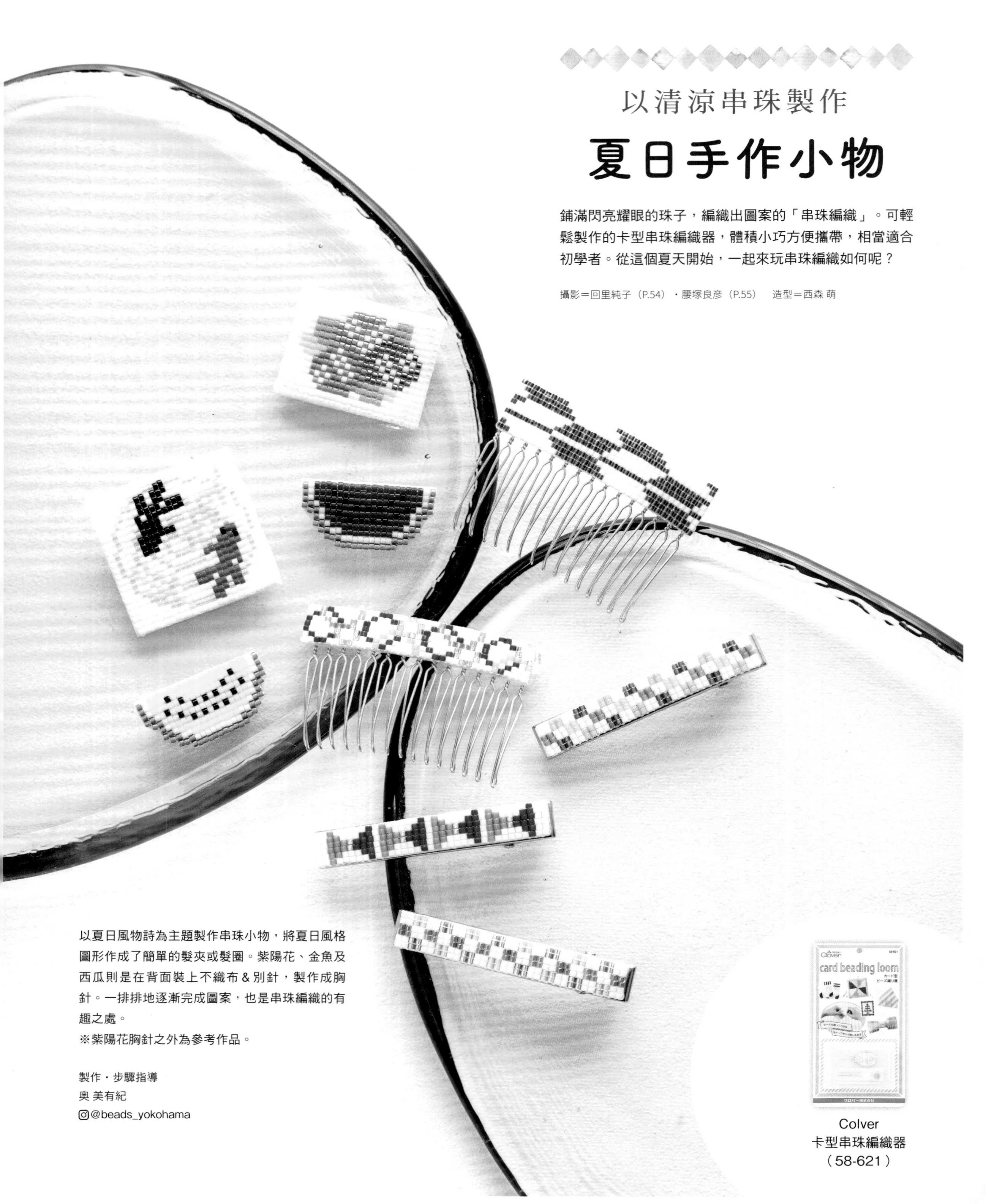
card beading loom

以夏日風物詩為主題製作串珠小物，將夏日風格圖形作成了簡單的髮夾或髮圈。紫陽花、金魚及西瓜則是在背面裝上不織布＆別針，製作成胸針。一排排地逐漸完成圖案，也是串珠編織的有趣之處。

※紫陽花胸針之外為參考作品。

製作・步驟指導
奧 美有紀
@beads_yokohama

Colver
卡型串珠編織器
（58-621）

以「卡型串珠編織器」製作紫陽花胸針吧！

準備工具

①卡型串珠編織器　②串珠針
③輔助針　④穿線器
※①至④是①Clover卡型串珠編織器的配件
⑤古董珠 各色／（株）MIYUKI
⑥串珠線#40・象牙色／（株）MIYUKI ※用於經・緯線。製作步驟為了清楚解說，使用不同顏色的線。
⑦手縫針　⑧硬質不織布
⑨胸針底托　⑩雙面膠
⑪消失筆　⑫剪刀
⑬紙膠帶or透明膠帶
⑭串珠墊　⑮尺

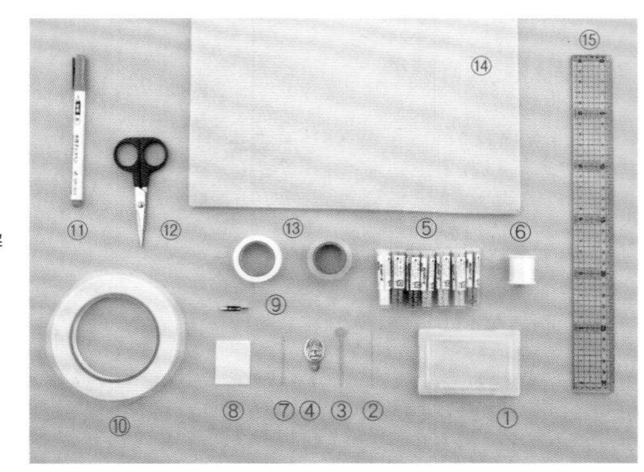

＊古董珠
A 粉紅色（DB247）33個
B 白色（DB200）156個
C 綠色（DB724）38個
D 紫色（DB906）47個
E 藍色（DB730）46個
F 黃綠色（DB733）16個
G 水藍色（DB239）106個

圖案

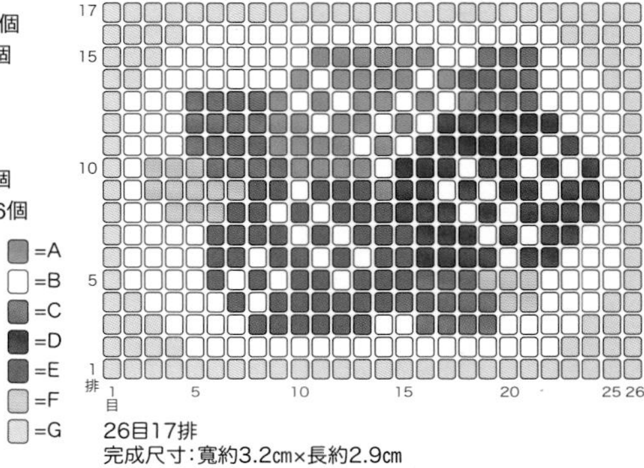

=A
=B
=C
=D
=E
=F
=G
17
15
10
5
1
排
1目
5
10
15
20
25 26

26目17排
完成尺寸：寬約3.2cm×長約2.9cm

1

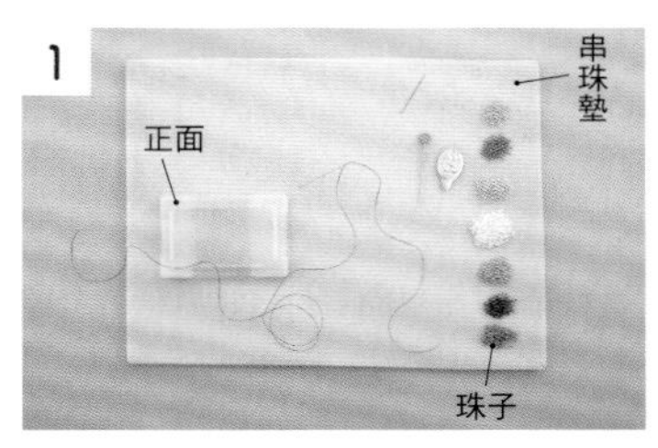

串珠墊
正面
珠子

在串珠墊上準備好需要用的珠子。串珠墊可避免珠子滾動四散，能增加製作效率，建議常備使用。

2

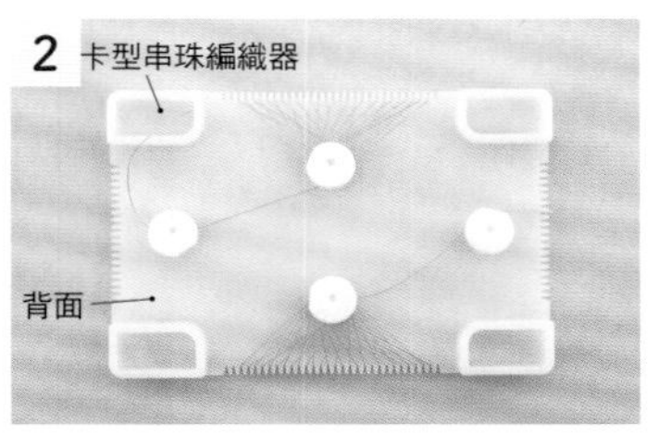

卡型串珠編織器
背面

依卡型串珠編織器內附的說明書，拉出27條經線。

3

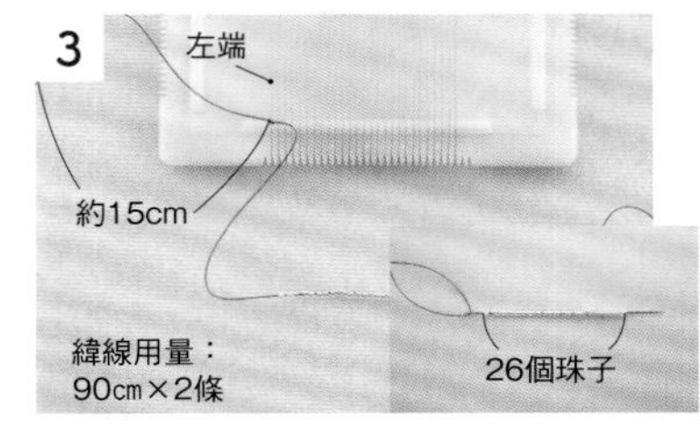

左端
約15cm
緯線用量：
90cm×2條
26個珠子

留下約15cm線頭，將緯線打結於左端經線。參照圖案，在串珠針中穿入第一排的26個珠子。

4

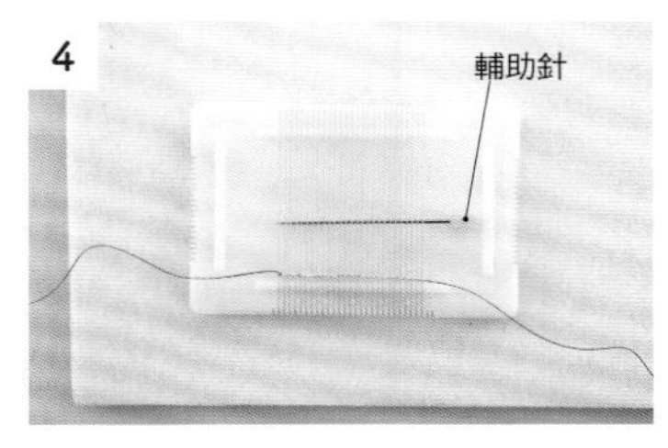

輔助針

將輔助針穿入經線下方。串珠針穿入經線下方之後，即可拔下輔助針，在經線的間隙各排列1個珠子。

5

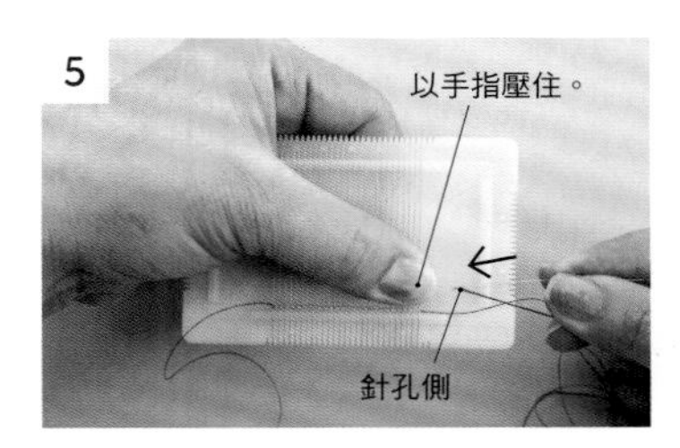

以手指壓住。
針孔側

一邊以拇指壓住經線，一邊從右端的經線上方將串珠針的針孔側穿入第一排珠子。

6

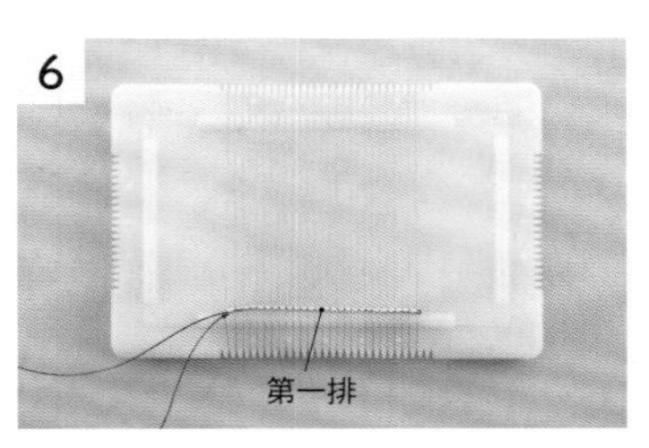

第一排

第一排編織完成。第2排起也以相同方式，將串珠針穿入圖案指定的26個珠子，重複步驟4・5。

7

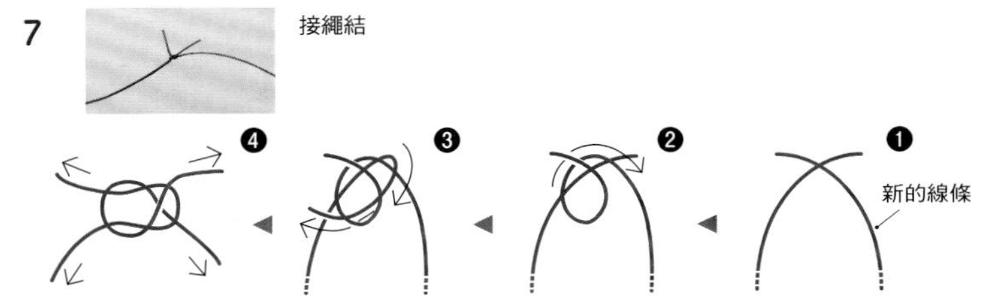

接繩結
新的線條

緯線不夠時，以「接繩結」的打結方式打結，再依圖示方式穿線，最後從4個方向一口氣拉緊，使結目藏在珠子裡。※為了能清楚易懂，在此使用不同顏色的線。

8

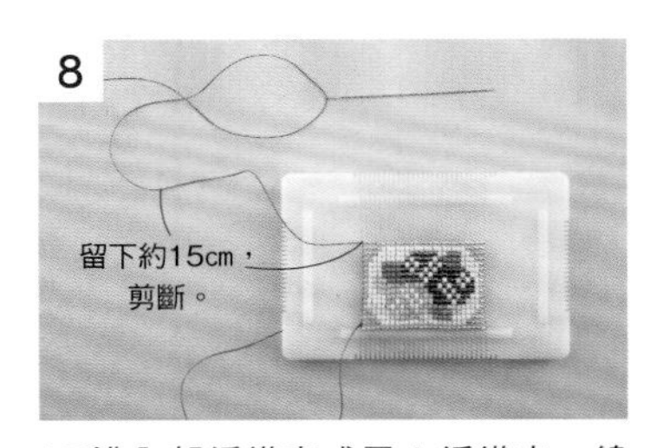

留下約15cm，剪斷。

17排全部編織完成了！編織完，緯線留下15cm剪斷。

9

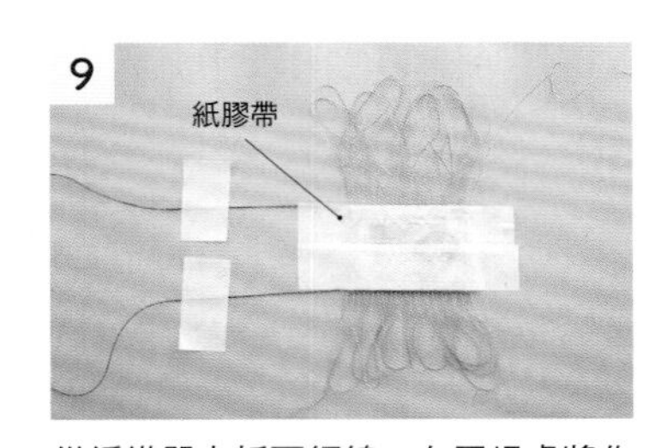

紙膠帶

從編織器上拆下經線，在平坦處將作品正面朝上放置，以紙膠帶固定。

10

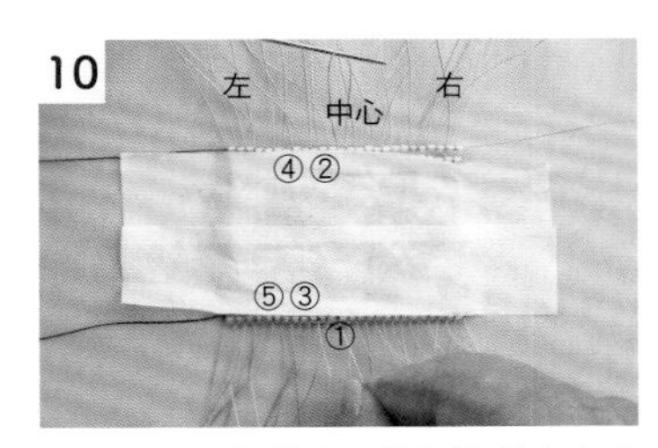

左
中心
右
④②
⑤③
①

整理拆下的經線後，將經線從中央分成左右，依序拉緊。左半邊完成，再拉右半邊的經線。

11

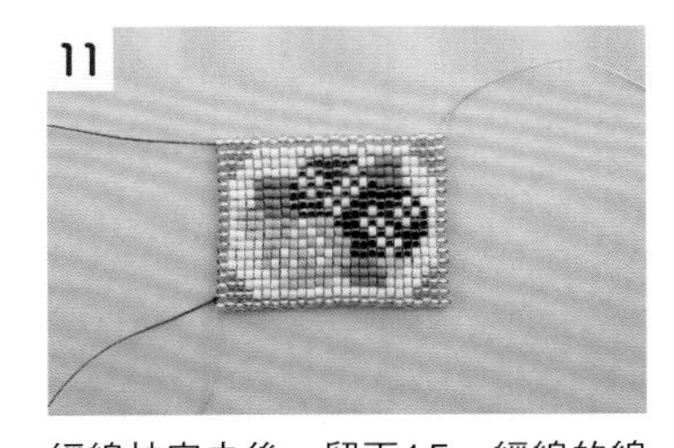

經線拉完之後，留下15cm經線的線頭剪斷。

12

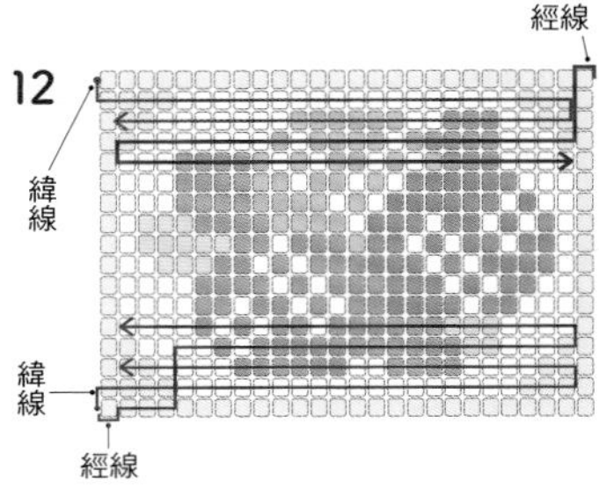

經線
緯線
緯線
經線

將經線＆緯線如圖般穿入珠子中收尾。

13

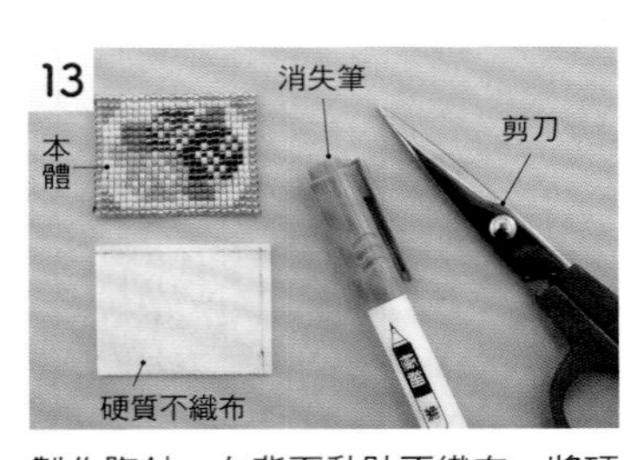

本體
消失筆
剪刀
硬質不織布

製作胸針，在背面黏貼不織布。將硬質不織布以消失筆畫出本體的完成尺寸，再以剪刀裁剪。

14

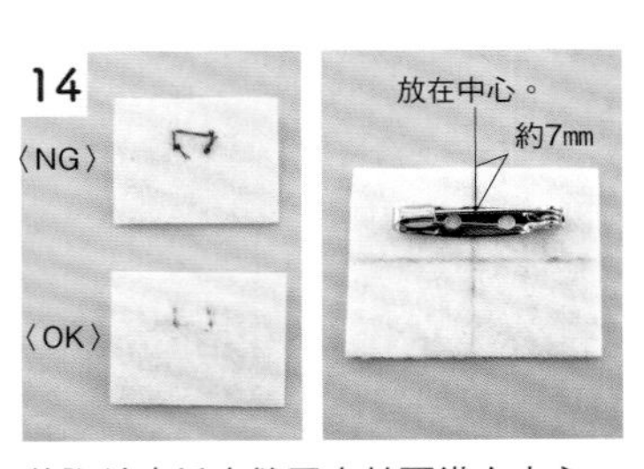

〈NG〉
〈OK〉
放在中心。
約7mm

將胸針底托止縫固定於不織布中心。線結藏在胸針＆不織布之間，避免結目從背面穿出。

15

雙面膠

完成！

將雙面膠黏貼在不織布上，再黏上本體。

No.50
No.51

好朋友兔兔的大冒險

刺繡家・Jeu de Fils高橋亜紀，以法國遇到的兔子玩偶為主題進行的連載。

No. 50 ITEM｜兔子玩偶
作 法｜P.111

全長12.5㎝，尺寸小巧可愛的兔子玩偶。哎呀呀，怎麼啦？稍微有點不開心的表情真讓人在意。

No. 51 ITEM｜扁平波奇包
作 法｜P.112

以十字繡繡上了在沙灘玩耍的兔子們，作法簡易又好用的扁平式波奇包。袋口的鮮紅色五爪釦＆泡泡圖案裡布是低調又亮眼的裝飾。

profile

Jeu de Fils・高橋亜紀

刺繡家。經營Jeu de Fils工作室。居住在法國期間正式學習刺繡，於當地的刺繡圈出道。目前除了在工作室與文化中心舉辦講座，也於雜誌與web上發表作品。

@jeudefils

攝影＝回里純子　造型＝西森 萌　製作協力＝為貝浩子

享受四季

刺子繡家事布

由刺子繡作家ちるぼる飯田敬子所負責的刺子繡連載。這次要介紹的，是最適合夏日感季節的涼爽刺子繡圖案。

攝影＝回里純子　造型＝西森 萌

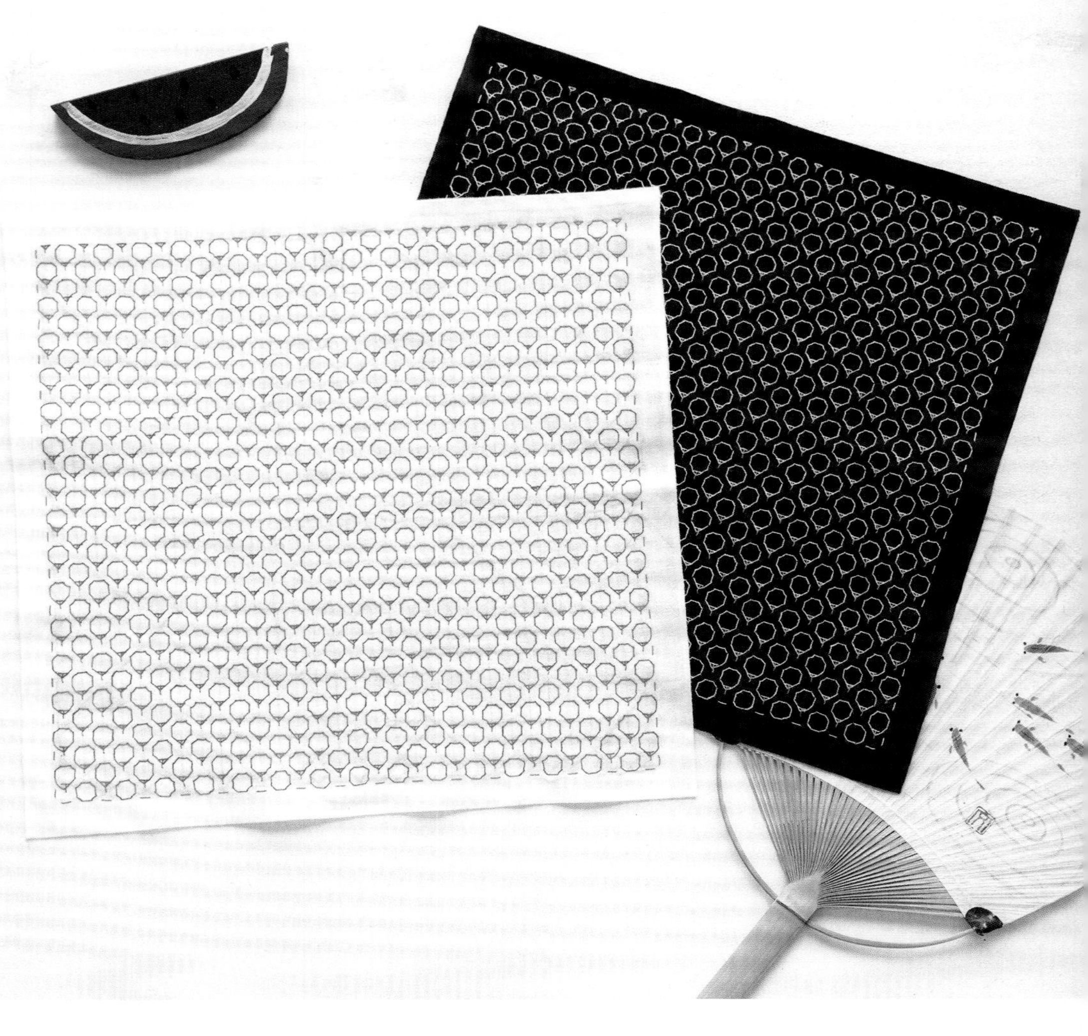

No.52

ITEM ｜團扇
作 法 ｜P.57

此作品設計了日本夏日風物詩之一的「團扇」圖案，分為以和風印象的朱紅色線刺繡的作品，以及在深藍底布上以白線刺繡的清涼作品，完成最適合夏天的刺子繡。

線=NONA細糸（朱紅色 淺咖啡色・白色）／NONA
家事布=DARUMA刺子布方格線（白色・深藍色）／橫田株式会社

profile

ちるぼる・飯田敬子

刺子繡作家。出生於靜岡縣，在青森縣居住時期接觸了刺子繡，從此投入學習傳統刺子繡技法。目前透過個人網站以及YouTube，推廣初學者也易懂的刺子繡針法＆應用方式。

@sashiko_chilbol

刺子繡家事布的作法

※為了方便理解，在此更換繡線顏色，並以比實物小的尺寸進行解說。

[刺子家事布基礎]

起繡

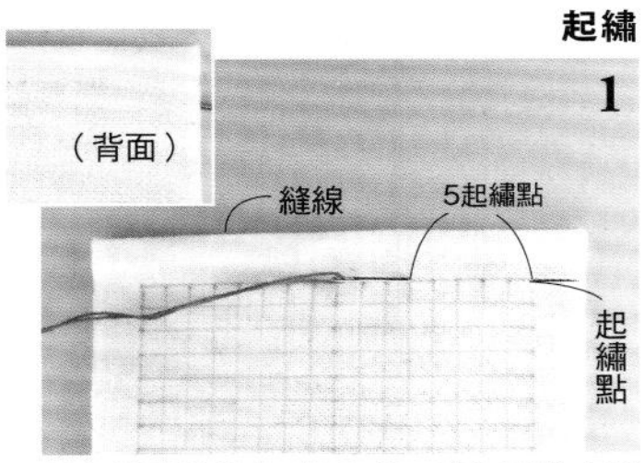
1
（背面）
縫線
5起繡點
起繡點

在起繡點的前方5格入針，穿入兩片布料之間（不從背面出針），從起繡點出針。不打結。

頂針器的配戴方法＆持針方法

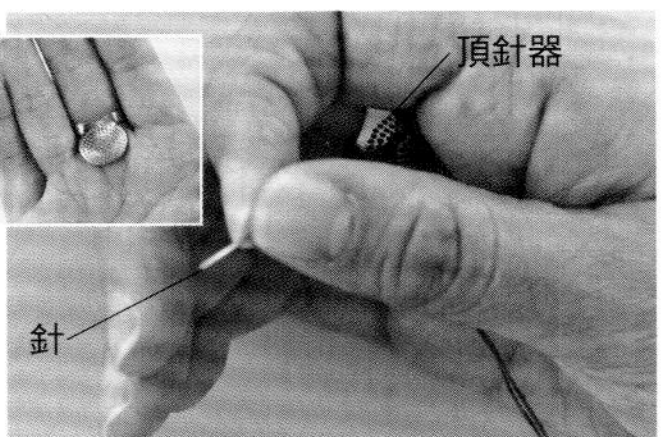
頂針器
針

頂針器的圓盤朝下，套入中指根部。剪下約張開雙臂長度（約80cm）的線段，取1股線穿針。以食指＆拇指捏針，頂針器圓盤置於針後方的方式持針。

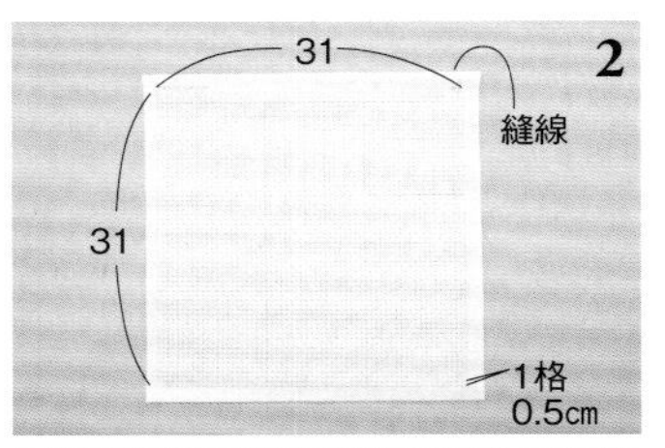
2
31
縫線
31
1格
0.5cm

DARUMA刺子繡家事布方格線已繪製格線。使用漂白布時，則要依圖片尺寸以魔擦筆（加溫可清除）描繪上0.5cm格線。

製作家事布＆畫記號

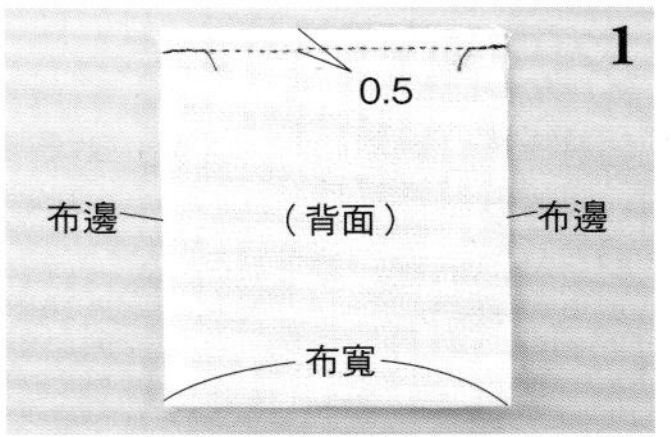
1
0.5
布邊
（背面）
布邊
布寬

將「DARUMA刺子繡家事布方格線」正面相疊對摺，在距離布邊0.5cm處平針縫，接著翻至正面。使用漂白布時則是裁剪成75cm，以相同方式縫製。

順平繡線

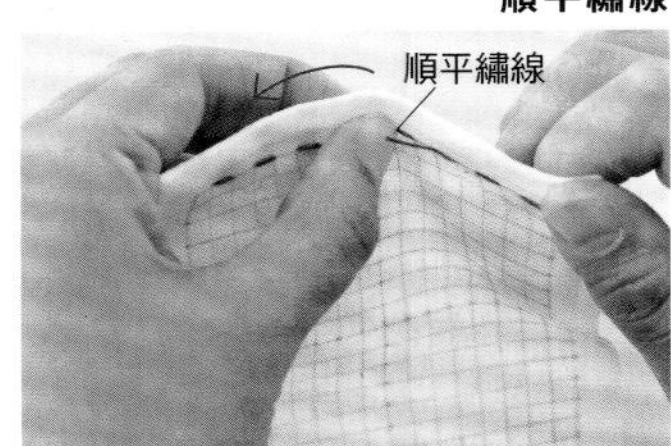
順平繡線

每繡一行就順平繡線（左手指腹將線條往左側順平），以舒展線條不順，使繡好的部分平坦。
※斜向刺繡無需順平繡線。

繡法

1

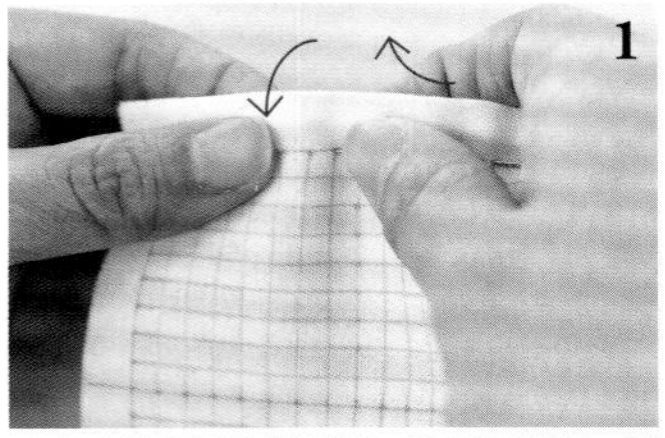

以左手將布料拉往近側，使用頂針器一邊推針，一邊以右手拇指控制針尖穿入布料。

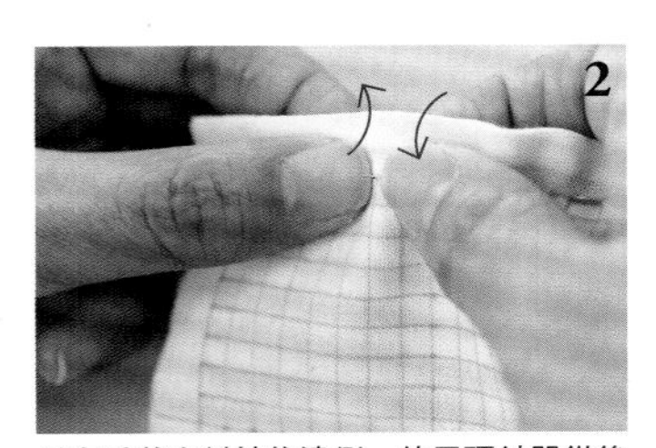
2

以左手將布料拉往遠側，使用頂針器從後方推針，於正面出針。重複步驟1、2。

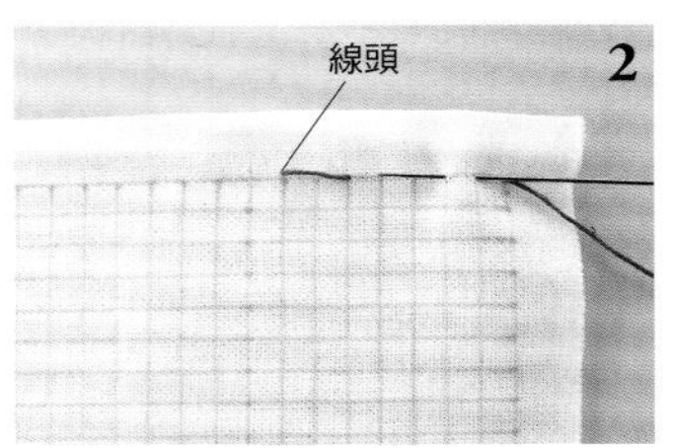
線頭
2

留下約1cm線頭，拉繡線。分開穿入布料的繡線起繡。完成後剪去線頭。

完繡

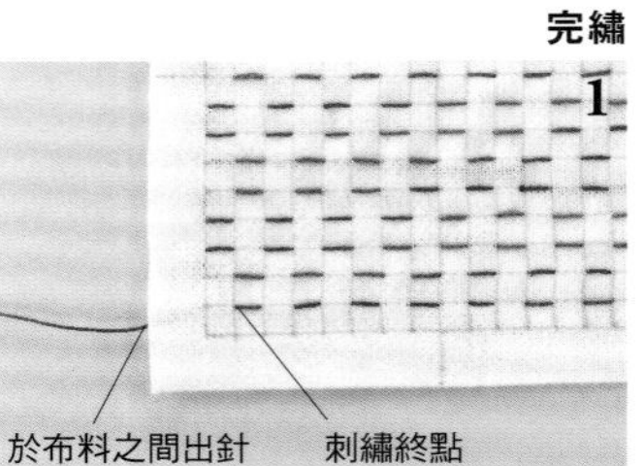
1
於布料之間出針
刺繡終點

刺繡完成後，就從布料間出針。

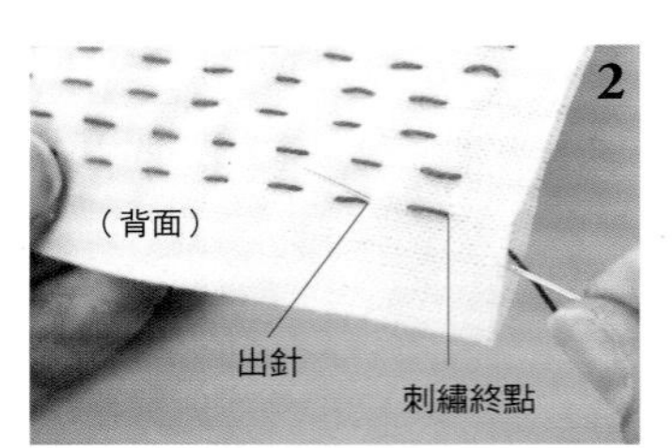
2
（背面）
出針
刺繡終點

翻至背面，避免在正面形成針目，將針穿入布料之間，在背面側的針目一端出針。

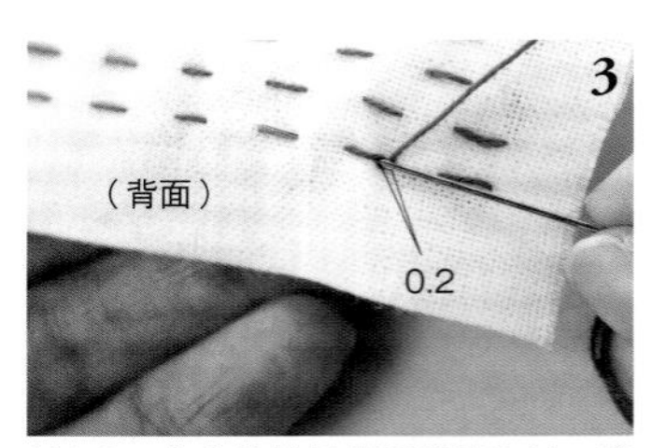
3
（背面）
0.2

以0.2㎝左右的針目分開繡線入針，穿過布料之間，於隔壁針目一端出針，以相同方式刺繡。

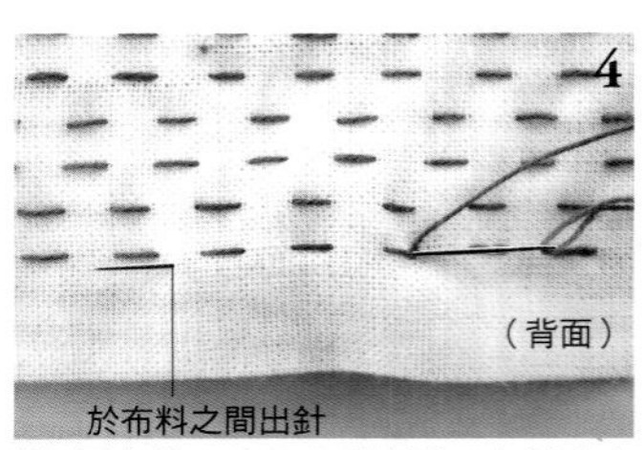
4
（背面）
於布料之間出針

繡3目之後，穿入布料之間，在遠處出針並剪斷繡線。

※刺繡過程中若繡線用完，同樣以起繡＆完繡作法進行處理。

[No.52 團扇的繡法] 刺子繡原寸圖案P.59

工具

①DARUMA刺子繡家事布方格線（或漂白布） ②線剪 ③頂針器 ④針（有溝長針） ⑤線 NONA細線 ⑥木棉細線 ⑦尺

1. 直向刺繡

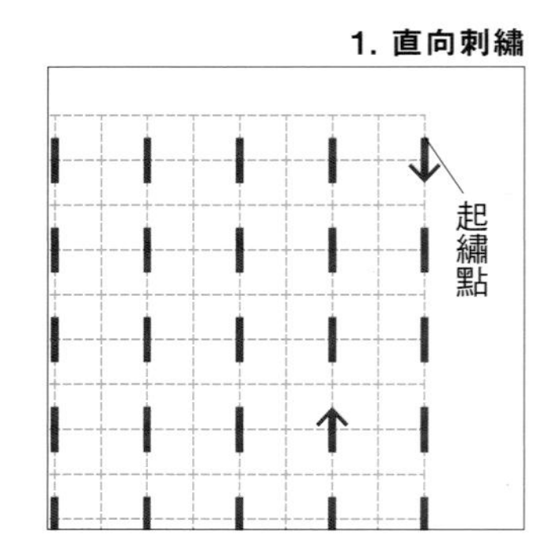
起繡點

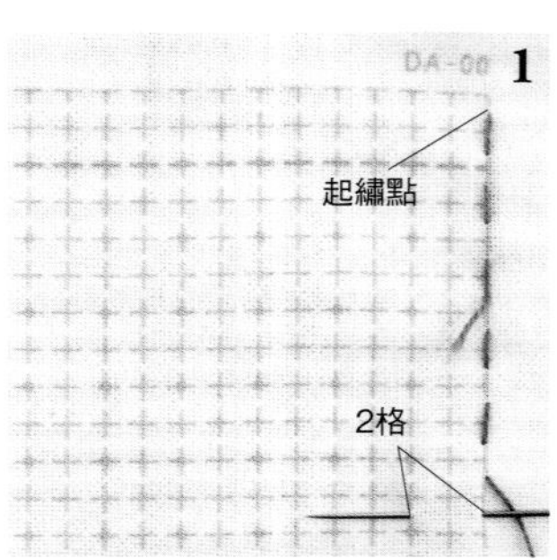
1
起繡點
2格

從起繡點出針，直向於格子之間入針，再於格子之間出針，重覆此動作繡直線。繡到最下方時，將針穿入布料之間，在隔壁2格出針。

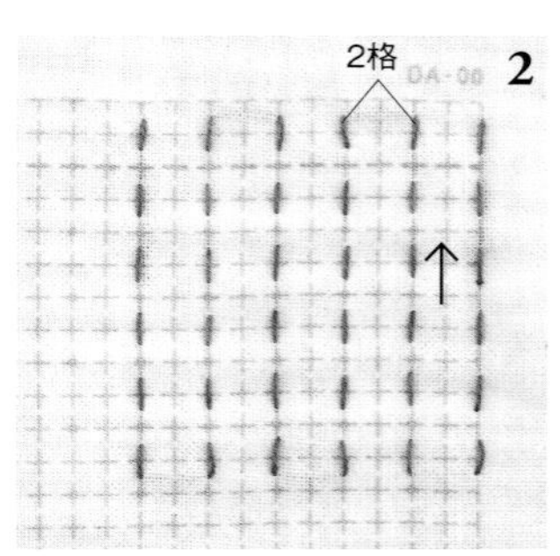
2
2格

從下往上以相同方式刺繡，於隔壁2格出針，重覆步驟1、2，繡至左端。

2. 橫向刺繡

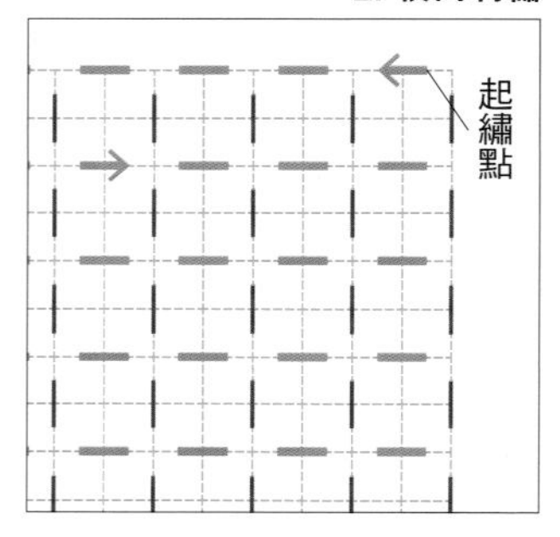
起繡點

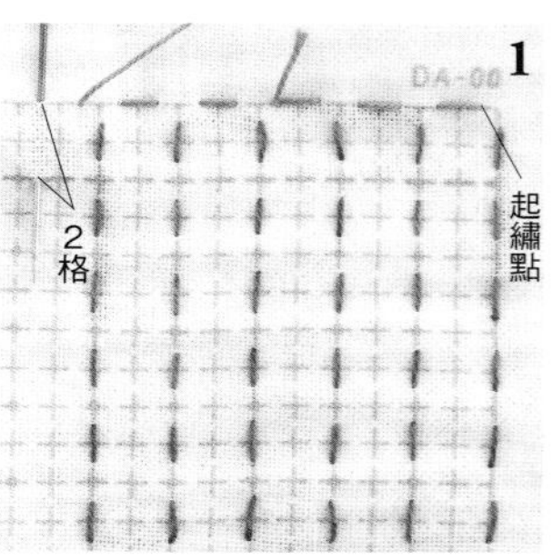
1
起繡點
2格

從起繡點出針，橫向於格子之間入針，再於格子之間出針，重覆此動作繡橫線。繡至邊緣時，將針穿入布料之間，於下方2格出針。

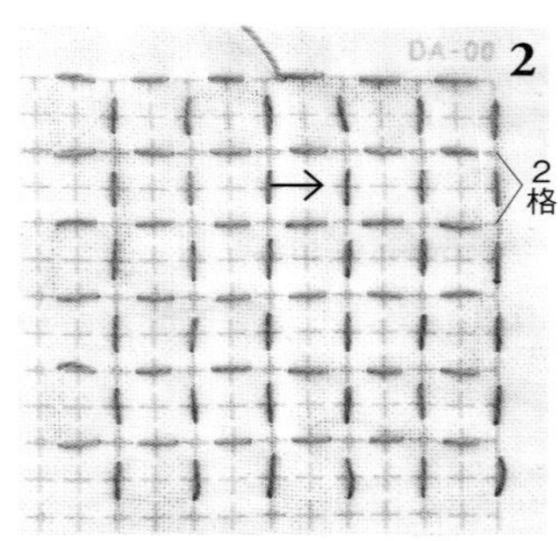
2
2格

從左朝右以相同方式刺繡，再於下方2格出針；重覆步驟1、2，繡到最下方為止。

3. 斜向刺繡

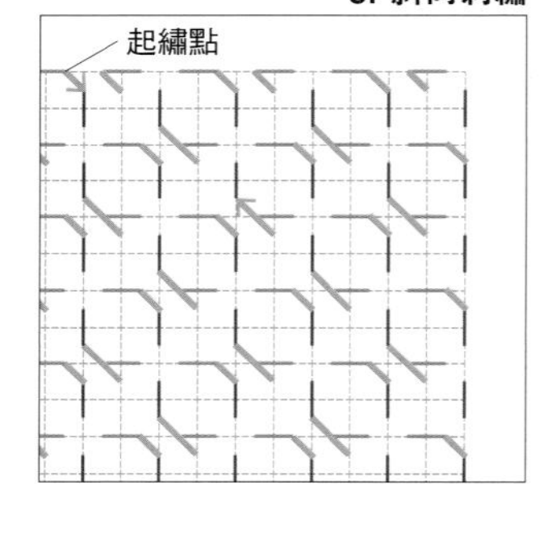
起繡點

左上朝右下斜向刺繡

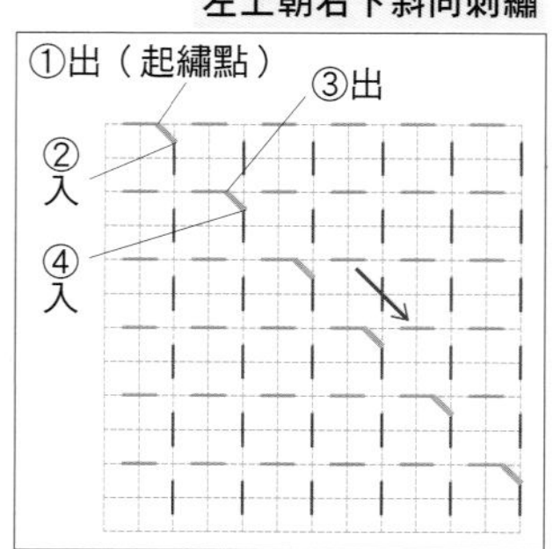
①出（起繡點）
②入
③出
④入

從左上朝右下斜向刺繡的情況，是反覆地從橫針目右端出針，直針目上方入針。

右下朝左上斜向刺繡

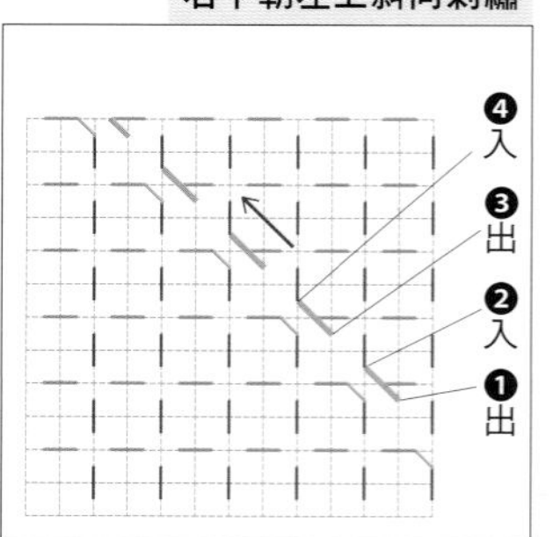
❹入
❸出
❷入
❶出

從右下朝左上斜向刺繡的情況，是反覆地從橫針目的半格下方出針，直針目下方入針。

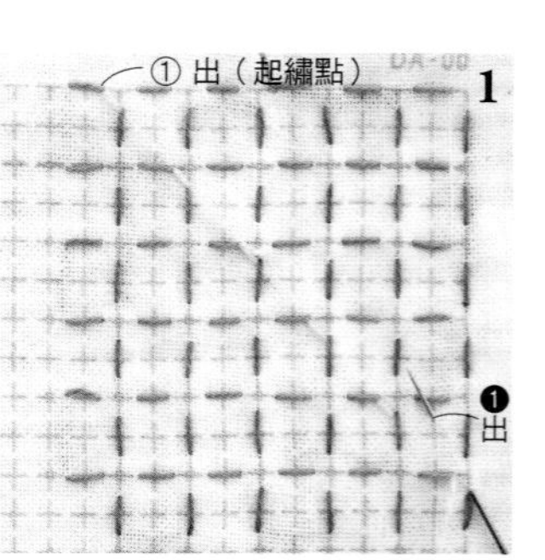
1
①出（起繡點）
❶出

進行左上朝下右的斜向刺繡。繡至最下方之後，就從右下朝左下斜向刺繡的❶出出針。

繡至最上端後，從左上朝右下斜向刺繡的①出出針。

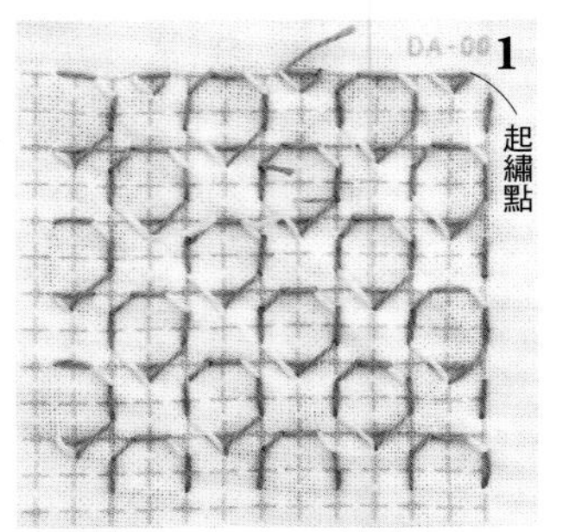
1
起繡點

參照步驟3.斜向刺繡，以與步驟3所繡的斜線，呈左右對稱的方式刺繡。

4. 繡相反側的斜線

起繡點

左下側也以相同方式刺繡。

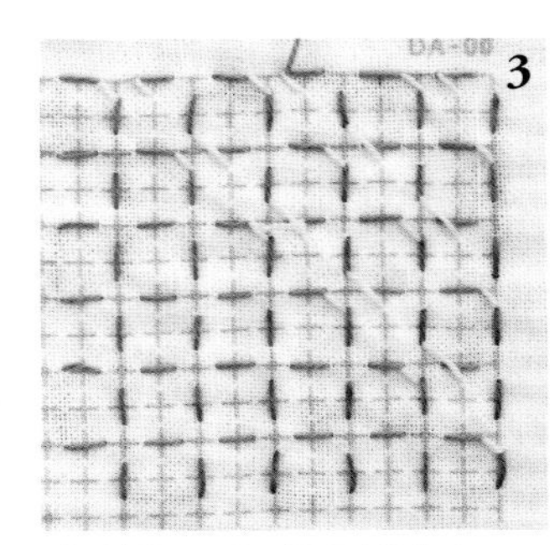
3

重覆步驟**1**、**2**，繡至右端為止。

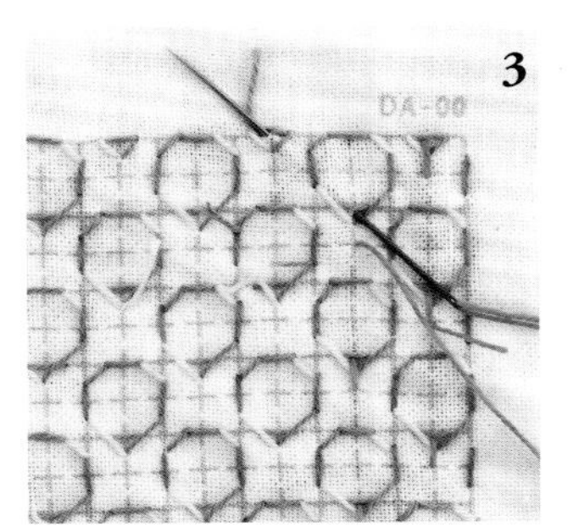
3

刺繡至與**1**相同位置的最上方，以同樣的方式繡至左端。

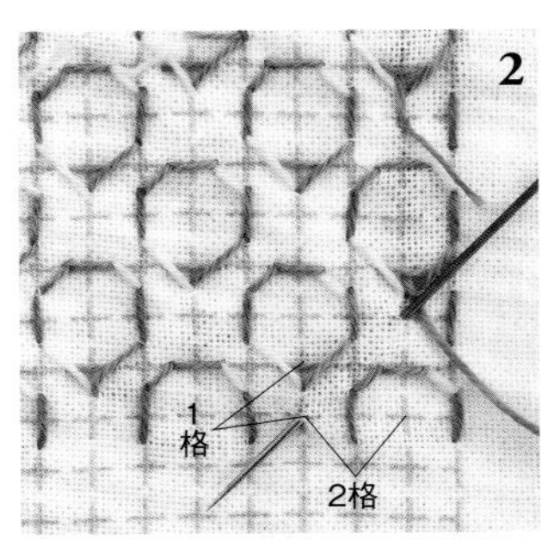
2
1格
2格

繡至最下方後，在隔壁2格橫針目中心的1格下方出針。

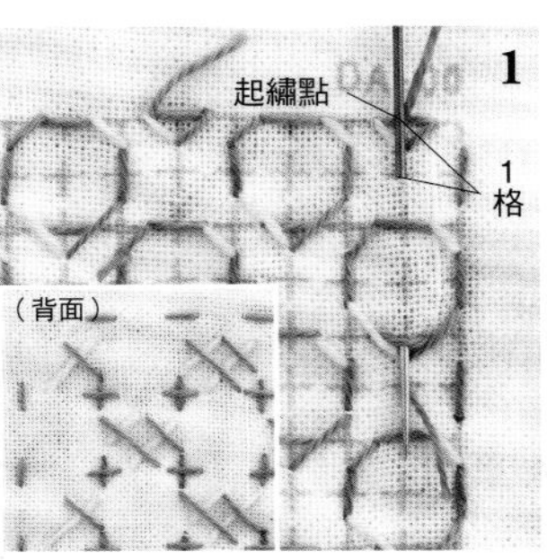
1
起繡點
1格
（背面）

從最上方橫線的針目中心出針（起繡點），刺入下方1格的距離。穿過布料之間（不穿出背面），在第3行橫線之間出針。

5. 繡團扇中心

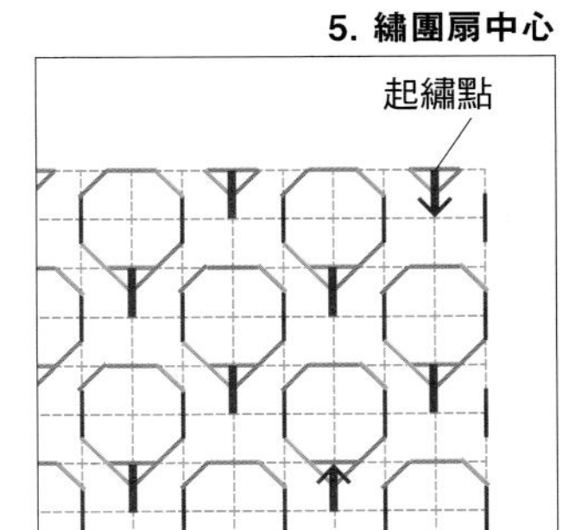
起繡點

刺子繡圖案

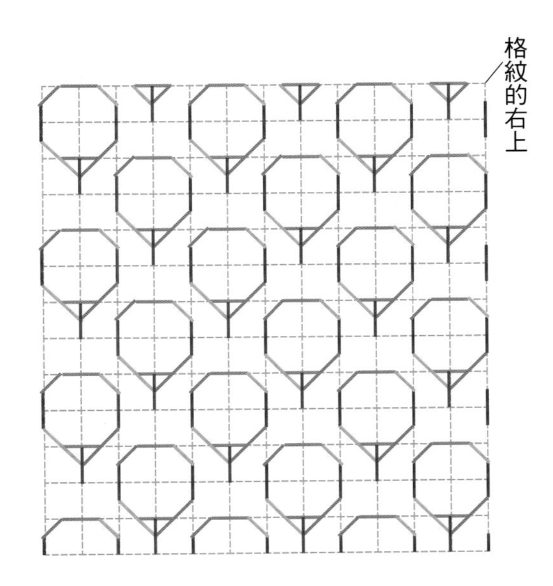
格紋的右上

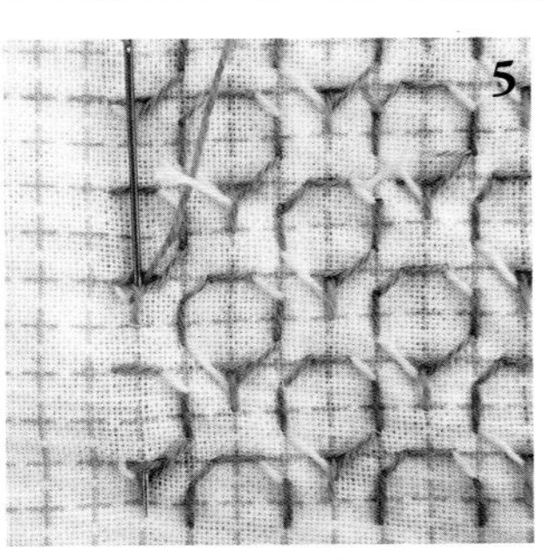
5

參照P.58完繡的步驟**3**，進行完繡處理。

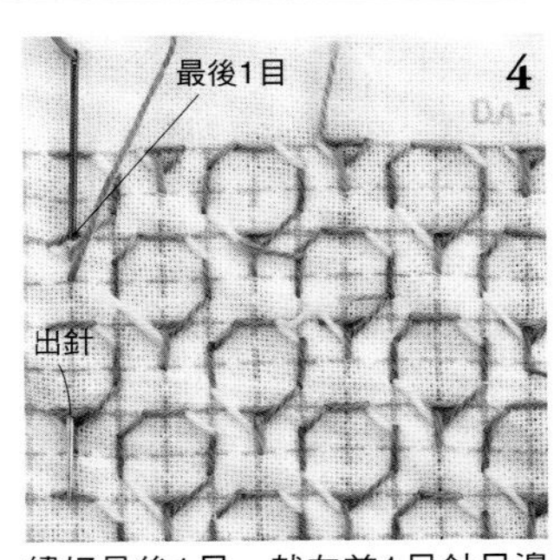
4
最後1目
出針

繡好最後1目，就在前1目針目邊緣出針。

完成！

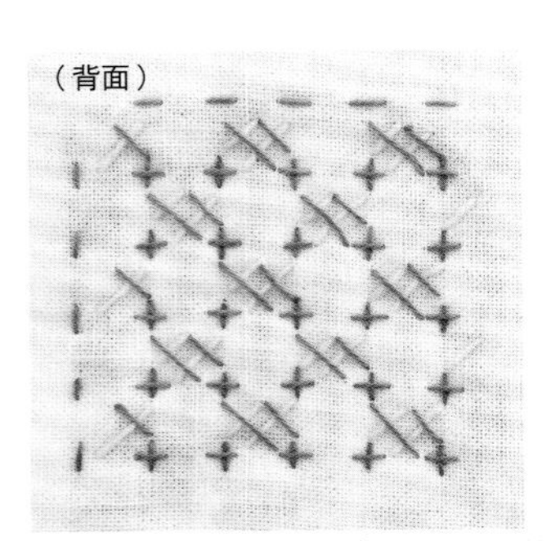
（背面）

（正面）

圖案完成後，以水消除格線，並修剪穿出的線頭就完成了！

縫一個・賣一個！

開啟個人手作×商售的雙重樂趣

POINT

①完成的作品可供個人商售（市集、網路、跳蚤市場等）。

②日本人氣YouTuber布作家詳解示範：全皆品皆可掃QR code看教作影片！

③完美搭配書籍+影片的全方位解說示範，絕對能作出成就感滿滿的布包。

Wonderful
Wonderful

本書集合了講究剪裁與設計感的布包&波奇包。
不只外形可愛，實用性與機能性同樣優秀。
從外出大小布包，到居家裝飾小物、化妝包、筆袋等，
收錄了許多看似造型簡約但細節設計獨特有趣的日常布物，
可愛到讓人想用不同的花樣布多作幾個。

手作販售OK！
Pro級！
美麗又有趣的
好實用布包

Pro 級！手作販售 OK！
美麗又有趣的好實用布包
BOUTIQUE-SHA ◎授權
平裝／96 頁／23.3x29.7cm
彩色／定價 480 元

手作新提案

直接列印
含縫份的紙型吧！

- 不需要攤開大張紙型複寫。
- 已含縫份，列印後只需沿線裁下就能使用。
- 免費下載。

No.40 石蟹波奇包

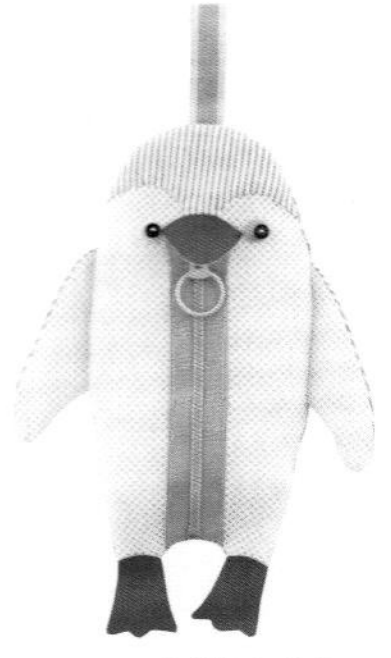

No.42 企鵝波奇包

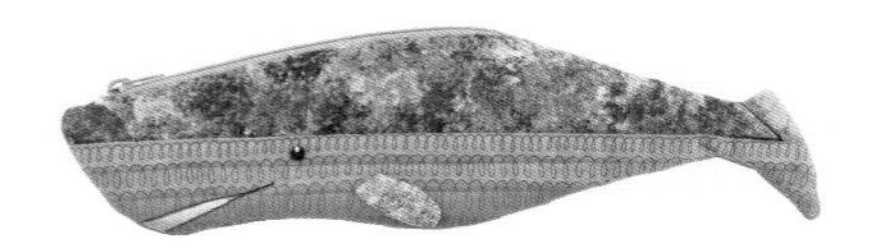

No.39 抹香鯨波奇包

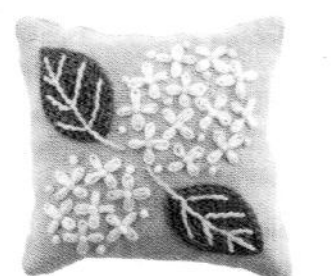

（No.49紫陽花）

針插（3件組）
（No.48黃花敗醬草）

（No.47薊花）

本期刊載的部分作品，
可以免費自行列印含縫份的紙型。

那麼，立刻試著
動手列印吧！

1 進入COTTON FRIEND PATTERN SHOP

https://cfpshop.stores.jp/

COTTON FRIEND PATTERN SHOP
HOME ITEM CATEGORY

2 選擇要下載的紙型，點一下。

HOME ITEM CATEGORY

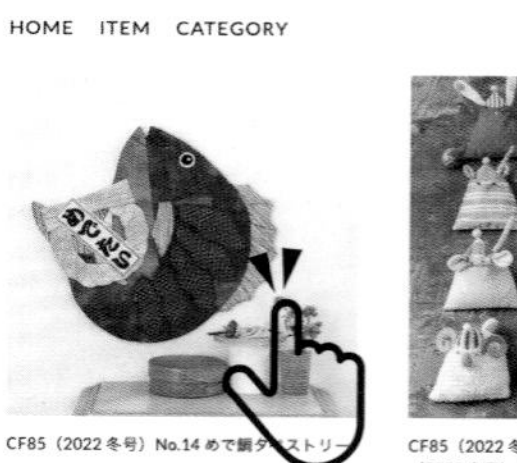

CF85（2022 冬号）No.14 めで鯛タペストリー
¥0

CF85（2022 冬号）P.16 十二支お手玉 CF85（2022 冬号）P.16 十二支お手玉
¥0

CF85（2022 冬号）
モビール
¥0

3 點選<カートに入れる（放入購物車）>

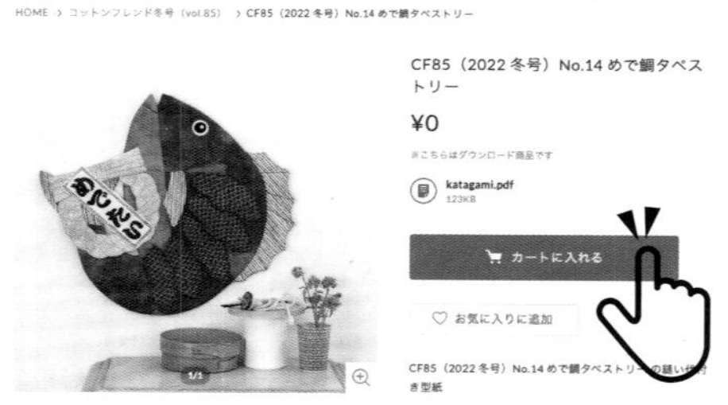

CF85（2022 冬号）No.14 めで鯛タペストリー
¥0
katagami.pdf
カートに入れる
お気に入りに追加

4 點選<ゲスト購入する（訪客購買）>

カートに入っているアイテム
アイテム名
価格
個数
小計
CF85（2022 冬号）No.14 めで鯛タペストリー
¥0
1
¥0
合計
¥0

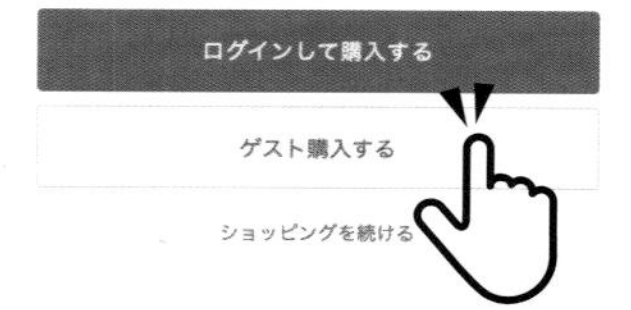

ログインして購入する
ゲスト購入する
ショッピングを続ける

5

ご入力　お支払い　ご確認　完了

購入者さま

お名前　布田　友子

電話番号　0300000000

※角数字のみ・ハイフンなし

メールアドレス　cottonfriend@mail.co.jp

オプション

填寫必填欄位後點按 ＜內容のご確認へ（確認內容）＞

・請填入姓名、電話與電子郵件信箱。

・若不加入會員，也不需收到電子報與最新資訊，可將下方的＜情報登錄＞取消勾選。

以下に同意する（必須）

COTTON FRIEND PATTERN SHOP の利用規約 と プライバシーポリシー

STORES のプライバシーポリシー

注文する
返品・返金について
このサイトは reCAPTCHA で保護されています。Google の利用規約 と プライバシーポリシー が適用されます。
特定商取引法に関する表記 / 利用規約 / プライバシーポリシー / よくある質問

點選＜注文する（購買）＞

・請確認以上內容，勾選＜以下に同意する（同意）＞，再點選＜注文する（購買）＞。

ご購入ありがとうございます

下記よりコンテンツのダウンロードをお願いいたします。

CF83_wani.pdf 3.67MB　ダウンロード

ご注文いただくと、お控えのメールがすぐに自動送信されます。
メールが届かない場合は、お手数お掛けいたしますがお問い合わせいただきますようお願いいたします。

オーダー番号　1950762577

CF83（2022夏号）No.47 ワニポーチの縫い代付き型紙　シェアする　ツイートする

點選＜ダウンロード（下載）＞

8

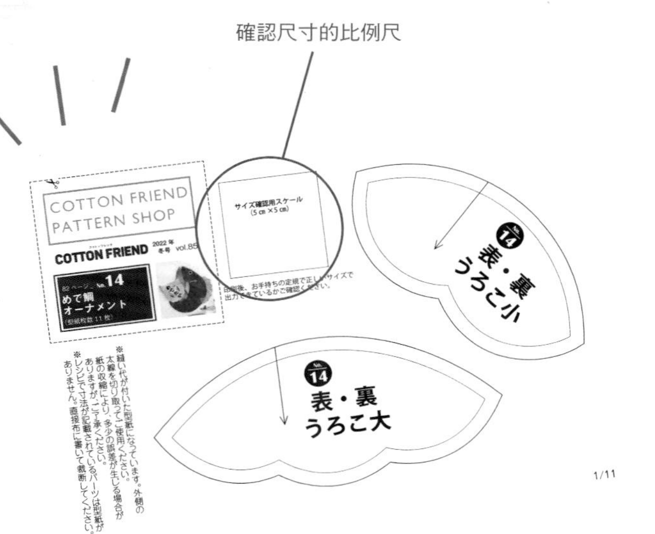

確認尺寸的比例尺
COTTON FRIEND PATTERN SHOP
COTTON FRIEND
14
めで鯛オーナメント
サイズ確認用スケール (5cm×5cm)
表・裏 うろこ小
表・裏 うろこ大
1/11

紙型下載完成！

・直接存在桌面，準備列印。

・原寸請使用A4紙張列印（若是設定成「配合紙張大小列印」，將無法以正確尺寸印出，請務必加以確認）。

・印出後請務必確認張數無誤，並檢查列印紙上「確認尺寸的比例尺」是否為原寸5cm×5cm。

製作方法
COTTON FRIEND 用法指南

作品頁

一旦決定好要製作的作品，請先確認作品編號與作法頁。

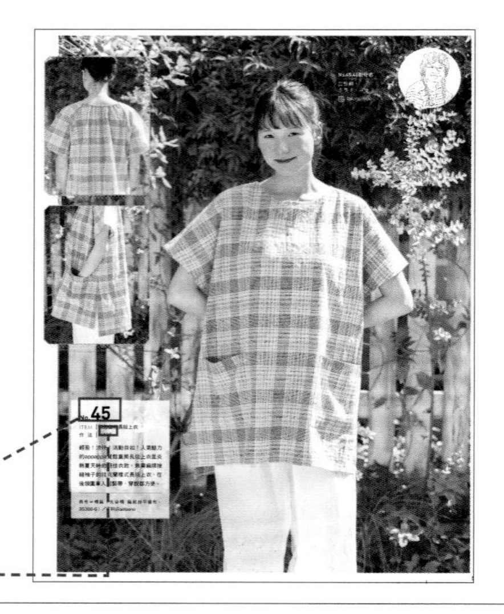

作品編號

作法頁面

作法頁

翻到作品對應的作法頁面，依指示製作。

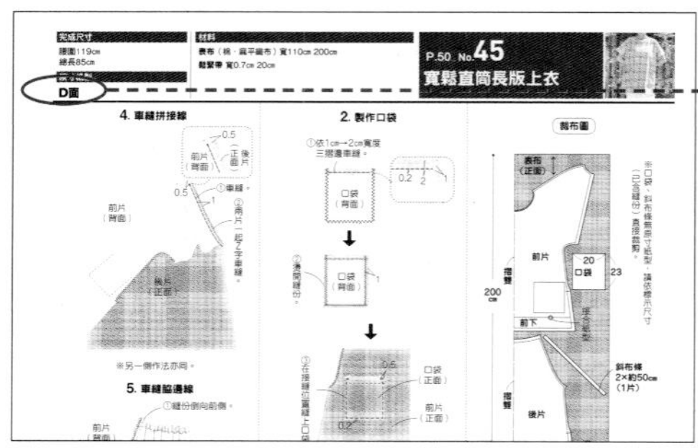

表示此作品的原寸紙型在B面。

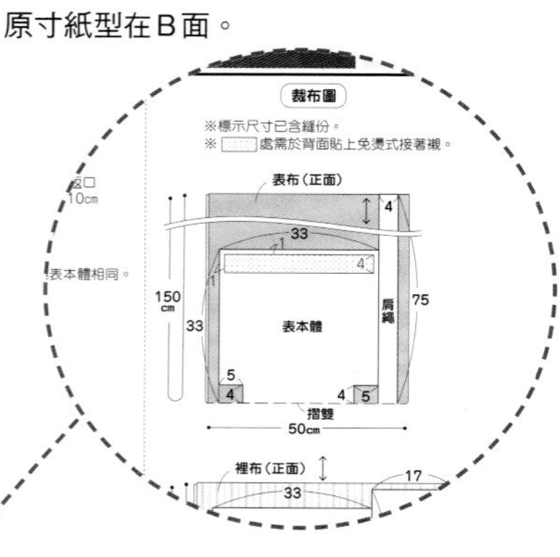

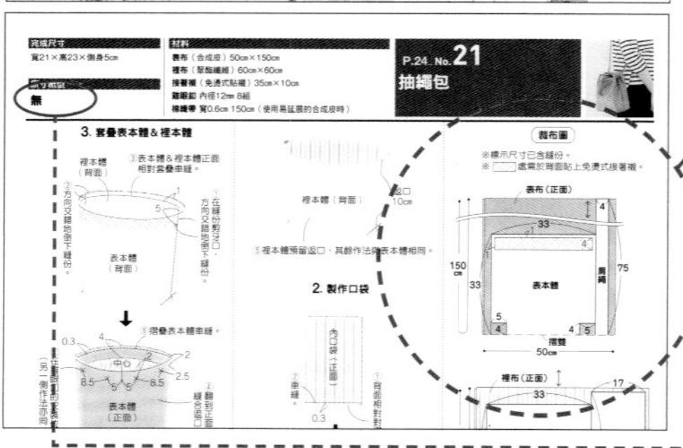

若無原寸紙型，請參考「裁布圖」製作紙型或直接裁剪。標示的數字是已含縫份的尺寸。

標示「無」代表沒有原寸紙型，請依標示尺寸作業。

原寸紙型

原寸紙型共有A・B・C・D面。

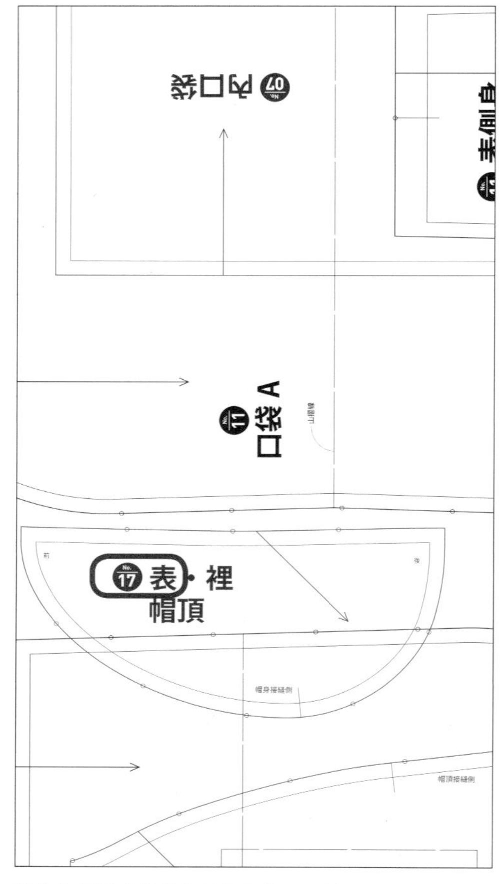

請依作品編號與線條種類尋找所需紙型。
紙型已含縫份，請以牛皮紙或描圖紙複寫粗線使用。

下載紙型

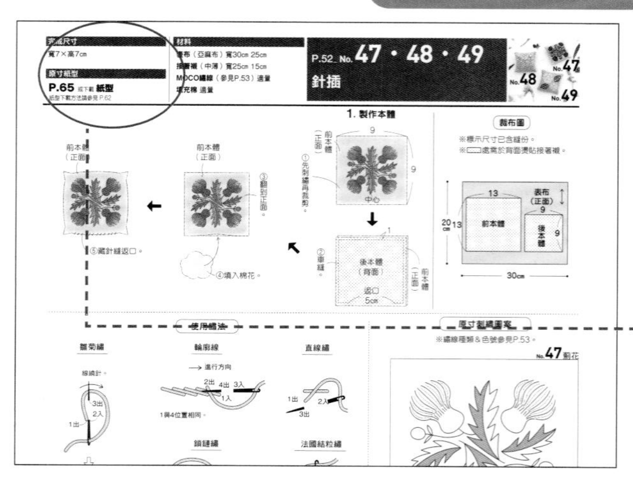

標示下載紙型的作品，可使用電腦等下載已含縫份的紙型。印出後就可直接裁切使用。有關紙型下載參見P.62。

完成尺寸
寬7×高7cm
原寸紙型
P.65 或下載 紙型
紙型下載方法請參見P.62

完成尺寸

寬7×高7cm

原寸紙型

P.65 或下載 **紙型**

紙型下載方法請參見P.62

材料

表布（亞麻布）寬30cm 25cm

接著襯（中薄）寬25cm 15cm

MOCO繡線（參見P.53）適量

填充棉 適量

P.52_ No.47・48・49 針插

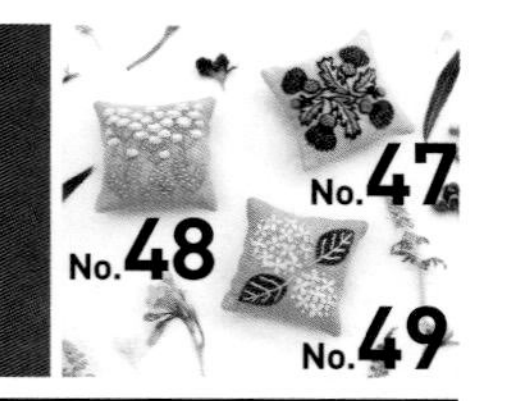

No.47
No.48
No.49

1. 製作本體

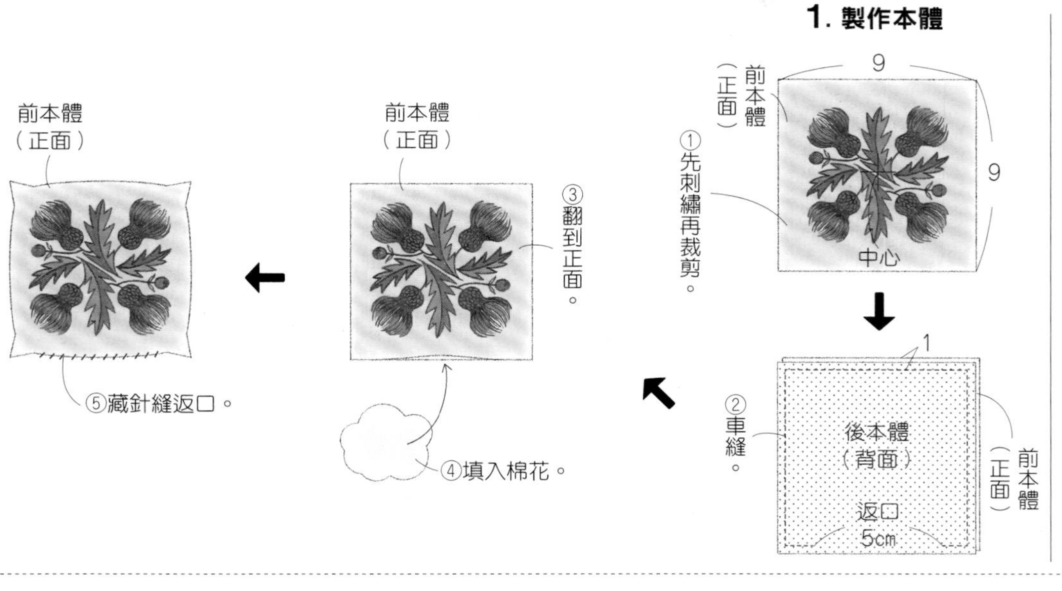

前本體（正面）
9
9
①先刺繡再裁剪。
中心
1
②車縫。
後本體（背面）
前本體（正面）
返口5cm
③翻到正面。
④填入棉花。
⑤藏針縫返口。

裁布圖

※標示尺寸已含縫份。

※▭處需於背面燙貼接著襯。

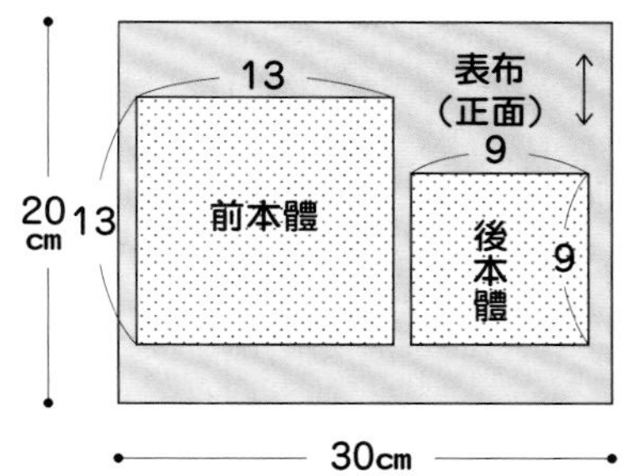

13
表布（正面）
9
20cm
13
前本體
後本體
9
30cm

使用繡法

雛菊繡

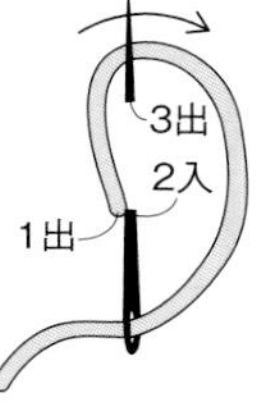

線繞針。
3出
2入
1出

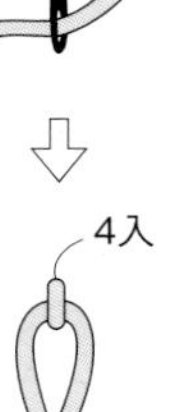

4入

輪廓線

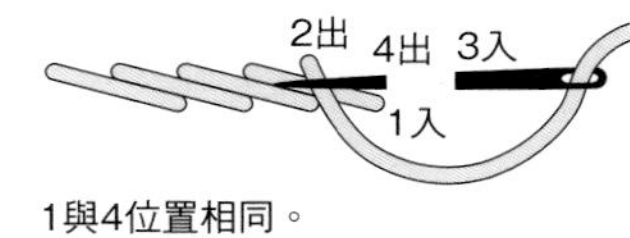

→ 進行方向
2出
4出
3入
1入
1與4位置相同。

直線繡

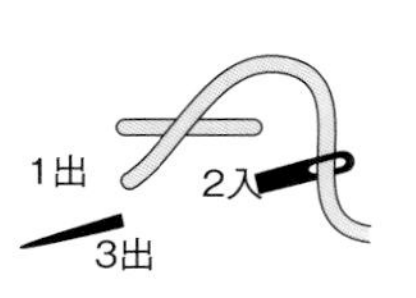

1出
2入
3出

鎖鏈繡

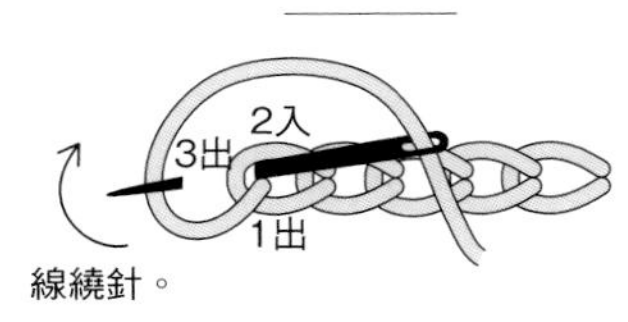

2入
3出
1出
線繞針。

法國結粒繡

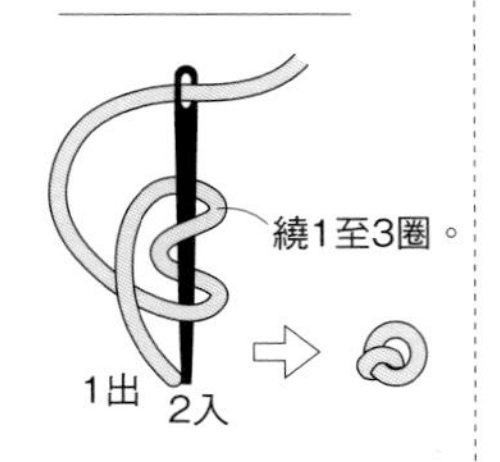

繞1至3圈。
1出
2入

原寸刺繡圖案

※繡線種類＆色號參見P.53。

No.47 薊花

No.49 紫陽花

No.48 黃花敗醬草

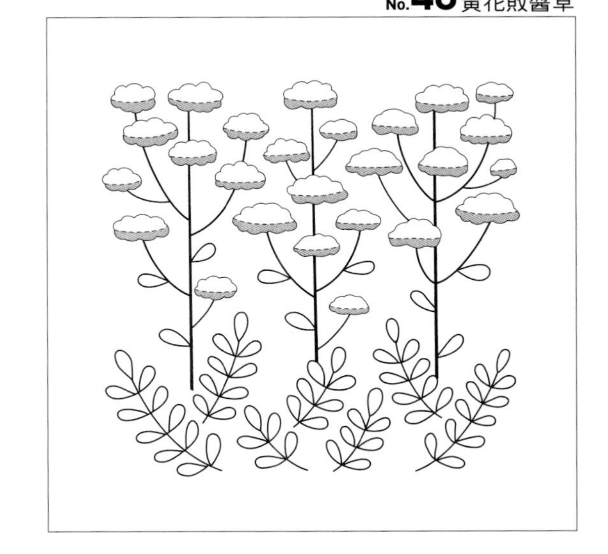

完成尺寸

寬29×高15×側身13cm
（提把長26cm）

原寸紙型

無

材料

疊緣A 約寬8cm 870cm

疊緣B 約寬8cm 270cm

※若要對接花色，布料需多備一些。

P.04_ No.03

疊緣工具包

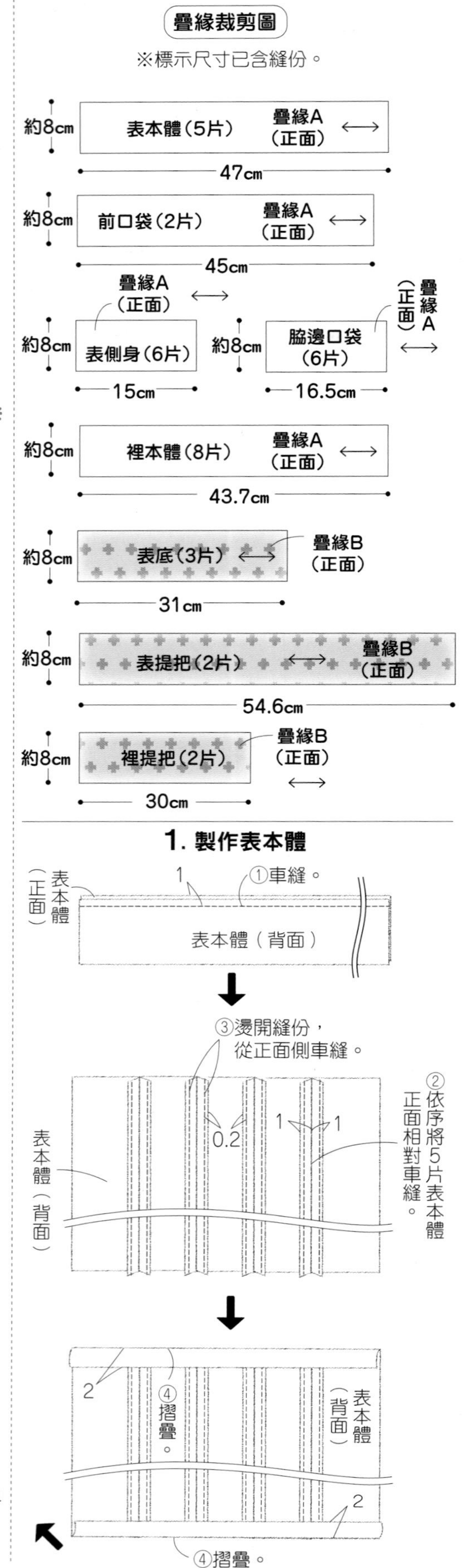

疊緣裁剪圖
※標示尺寸已含縫份。
約8cm
表本體（5片）
疊緣A（正面）
47cm
約8cm
前口袋（2片）
疊緣A（正面）
45cm
疊緣A（正面）
表側身（6片）
15cm
約8cm
脇邊口袋（6片）
疊緣A（正面）
16.5cm
約8cm
裡本體（8片）
疊緣A（正面）
43.7cm
約8cm
表底（3片）
疊緣B（正面）
31cm
約8cm
表提把（2片）
疊緣B（正面）
54.6cm
約8cm
裡提把（2片）
疊緣B（正面）
30cm
1. 製作表本體
表本體（正面）
1
①車縫。
表本體（背面）
③燙開縫份，從正面側車縫。
表本體（背面）
0.2
1
1
②依序將5片表本體正面相對車縫。
2
④摺疊。
表本體（背面）
2
④摺疊。

2. 製作前口袋

①2片前口袋正面相對車縫。

前口袋（背面）

1 0.2 1 0.2

②燙開縫份，從正面側車縫。

③上方依1.2cm→1.3cm寬度三摺邊車縫。

1.3 1.2

前口袋（背面）

0.3

2 2 2 6 3 9.4 3 6 2 2 2

2.8 2.8

④作褶襉記號。

褶襉的摺法

由斜線的高處往低處摺疊

0.5

前口袋（正面）

⑤摺疊褶襉，暫時車縫固定。

表本體（正面）

對齊中心。

前口袋（正面）

14.3 0.5 0.7 0.5

⑥暫時車縫固定。

3. 接縫提把

①摺往中央接合。

約4

表提把（裡側・正面）

※裡提把摺法亦同。

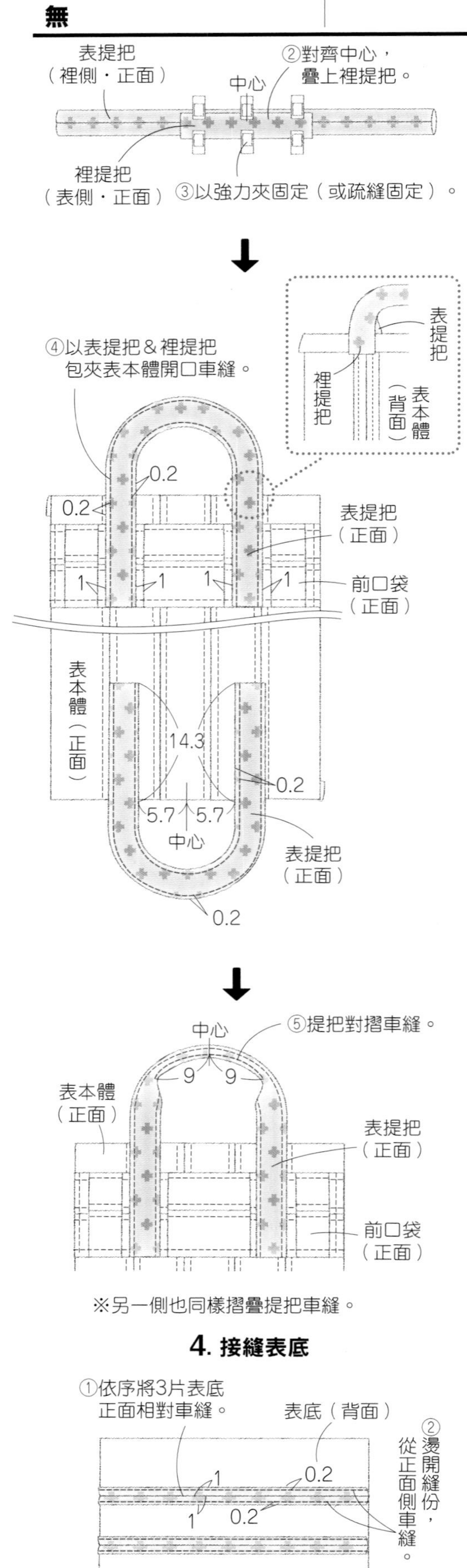

表提把
（裡側・正面）
中心
②對齊中心，
疊上裡提把。
裡提把
（表側・正面）
③以強力夾固定（或疏縫固定）。
表提把
裡提把
表本體（背面）
④以表提把＆裡提把
包夾表本體開口車縫。
0.2
0.2
表提把（正面）
1
1
1
1
前口袋（正面）
表本體（正面）
14.3
0.2
5.7
5.7
中心
表提把（正面）
0.2
中心
⑤提把對摺車縫。
9
9
表本體（正面）
表提把（正面）
前口袋（正面）
※另一側也同樣摺疊提把車縫。
4. 接縫表底
①依序將3片表底
正面相對車縫。
表底（背面）
②燙開縫份，從正面側車縫。
1
0.2
1
0.2

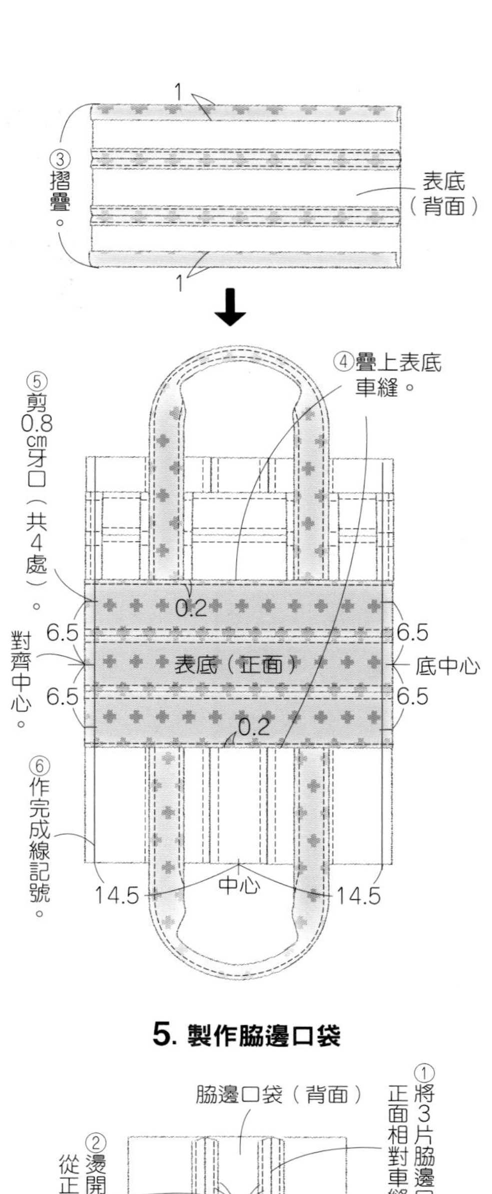
1
③摺疊。
表底（背面）
1
④疊上表底車縫。
⑤剪0.8cm牙口（共4處）。
0.2
6.5
6.5
表底（正面）
底中心
對齊中心。
6.5
6.5
0.2
⑥作完成線記號。
14.5
中心
14.5

5. 製作脇邊口袋

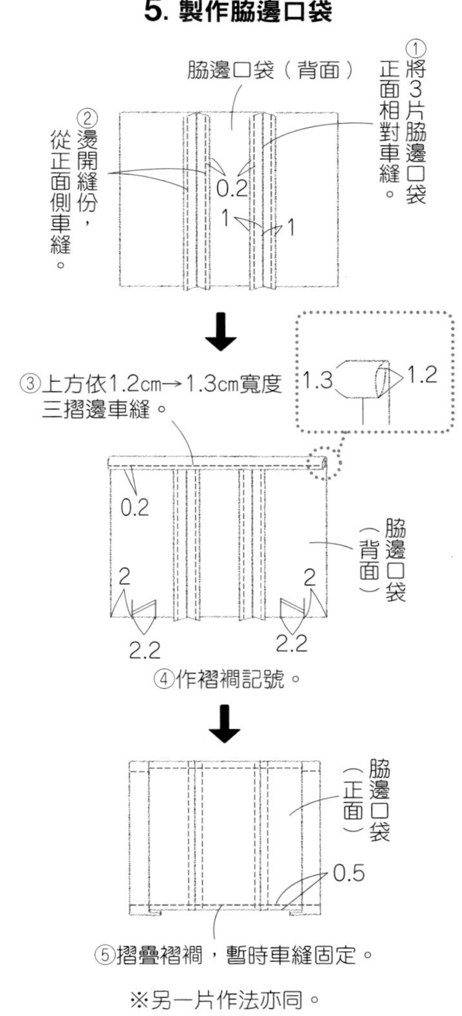
脇邊口袋（背面）
①將3片脇邊口袋正面相對車縫。
②燙開縫份，從正面側車縫。
0.2
1
1
③上方依1.2cm→1.3cm寬度三摺邊車縫。
1.3
1.2
0.2
脇邊口袋（背面）
2
2
2.2
2.2
④作褶襉記號。
脇邊口袋（正面）
0.5
⑤摺疊褶襉，暫時車縫固定。
※另一片作法亦同。

6. 製作表側身

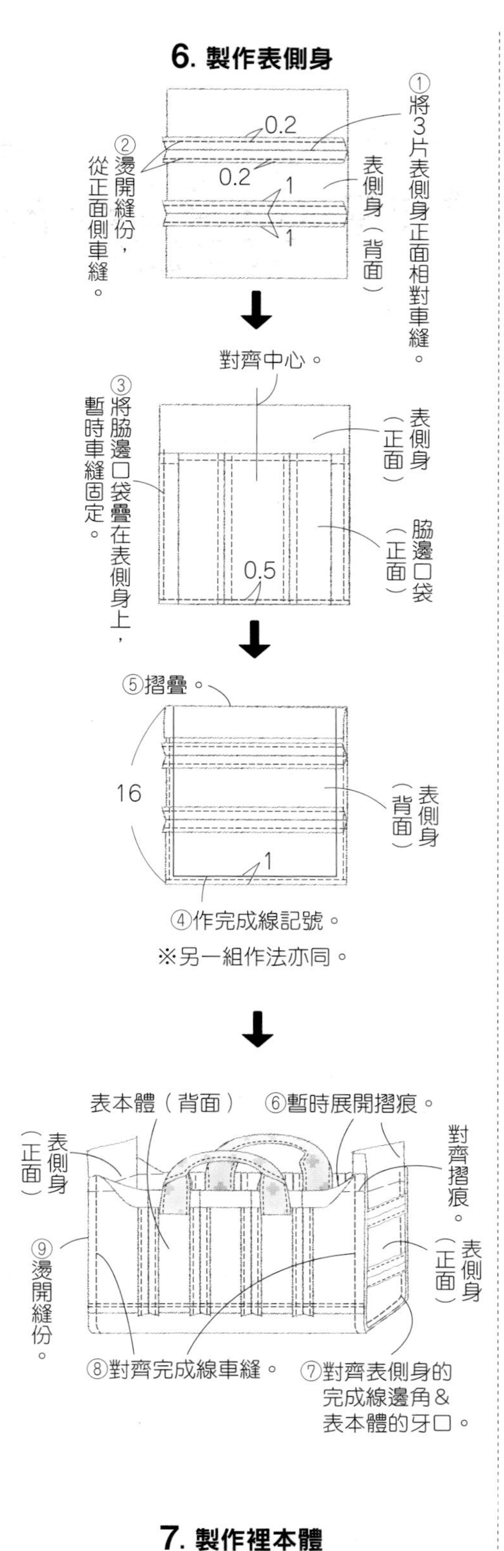
①將3片表側身正面相對車縫。
0.2
0.2
1
1
②燙開縫份，從正面側車縫。
表側身（背面）
對齊中心。
③將脇邊口袋疊在表側身上，暫時車縫固定。
表側身（正面）
脇邊口袋（正面）
0.5
⑤摺疊。
16
表側身（背面）
1
④作完成線記號。
※另一組作法亦同。
表本體（背面）
⑥暫時展開摺痕。
表側身（正面）
對齊摺痕。
⑨燙開縫份。
表側身（正面）
⑧對齊完成線車縫。
⑦對齊表側身的完成線邊角&表本體的牙口。

7. 製作裡本體

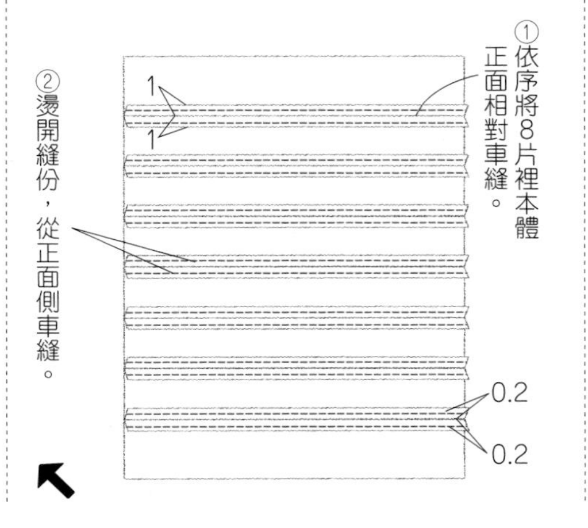
①依序將8片裡本體正面相對車縫。
1
1
②燙開縫份，從正面側車縫。
0.2
0.2

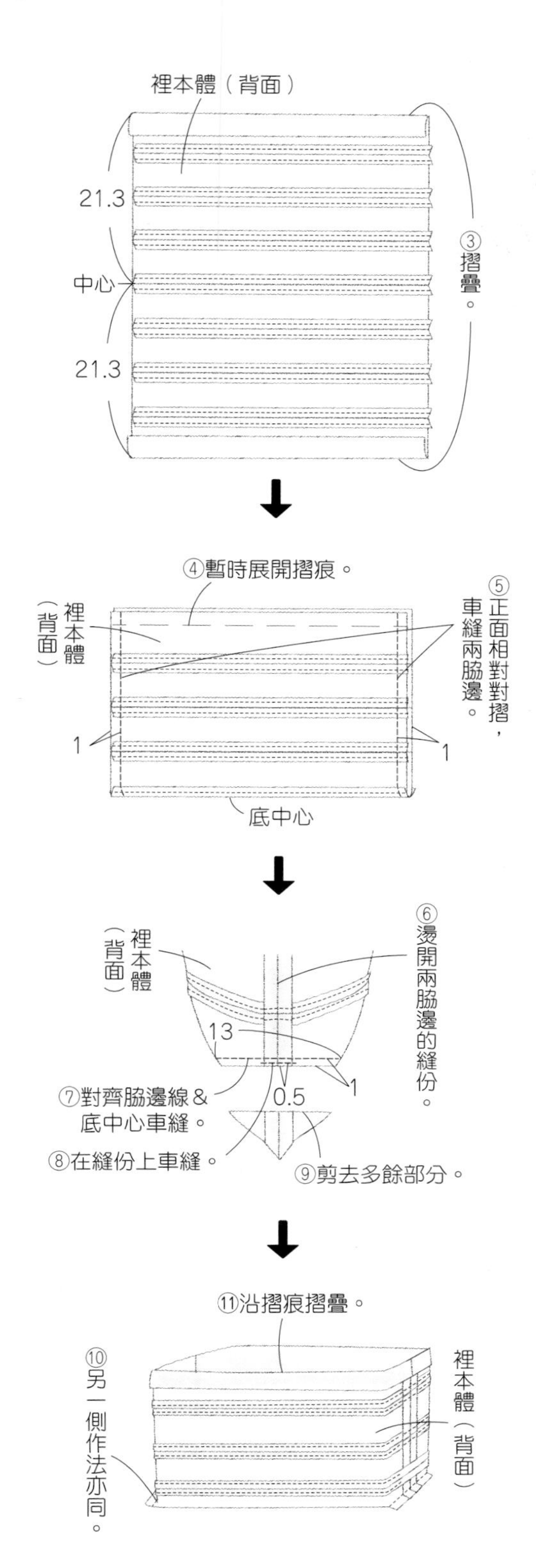
裡本體（背面）
21.3
中心
21.3
③摺疊。
④暫時展開摺痕。
裡本體（背面）
⑤正面相對對摺，車縫兩脇邊。
1
1
底中心
裡本體（背面）
⑥燙開兩脇邊的縫份。
13
1
0.5
⑦對齊脇邊線&底中心車縫。
⑧在縫份上車縫。
⑨剪去多餘部分。
⑪沿摺痕摺疊。
⑩另一側作法亦同。
裡本體（背面）

8. 套疊表本體&裡本體

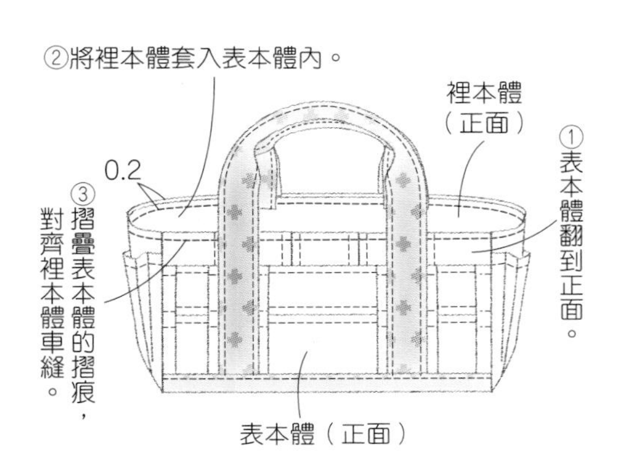
②將裡本體套入表本體內。
裡本體（正面）
0.2
③摺疊表本體的摺痕，對齊裡本體車縫。
①表本體翻到正面。
表本體（正面）

完成尺寸

寬21×高24×側身6cm

原寸紙型

無

材料

疊緣A 約寬8cm 110cm／**疊緣B** 約寬8cm 80cm

疊緣C 約寬8cm 60cm／**裡布**（棉布）50cm×50cm

圓提把 內徑11cm 1組

皮革 5cm×5cm／**鈕釦** 30mm 1顆

P.05_ No.04

疊緣圓提把包

表布圖

※標示尺寸已含縫份。

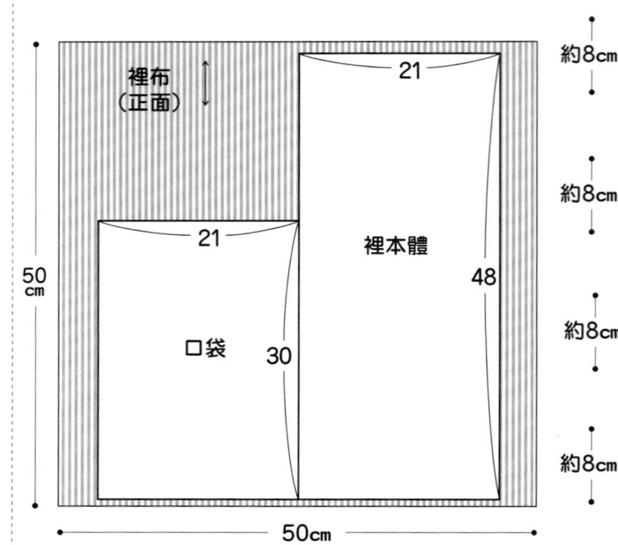

裡布
（正面）
21
21
裡本體
48
口袋
30
50
cm
50cm

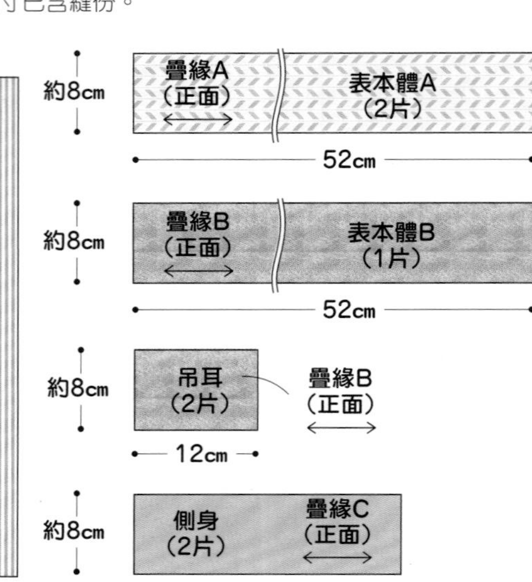

約8cm
疊緣A
（正面）
表本體A
（2片）
52cm
約8cm
疊緣B
（正面）
表本體B
（1片）
52cm
約8cm
吊耳
（2片）
疊緣B
（正面）
12cm
約8cm
側身
（2片）
疊緣C
（正面）
26cm

1. 製作提把

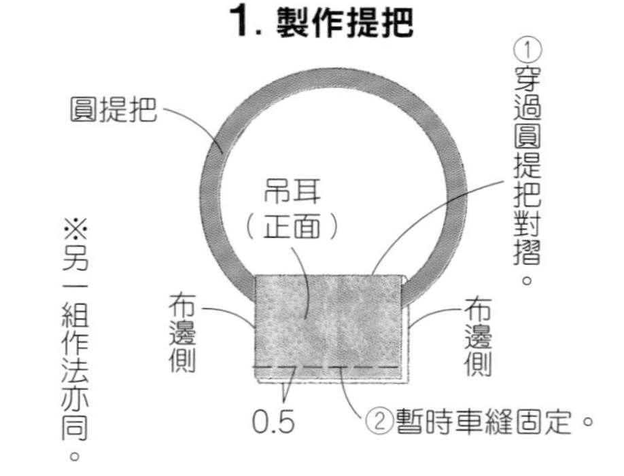

圓提把
①穿過圓提把對摺。
吊耳
（正面）
布邊側
布邊側
0.5
②暫時車縫固定。
※另一組作法亦同。

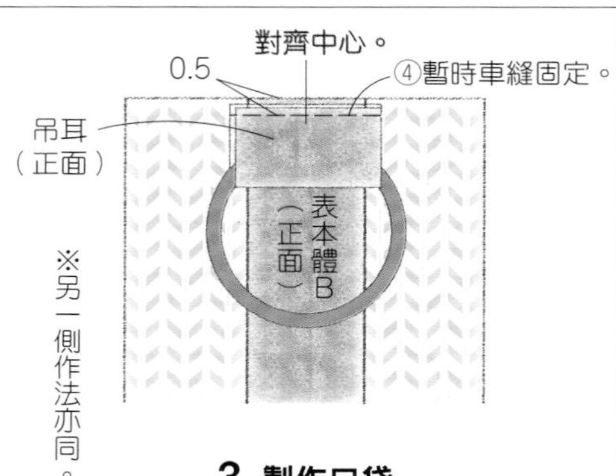

對齊中心。
0.5
④暫時車縫固定。
吊耳
（正面）
表本體B
（正面）
※另一側作法亦同。

2. 製作表本體

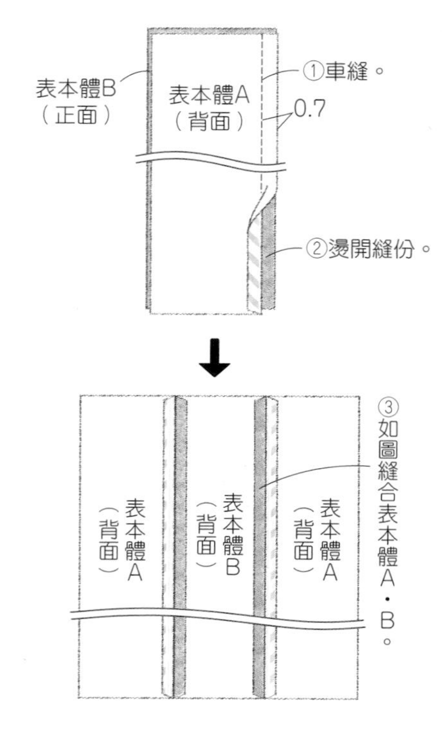

表本體B
（正面）
表本體A
（背面）
①車縫。
0.7
②燙開縫份。
表本體
（背面）
A
表本體
（背面）
B
表本體
（背面）
A
③如圖縫合表本體A・B。

3. 製作口袋

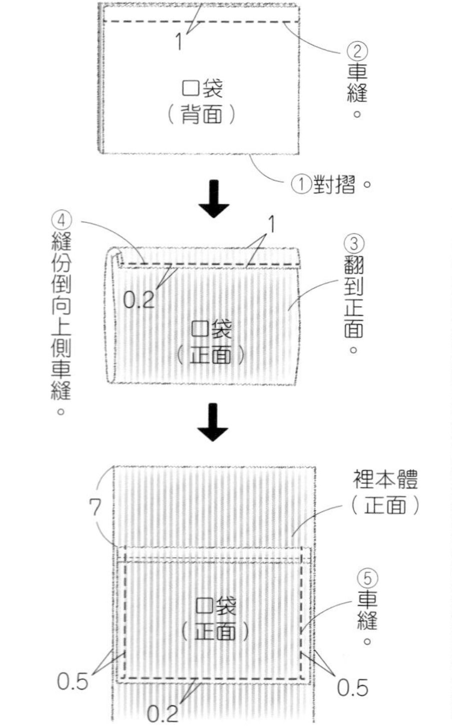

1
口袋
（背面）
②車縫。
①對摺。
④縫份倒向上側車縫。
1
③翻到正面。
0.2
口袋
（正面）
7
裡本體
（正面）
口袋
（正面）
⑤車縫。
0.5
0.5
0.2

4. 疊合表本體＆裡本體

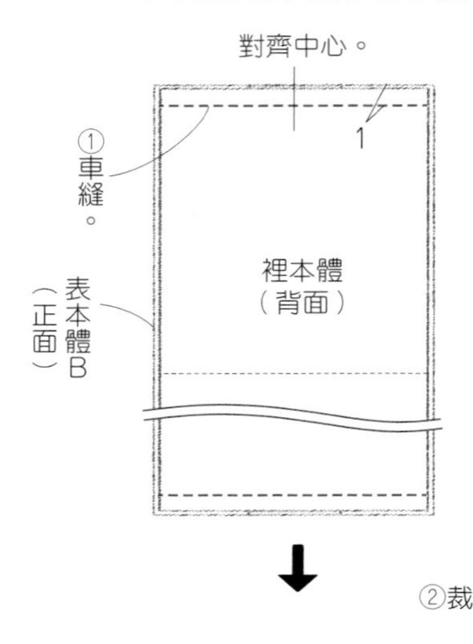

對齊中心。
①車縫。
1
裡本體
（背面）
表本體B
（正面）

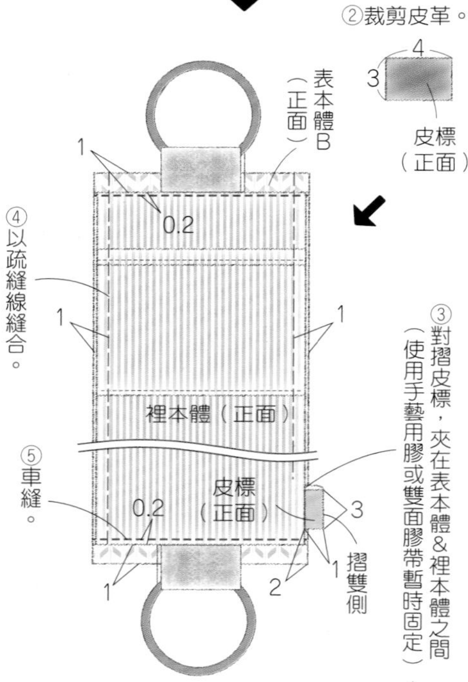

②裁剪皮革。
4
3
皮標
（正面）
表本體B
（正面）
1
0.2
④以疏縫線縫合。
1
1
裡本體（正面）
⑤車縫。
0.2
皮標
（正面）
3
③對摺皮標，夾在表本體＆裡本體之間（使用手藝用膠或雙面膠帶暫時固定）。
摺雙側
1
2
1

5. 接縫側身

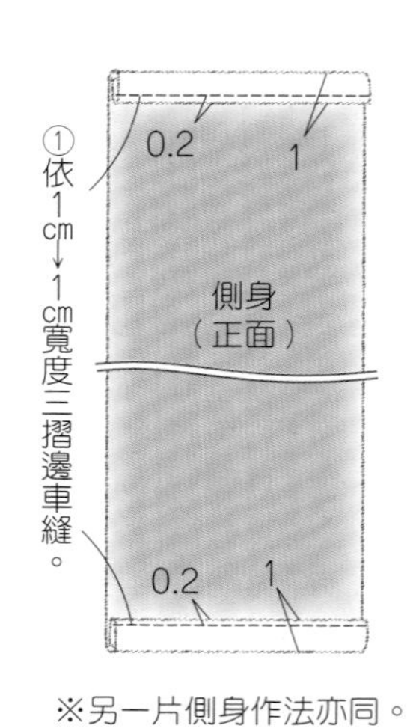

①依1cm→1cm寬度三摺邊車縫。
0.2
1
側身
（正面）
0.2
1

※另一片側身作法亦同。

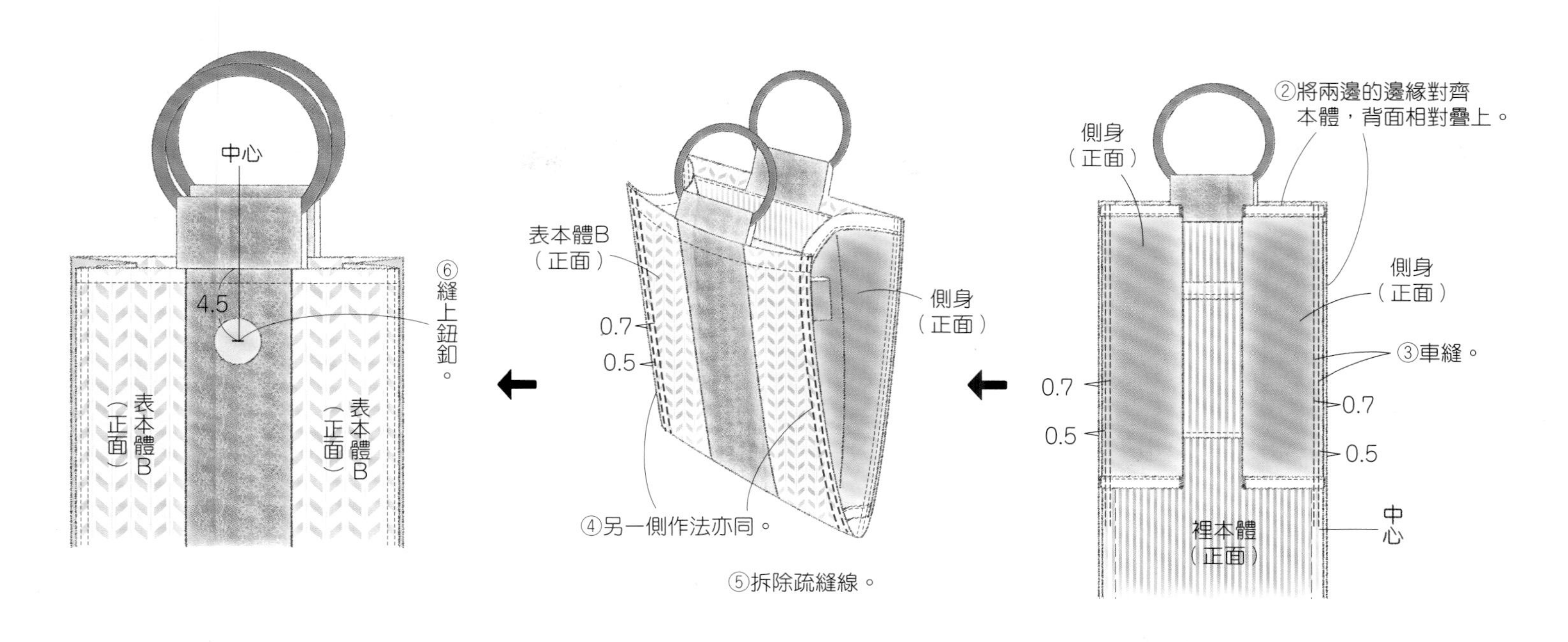
中心
4.5
⑥縫上鈕釦。
表本體B（正面）
表本體B（正面）
表本體B（正面）
0.7
0.5
側身（正面）
④另一側作法亦同。
⑤拆除疏縫線。
②將兩邊的邊緣對齊本體，背面相對疊上。
側身（正面）
側身（正面）
③車縫。
0.7
0.5
0.7
0.5
裡本體（正面）
中心

完成尺寸	材料
寬38×長46cm	**舊牛仔褲** 1條 **傘繩** 粗0.6cm 160cm

原寸紙型

無

P.15_ No.12 牛仔束口包

1. 製作本體

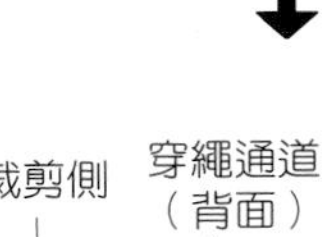
穿繩通道（背面）
①摺疊。
②車縫。
1
0.5

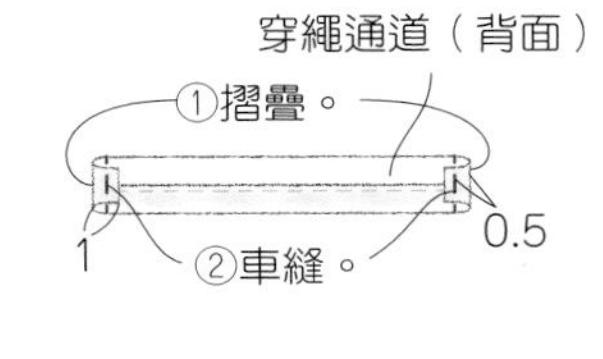
裁剪側
穿繩通道（背面）
13
⑤車縫。
袋口
0.2
1
1
④摺疊。
③車縫。
本體（正面）

※另一片作法亦同。

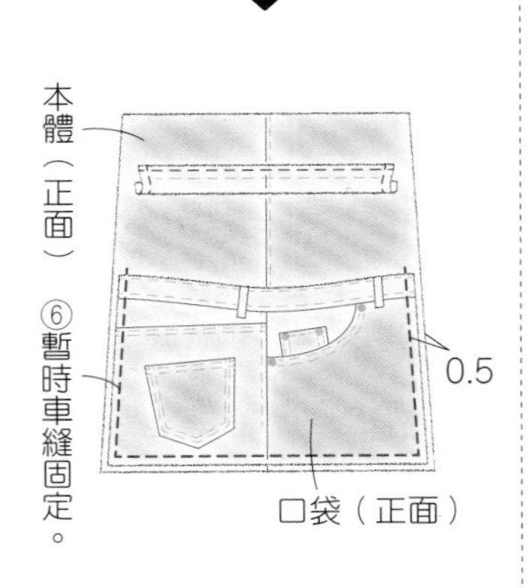
本體（正面）
⑥暫時車縫固定。
0.5
口袋（正面）

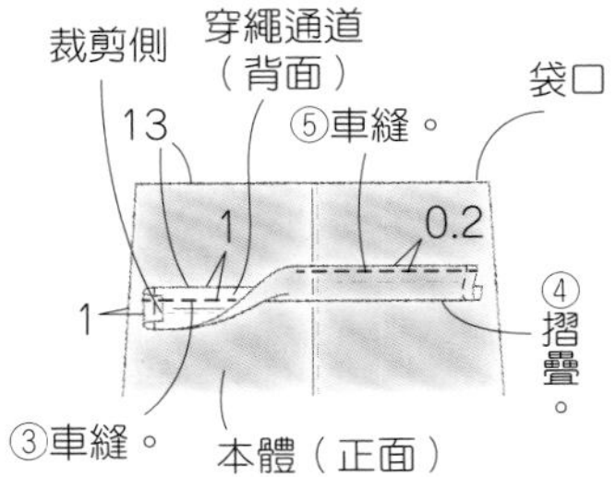
本體（正面）
⑧兩片一起Z字車縫。
⑦車縫。
1
本體（背面）

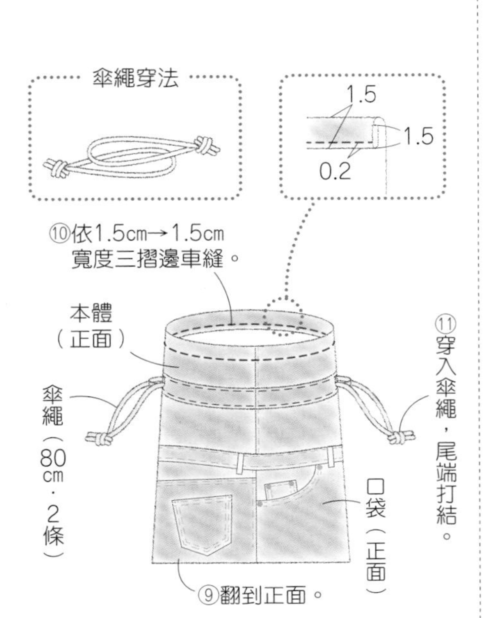
傘繩穿法
1.5
1.5
0.2
⑩依1.5cm→1.5cm寬度三摺邊車縫。
本體（正面）
傘繩（80cm・2條）
⑪穿入傘繩，尾端打結。
口袋（正面）
⑨翻到正面。

牛仔褲裁剪圖

※標示尺寸已含縫份。

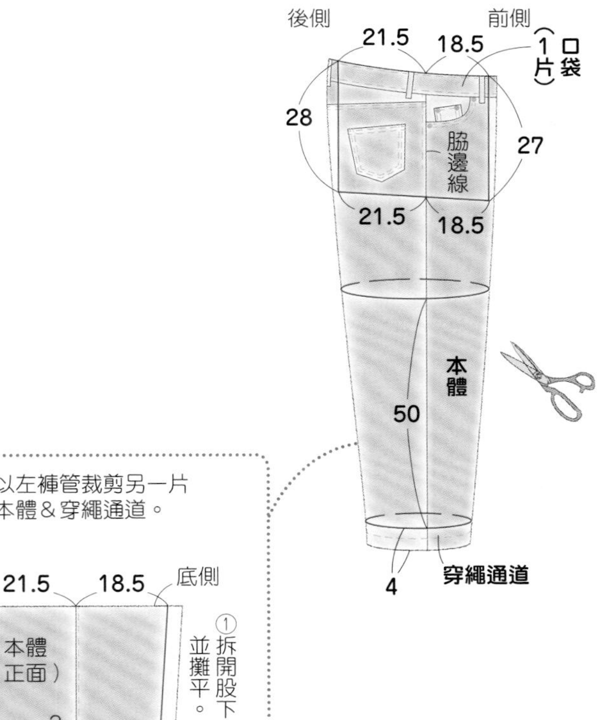
後側
前側
21.5
18.5
口袋（1片）
28
27
脇邊線
21.5
18.5
本體
50
4
穿繩通道

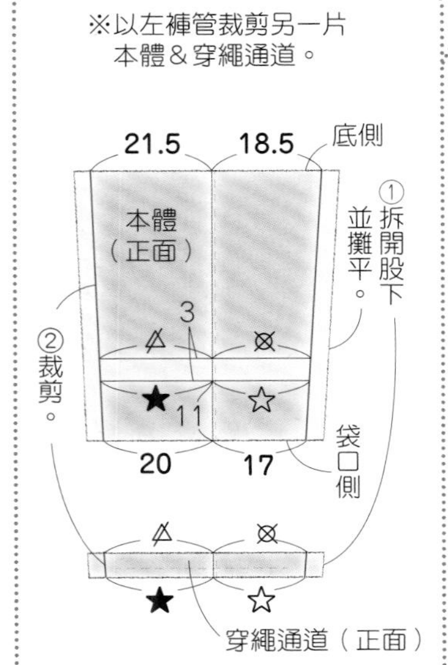
※以左褲管裁剪另一片本體＆穿繩通道。
21.5
18.5
底側
本體（正面）
①拆開股下並攤平。
②裁剪。
3
11
20
17
袋口側
穿繩通道（正面）

完成尺寸

寬24×高24×直徑15.3cm
（提把36cm）

原寸紙型

A面

材料

疊緣 約寬8cm 260cm
裡布（棉布）70cm×40cm
蠟繩 粗30mm 120cm

P.05_ No.05
疊緣束口提袋

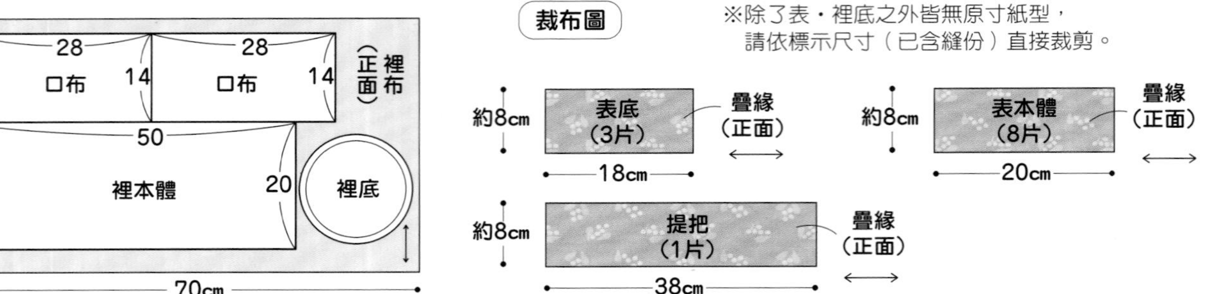

裁布圖
※除了表・裡底之外皆無原寸紙型，
請依標示尺寸（已含縫份）直接裁剪。
28
28
口布
14
口布
14
裡布（正面）
40cm
50
裡本體
20
裡底
70cm
約8cm
表底（3片）
疊緣（正面）
18cm
約8cm
表本體（8片）
疊緣（正面）
20cm
約8cm
提把（1片）
疊緣（正面）
38cm

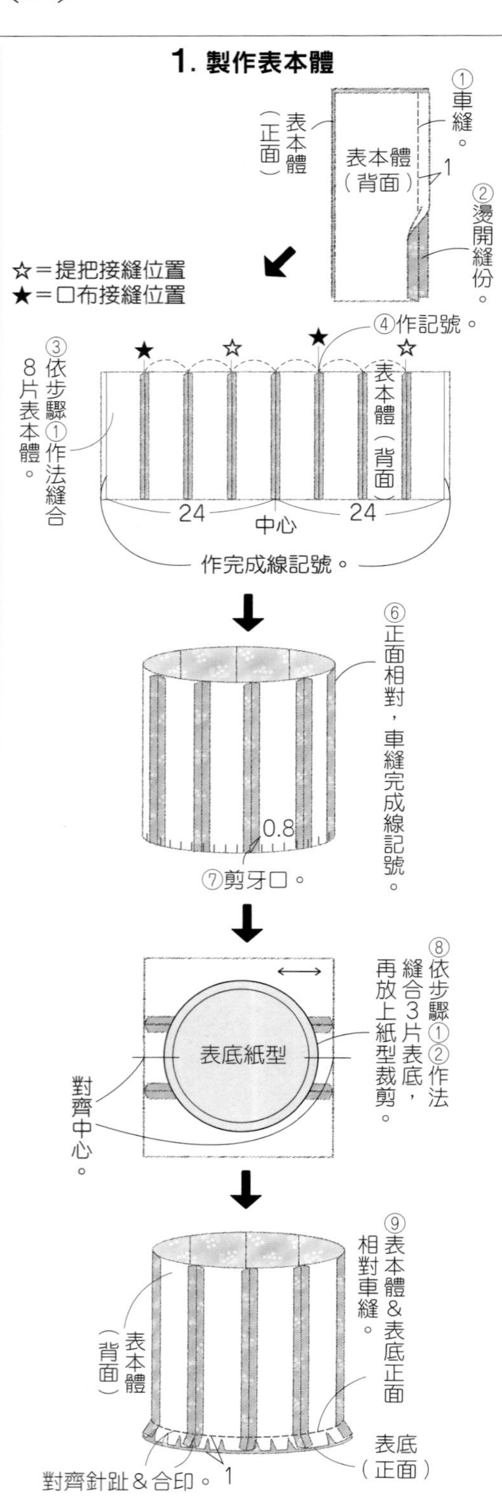

1. 製作表本體
①車縫。
表本體（正面）
表本體（背面）
1
②燙開縫份。
☆＝提把接縫位置
★＝口布接縫位置
④作記號。
③依步驟①作法縫合8片表本體。
表本體（背面）
24
中心
24
作完成線記號。
⑥正面相對，車縫完成線記號。
0.8
⑦剪牙口。
⑧依步驟①②作法縫合3片表底，再放上紙型裁剪。
表底紙型
對齊中心。
⑨表本體&表底正面相對車縫。
表本體（背面）
表底（正面）
對齊針趾&合印。
1

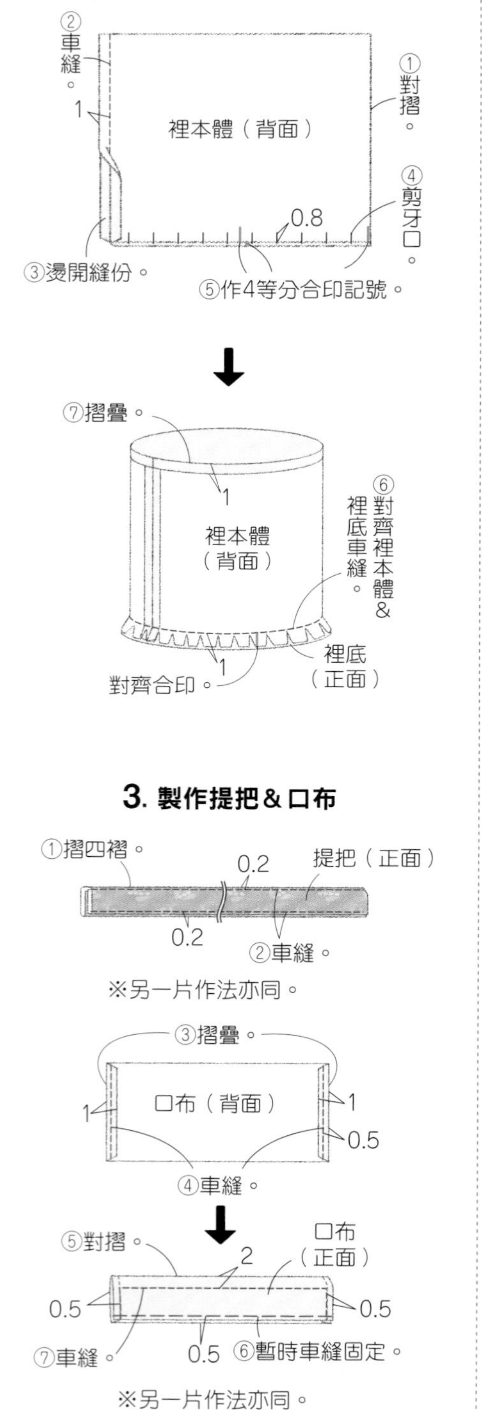

2. 製作裡本體
②車縫。
①對摺。
1
裡本體（背面）
④剪牙口。
0.8
③燙開縫份。
⑤作4等分合印記號。
⑦摺疊。
1
裡本體（背面）
⑥對齊裡本體&裡底車縫。
1
對齊合印。
裡底（正面）
3. 製作提把&口布
①摺四褶。
0.2
提把（正面）
0.2
②車縫。
※另一片作法亦同。
③摺疊。
1
口布（背面）
1
0.5
④車縫。
⑤對摺。
2
口布（正面）
0.5
0.5
⑦車縫。
0.5
⑥暫時車縫固定。
※另一片作法亦同。

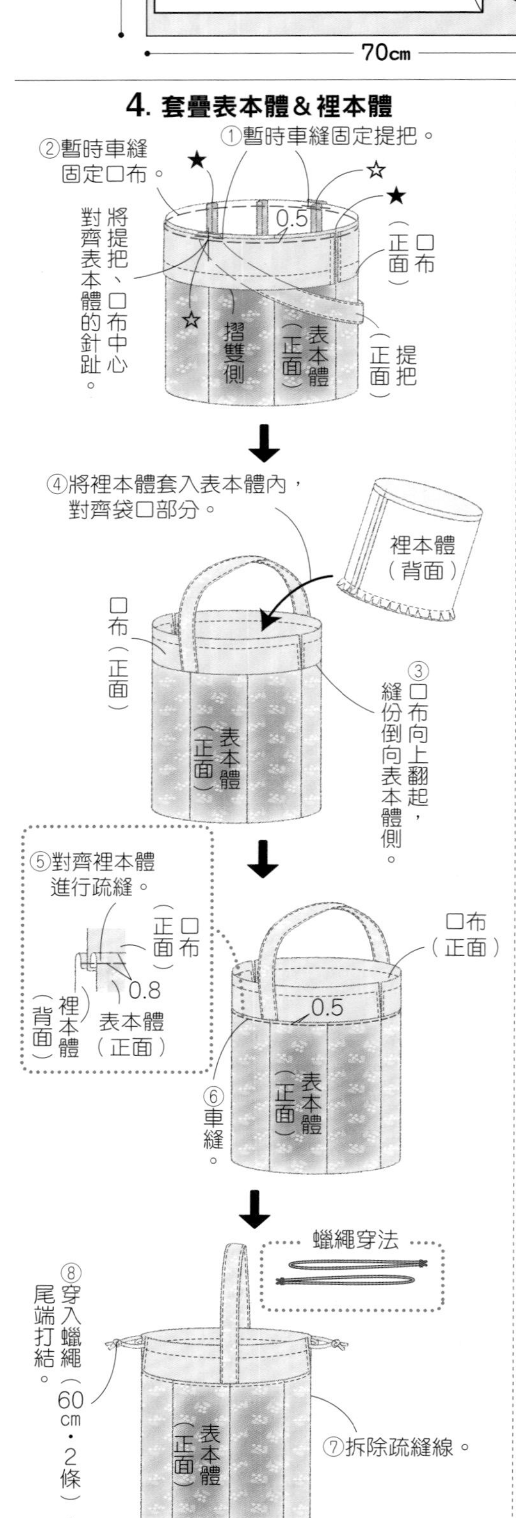

4. 套疊表本體&裡本體
②暫時車縫固定口布。
①暫時車縫固定提把。
★
☆
★
0.5
將提把、口布中心對齊表本體的針趾。
☆
摺雙側
表本體（正面）
口布（正面）
提把（正面）
④將裡本體套入表本體內，對齊袋口部分。
裡本體（背面）
口布（正面）
表本體（正面）
③口布向上翻起，縫份倒向表本體側。
⑤對齊裡本體進行疏縫。
口布（正面）
0.8
裡本體（背面）
表本體（正面）
0.5
口布（正面）
⑥車縫。
表本體（正面）
蠟繩穿法
⑧穿入蠟繩（60cm・2條），尾端打結。
表本體（正面）
⑦拆除疏縫線。

完成尺寸	材料
寬24.4×高23.2×側身11.6cm	疊緣A 約寬8cm 450cm ※若要對接花色，布料需多備一些。 疊緣B 約寬8cm 90cm 裡布（亞麻布）60cm×70cm

原寸紙型

無

P.06_ No.06

疊緣橫長包

裁布圖

※標示尺寸已含縫份。

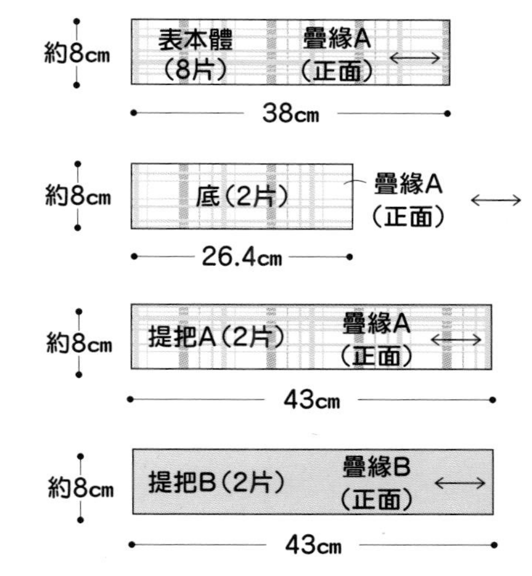

約8cm
表本體（8片）
疊緣A（正面）
38cm
底（2片）
26.4cm
提把A（2片）
43cm
疊緣B
提把B（2片）

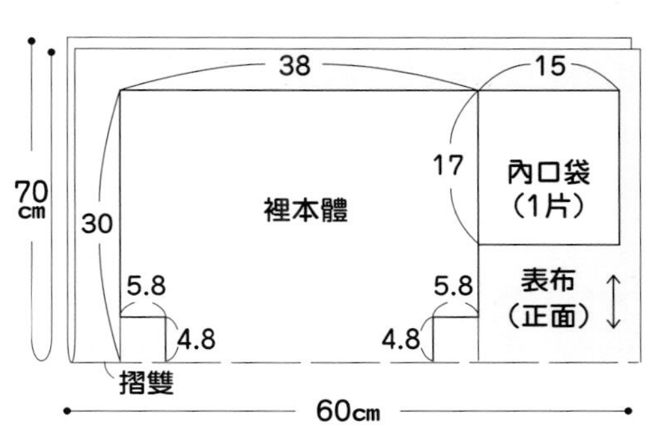

70cm
38
15
17
30
裡本體
內口袋（1片）
5.8
4.8
表布（正面）
摺雙
60cm

1. 製作提把

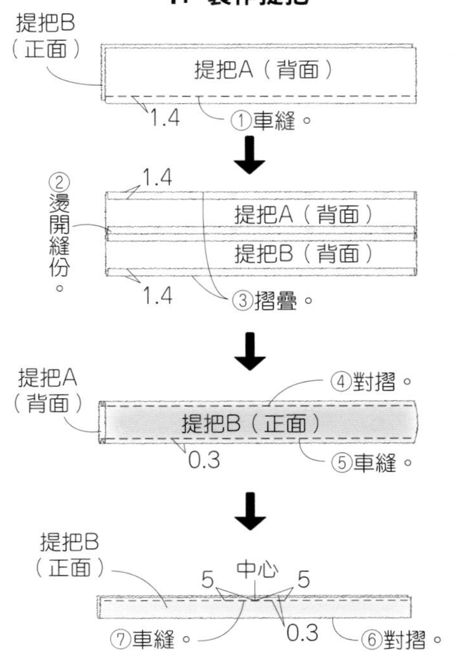

提把B（正面）
提把A（背面）
1.4
①車縫。
②燙開縫份。
提把B（背面）
③摺疊。
提把A（背面）
④對摺。
提把B（正面）
0.3
⑤車縫。
中心
5
⑦車縫。
⑥對摺。

※另一片作法亦同。

2. 製作表本體

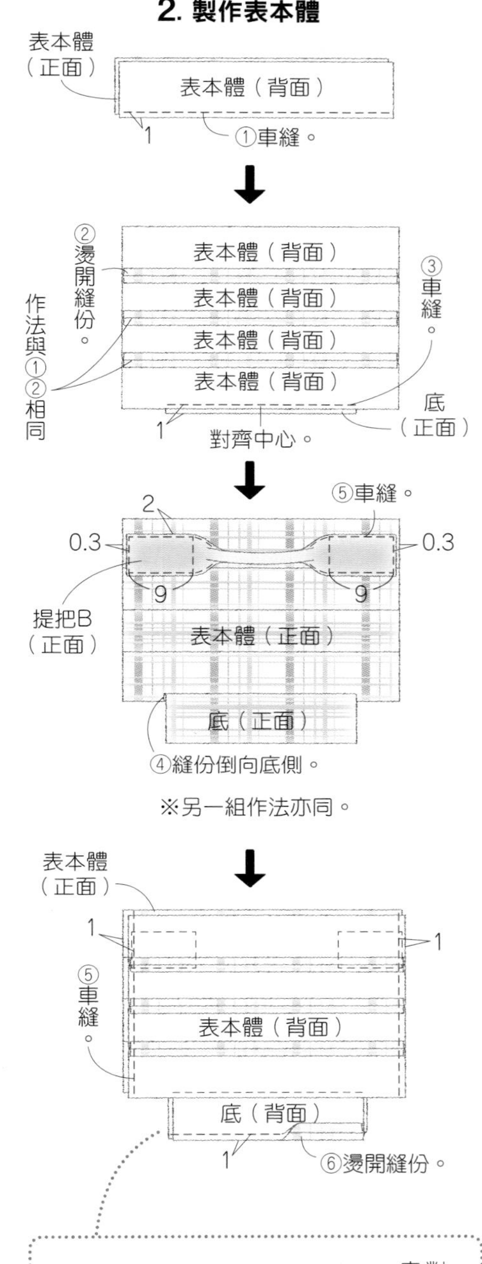

表本體（正面）
表本體（背面）
1
①車縫。
②燙開縫份。
作法與①②相同
③車縫。
底（正面）
對齊中心。
⑤車縫。
2
0.3
9
提把B（正面）
表本體（正面）
底（正面）
④縫份倒向底側。
※另一組作法亦同。
⑤車縫。
底（背面）
⑥燙開縫份。
⑦車縫。
對齊脇邊線&底中心線。
表本體（背面）
⑧縫份倒向底側。

3. 製作裡本體

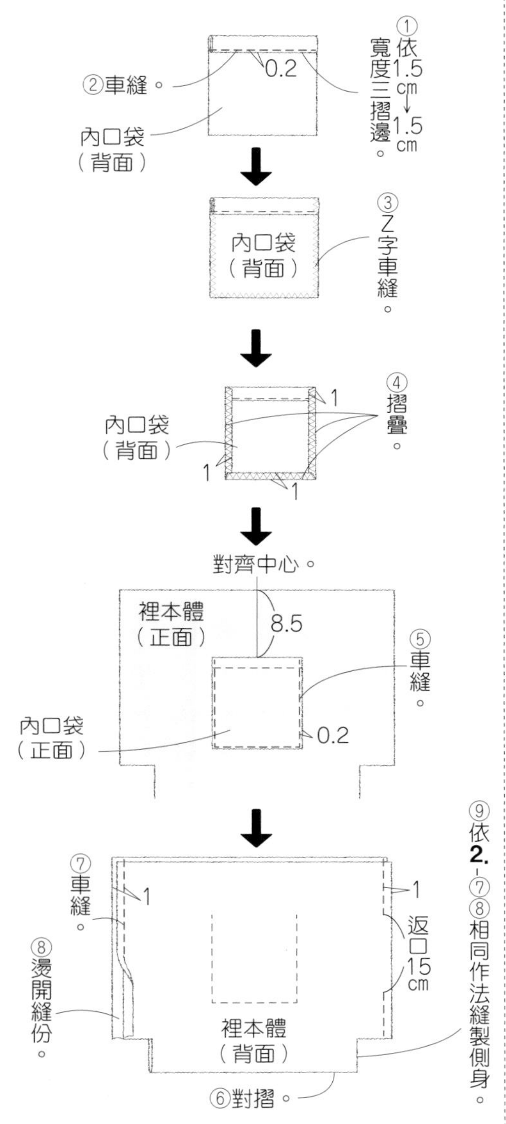

①依寬度1.5cm→1.5cm三摺邊。
0.2
②車縫。
內口袋（背面）
③Z字車縫。
④摺疊。
1
對齊中心。
裡本體（正面）
8.5
⑤車縫。
內口袋（正面）
0.2
⑦車縫。
⑧燙開縫份。
返口15cm
⑨依2.-⑦⑧相同作法縫製側身。
裡本體（背面）
⑥對摺。

4. 套疊表本體&裡本體

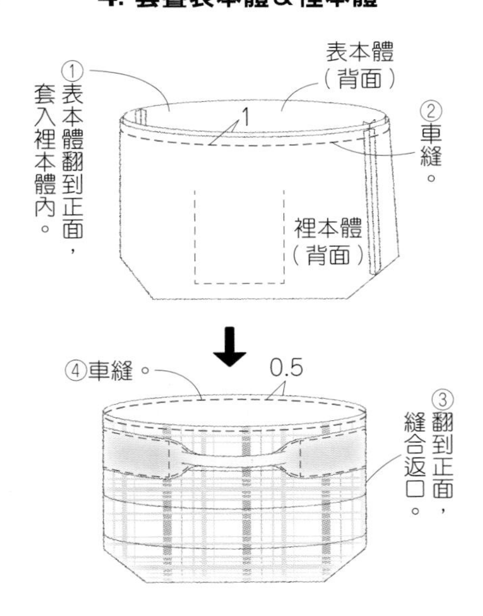

①表本體翻到正面，套入裡本體內。
表本體（背面）
1
②車縫。
裡本體（背面）
④車縫。
0.5
③翻到正面，縫合返口。

Sí
PARAÍSO

P.12_ No.07

麻布袋托特包

完成尺寸

寬35×高28×側身16cm
（提把長30cm）

原寸紙型

A面

材料

表布（麻布袋）65cm×90cm
裡布（棉布）112cm×80cm／**配布**（皮革）110cm×20cm
接著襯（不織布・薄）110cm×50cm
軟襯墊（厚0.3mm）70cm×10cm
軟襯墊（厚0.8mm）40cm×20cm
壓克力棉織帶 寬3.8cm 80cm／**布用雙面膠帶** 寬3mm
雙面固定釦（直徑9mm 釦腳長7mm）8組／**橡膠接著劑**

裁布圖

※除了內口袋、護角皮片之外皆無原寸紙型，請依標示尺寸（已含縫份）直接裁剪。
※▒處需於背面燙貼接著襯。

裡布（正面）
53　30　74　8　14　8　80cm　112cm
裡本體　山摺線　內口袋　山摺線　內口袋

提把尾片（4片）　提把套（2片）　護角片（4片）
3　4 4 4 4　14　14　105　2　20cm　2.5　2　110cm
口布　配布（正面）

表布（正面）
53　38　8　8　8　8　表本體
53　38　8　8　8　8　表本體
90cm　65cm
※對接花色後裁剪。

麻布袋處理方式

〈裁剪前的準備〉

1. 先以清水去污，再使用洗濯劑，手掌按壓清洗（不要搓揉，避免起毛）。
2. 充分清洗後，弱速脫水約3分鐘。
3. 燙平皺褶後上漿（建議使用噴霧糨糊）。

〈裁剪時的注意事項〉

由於裁剪時會出現纖維屑，請在廢紙上進行，再以除毛刷等仔細清理。建議戴上口罩，避免吸入屑渣。

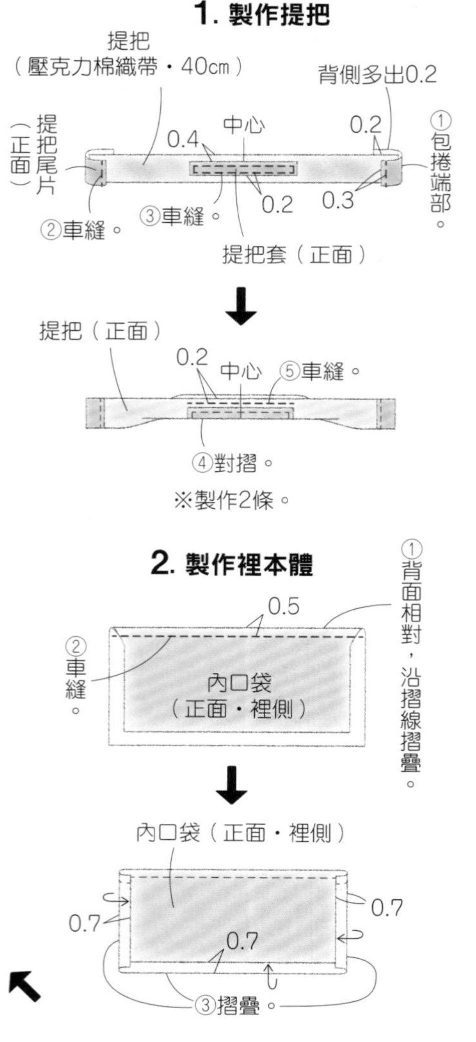
1. 製作提把
提把（壓克力棉織帶・40cm）
背側多出0.2
（正面）提把尾片
0.4
中心
0.2
①包捲端部。
②車縫。
③車縫。
0.2
0.3
提把套（正面）
提把（正面）
0.2
中心
⑤車縫。
④對摺。
※製作2條。
2. 製作裡本體
①背面相對，沿摺線摺疊。
0.5
②車縫。
內口袋（正面・裡側）
內口袋（正面・裡側）
0.7
0.7
0.7
③摺疊。

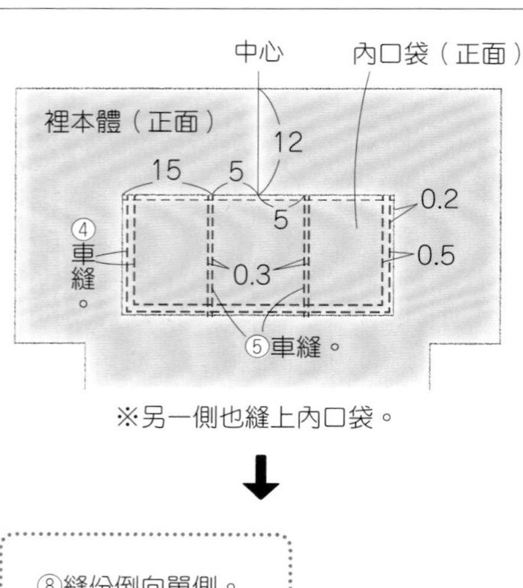
中心
內口袋（正面）
裡本體（正面）
12
15
5
5
0.2
④車縫。
0.3
0.5
⑤車縫。
※另一側也縫上內口袋。

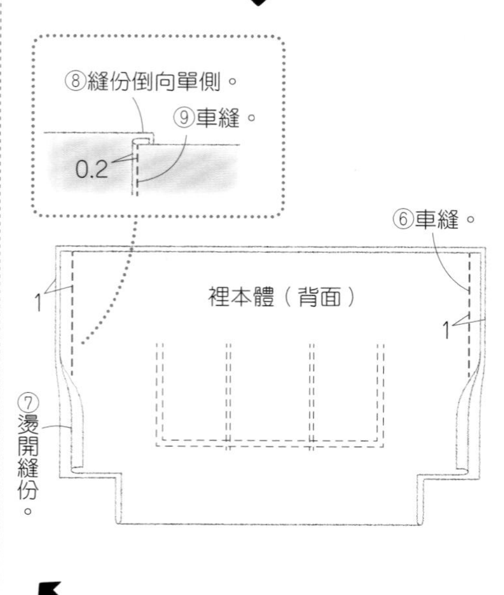
⑧縫份倒向單側。
⑨車縫。
0.2
⑥車縫。
裡本體（背面）
1
1
⑦燙開縫份。

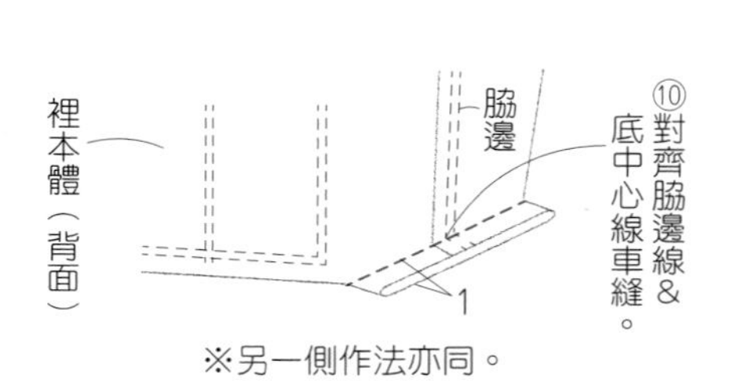
裡本體（背面）
脇邊
⑩對齊脇邊線&底中心線車縫。
1
※另一側作法亦同。

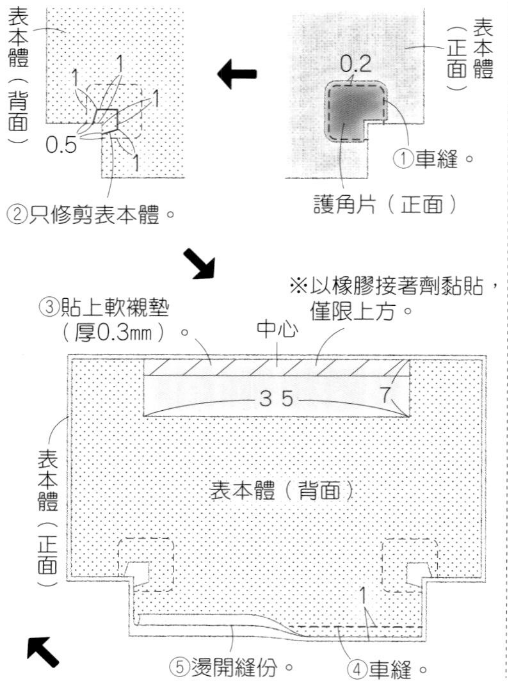
3. 製作表本體
表本體（正面）
0.2
①車縫。
護角片（正面）
表本體（背面）
1
1
1
0.5
1
②只修剪表本體。
③貼上軟襯墊（厚0.3mm）。
※以橡膠接著劑黏貼，僅限上方。
中心
35
7
表本體（正面）
表本體（背面）
1
⑤燙開縫份。
④車縫。

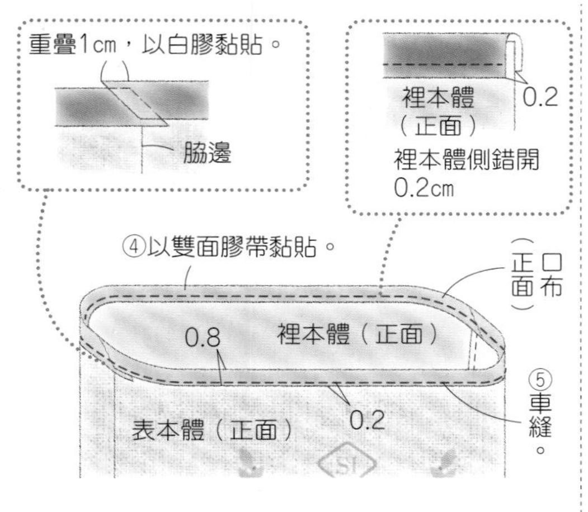
重疊1cm，以白膠黏貼。
脇邊
裡本體
（正面）
0.2
裡本體側錯開
0.2cm
④以雙面膠帶黏貼。
（正面）口布
0.8
裡本體（正面）
0.2
表本體（正面）
⑤車縫。

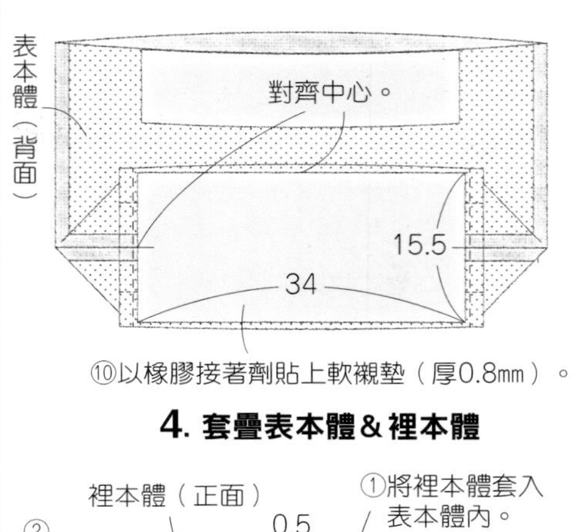
表本體（背面）
對齊中心。
15.5
34
⑩以橡膠接著劑貼上軟襯墊（厚0.8mm）。

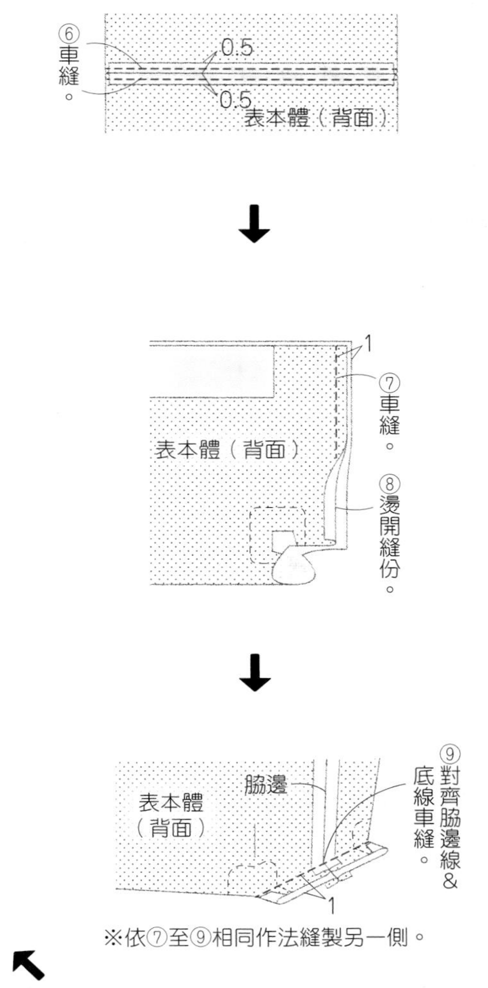
⑥車縫。
0.5
0.5
表本體（背面）
1
⑦車縫。
表本體（背面）
⑧燙開縫份。
表本體
（背面）
脇邊
⑨對齊脇邊線&底線車縫。
1

※依⑦至⑨相同作法縫製另一側。

4. 套疊表本體&裡本體

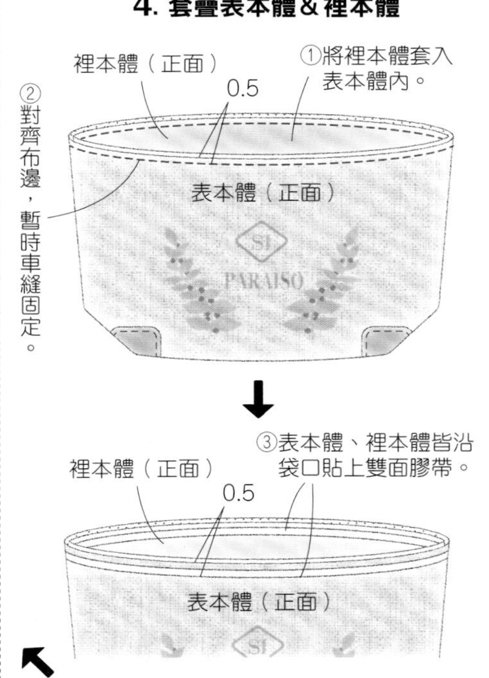
裡本體（正面）
①將裡本體套入表本體內。
0.5
②對齊布邊，暫時車縫固定。
表本體（正面）
裡本體（正面）
③表本體、裡本體皆沿袋口貼上雙面膠帶。
0.5
表本體（正面）

5. 接縫提把

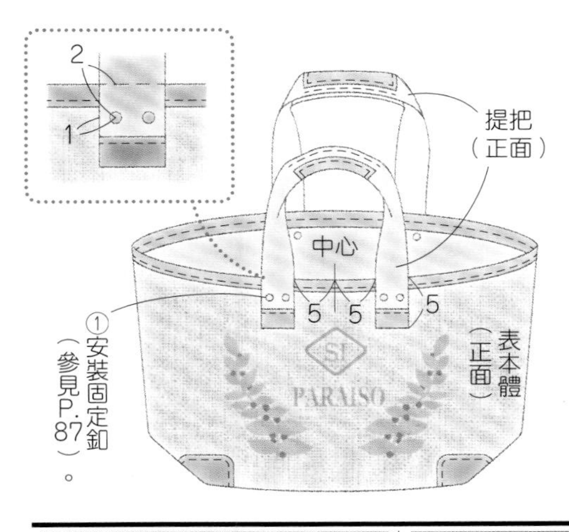
2
1
提把
（正面）
中心
5
5
5
①安裝固定釦（參見P.87）。
表本體（正面）

完成尺寸	材料	P.13_ No.08 盆栽套
寬19×高12×側身9cm	表布（麻布袋）25cm×45cm	
原寸紙型	皮條 寬1cm 7cm	
無	雙面固定釦（直徑7.2mm 釦腳長8mm）1組	

1. 製作本體

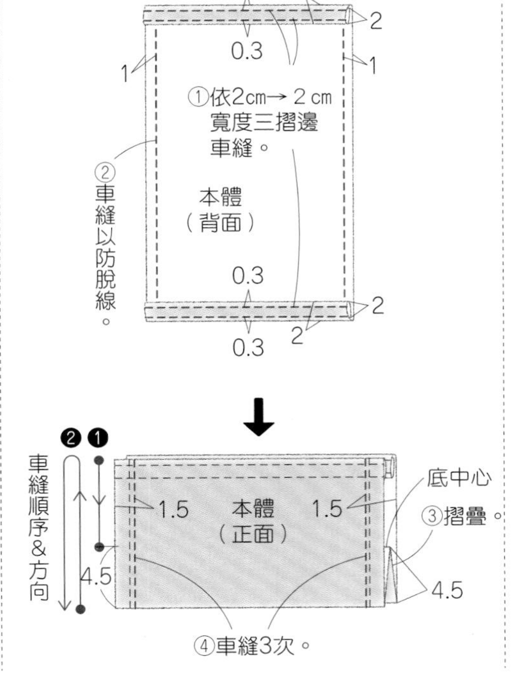
0.3
2
2
0.3
1
1
①依2cm→2cm寬度三摺邊車縫。
②車縫以防脫線。
本體
（背面）
0.3
2
0.3
2
❷ ❶
車縫順序&方向
1.5
本體
（正面）
1.5
底中心
③摺疊。
4.5
4.5
④車縫3次。

2. 縫上皮條

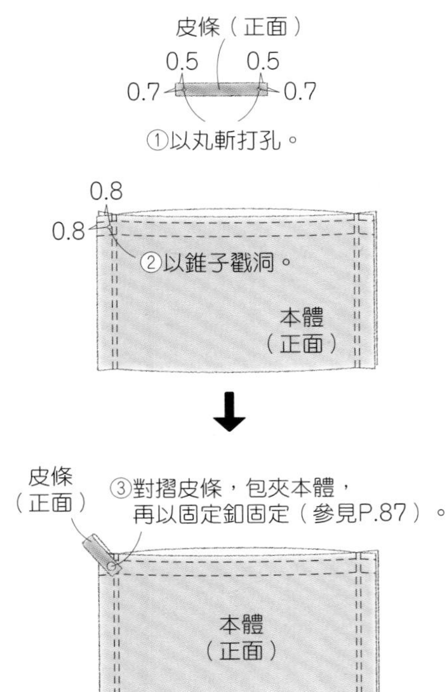
皮條（正面）
0.5
0.5
0.7
0.7
①以丸斬打孔。
0.8
0.8
②以錐子戳洞。
本體
（正面）
皮條
（正面）
③對摺皮條，包夾本體，再以固定釦固定（參見P.87）。
本體
（正面）

裁布圖

※標示尺寸已含縫份。
※麻布袋處理方式參見P.72。

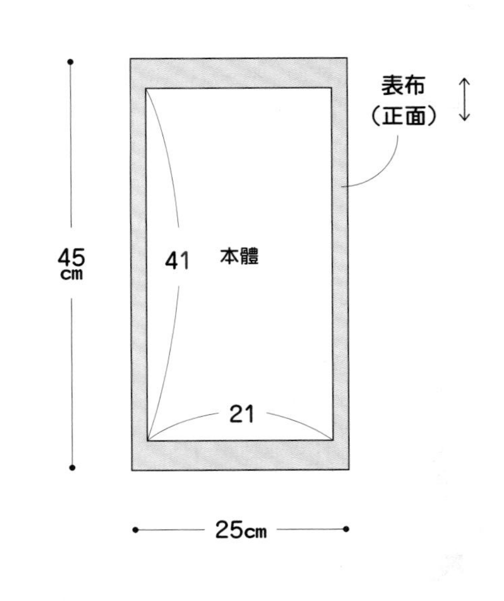
表布
（正面）
45cm
41
本體
21
25cm

完成尺寸	材料
寬35×高33×側身12cm	**舊牛仔褲** 單腳的量／**裡布**（棉布）110cm×50cm
	配布A（棉布）70cm×50cm／**配布B**（皮革）60cm×15cm
原寸紙型	**接著襯**（中厚）50cm×20cm
A面	**磁釦** 20mm 1組
	裝飾用拉鍊 長10cm 1條
	蒂羅爾織帶・亞麻織帶 各適量

P.14_ No.11 皮革底牛仔包

2. 製作裡本體

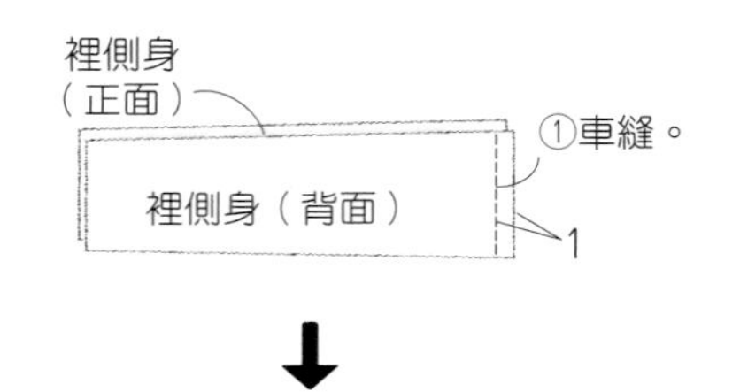

裡側身
（正面）
①車縫。
裡側身（背面）
1

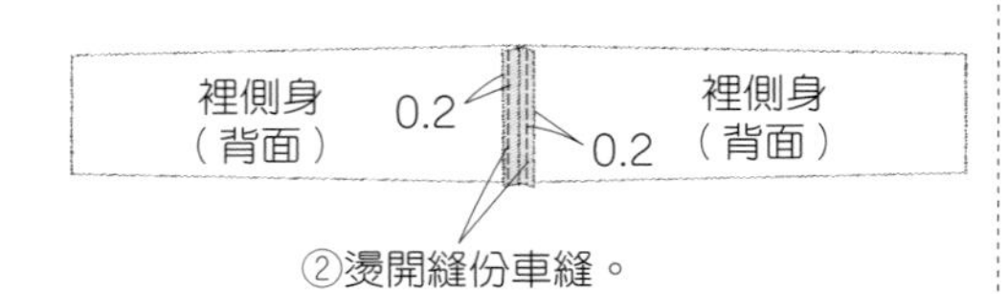

裡側身
（背面）
0.2
0.2
裡側身
（背面）
②燙開縫份車縫。

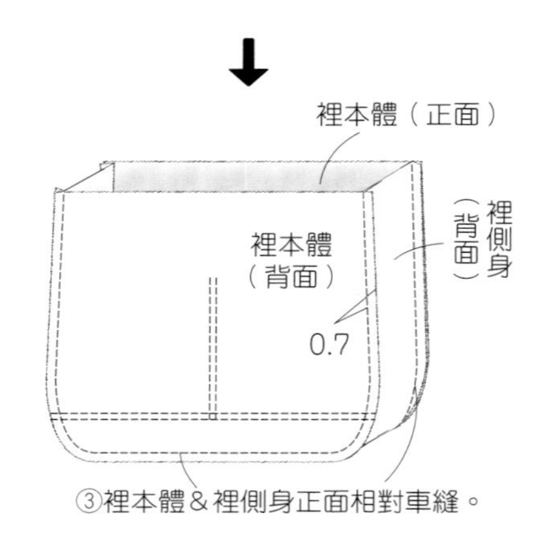

裡本體（正面）
裡本體
（背面）
裡側身
（背面）
0.7
③裡本體＆裡側身正面相對車縫。

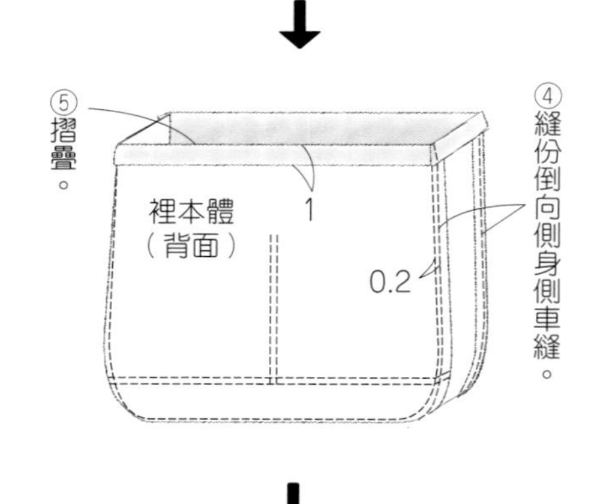

⑤摺疊。
④縫份倒向側身側車縫。
裡本體
（背面）
1
0.2

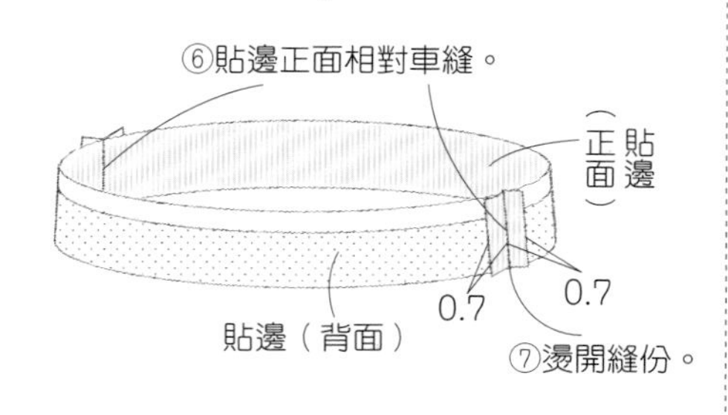

⑥貼邊正面相對車縫。
貼邊
（正面）
0.7
0.7
貼邊（背面）
⑦燙開縫份。

1. 製作口袋

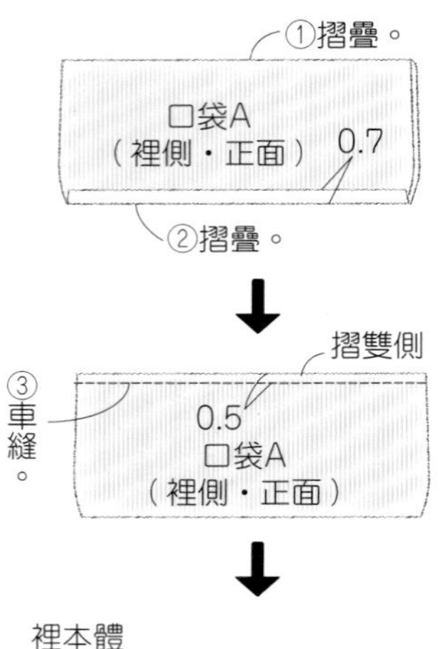

①摺疊。
口袋A
（裡側・正面）
0.7
②摺疊。
摺雙側
③車縫。
0.5
口袋A
（裡側・正面）

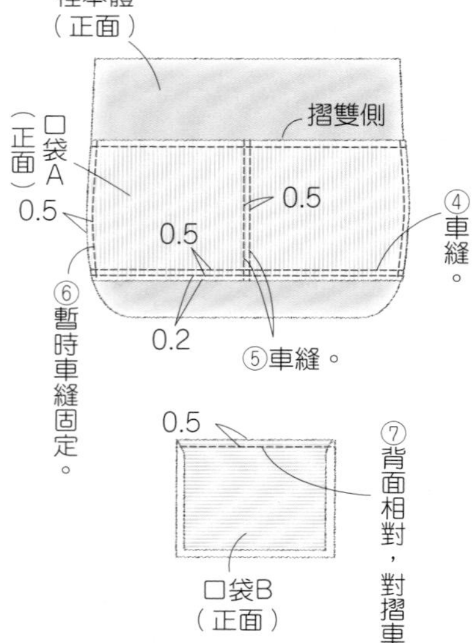

裡本體
（正面）
摺雙側
口袋A
（正面）
0.5
0.5
0.5
④車縫。
0.2
⑤車縫。
⑥暫時車縫固定。
0.5
⑦背面相對，對摺車縫。
口袋B
（正面）

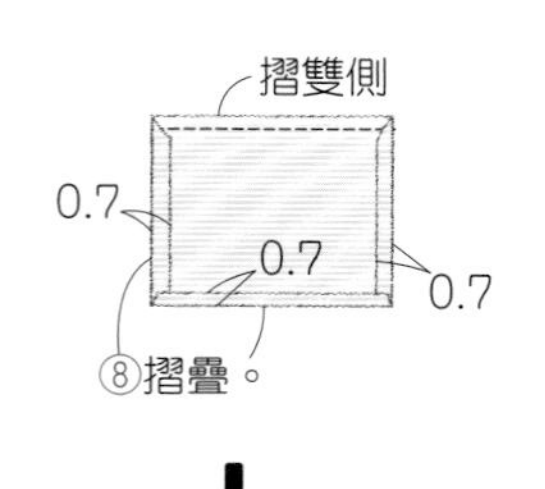

摺雙側
0.7
0.7
0.7
⑧摺疊。

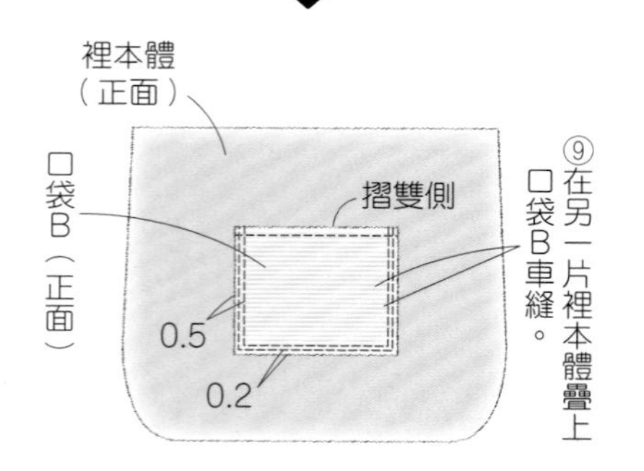

裡本體
（正面）
口袋B
（正面）
摺雙側
⑨在另一片裡本體疊上口袋B車縫。
0.5
0.2

裁布圖

※提把、貼邊及側身皮革無原寸紙型，
請依標示尺寸（已含縫份）直接裁剪。
※ ▒ 處需於背面燙貼接著襯。

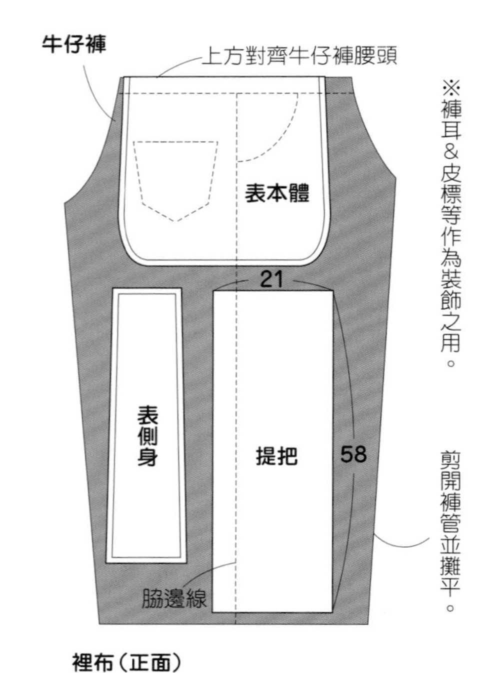

牛仔褲
上方對齊牛仔褲腰頭
※褲耳＆皮標等作為裝飾之用。
表本體
21
表側身
提把
58
剪開褲管並攤平。
脇邊線

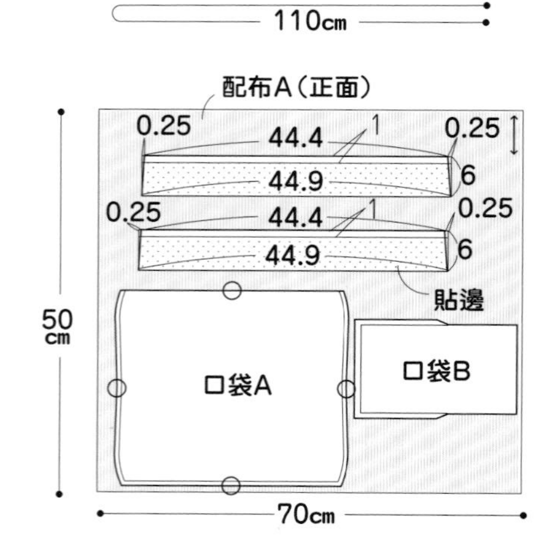

裡布（正面）
50cm
摺雙
裡本體
裡側身
110cm
配布A（正面）
0.25
44.4
1
0.25
44.9
6
0.25
44.4
1
0.25
44.9
6
貼邊
50cm
口袋A
口袋B
70cm

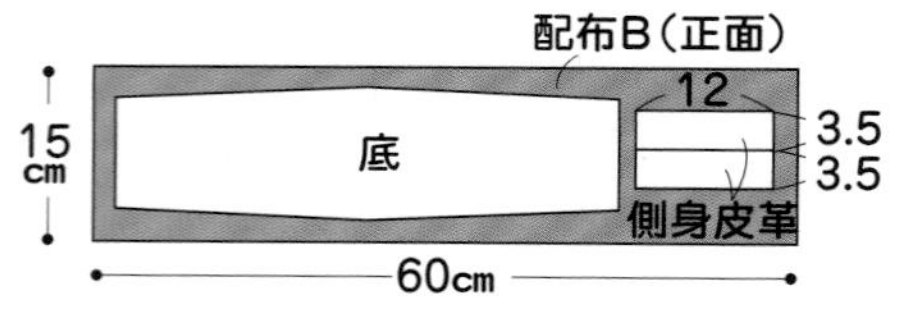

配布B（正面）
12
15cm
底
3.5
3.5
側身皮革
60cm

3. 接縫提把

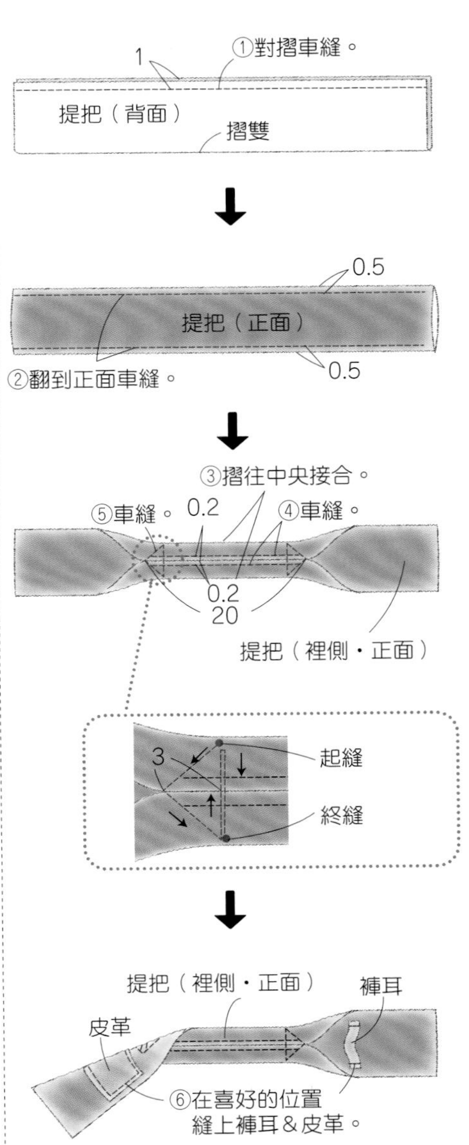

①對摺車縫。
1
提把（背面）
摺雙
0.5
提把（正面）
②翻到正面車縫。
0.5
③摺往中央接合。
⑤車縫。
0.2
④車縫。
0.2
20
提把（裡側・正面）
3
起縫
終縫
提把（裡側・正面）
褲耳
皮革
⑥在喜好的位置
縫上褲耳＆皮革。

4. 製作表本體

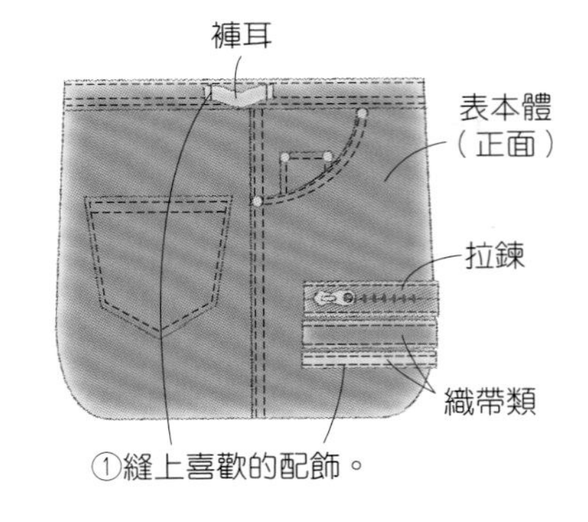

褲耳
表本體
（正面）
拉鍊
織帶類
①縫上喜歡的配飾。

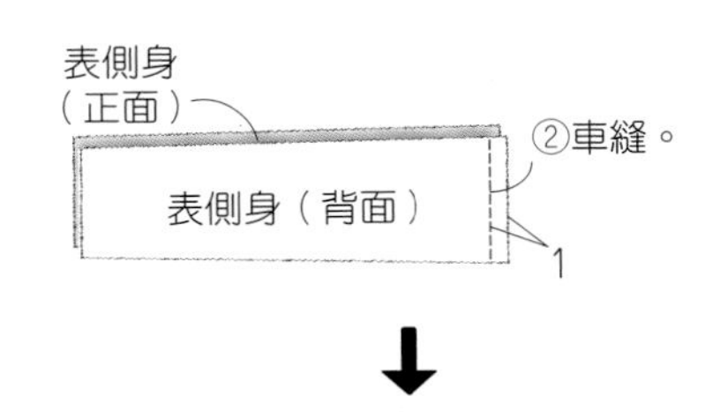

表側身
（正面）
②車縫。
表側身（背面）
1

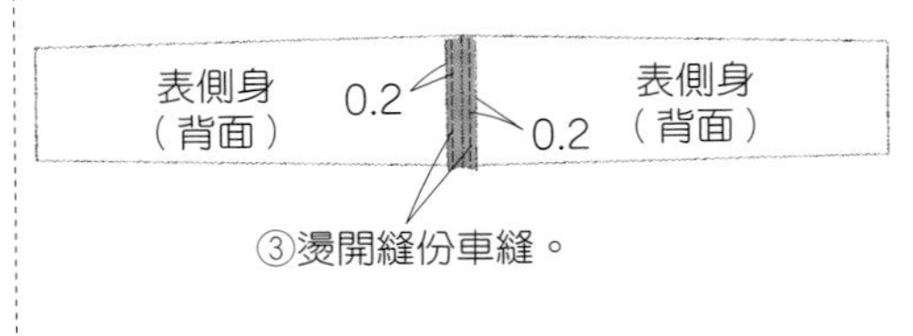

表側身
（背面）
0.2
0.2
表側身
（背面）
③燙開縫份車縫。

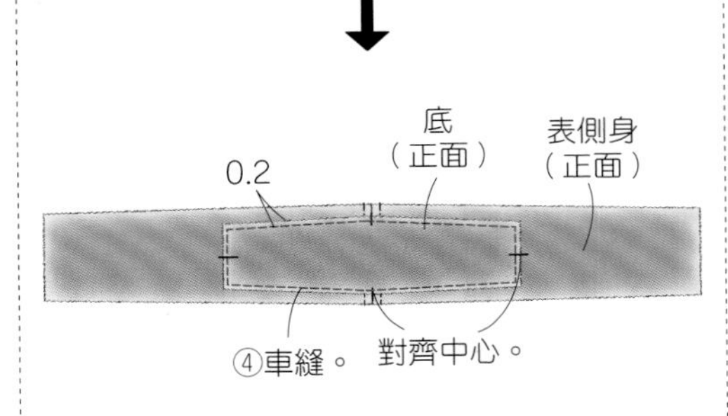

底
（正面）
表側身
（正面）
0.2
④車縫。
對齊中心。

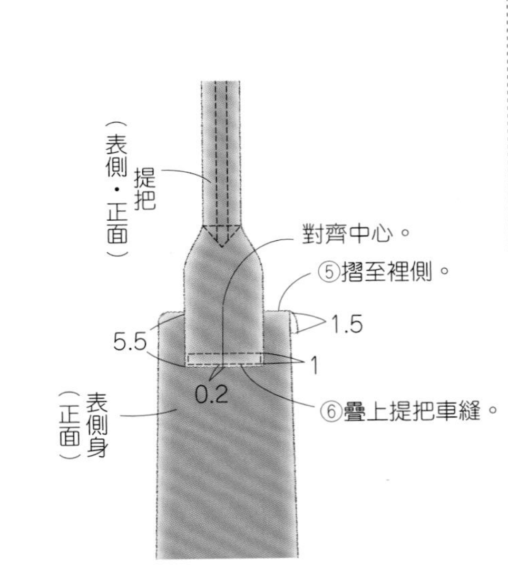

提把
（表側・正面）
對齊中心。
⑤摺至裡側。
1.5
5.5
1
0.2
表側身
（正面）
⑥疊上提把車縫。

※另一側作法亦同。

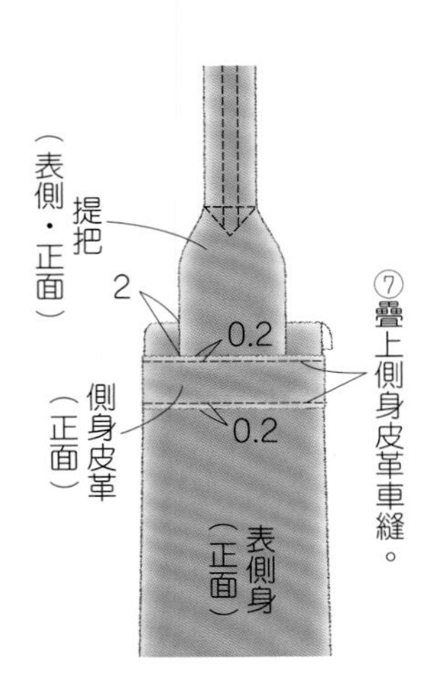

提把
（表側・正面）
2
0.2
⑦疊上側身皮革車縫。
0.2
側身皮革
（正面）
表側身
（正面）

※另一側作法亦同。

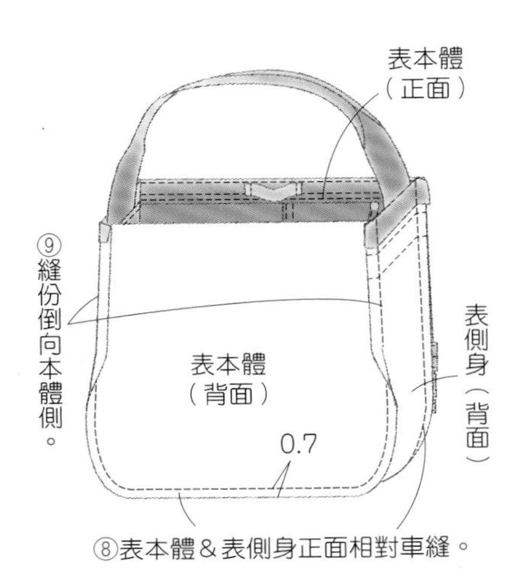

表本體
（正面）
⑨縫份倒向本體側。
表側身（背面）
表本體
（背面）
0.7
⑧表本體＆表側身正面相對車縫。

5. 套疊表本體＆裡本體

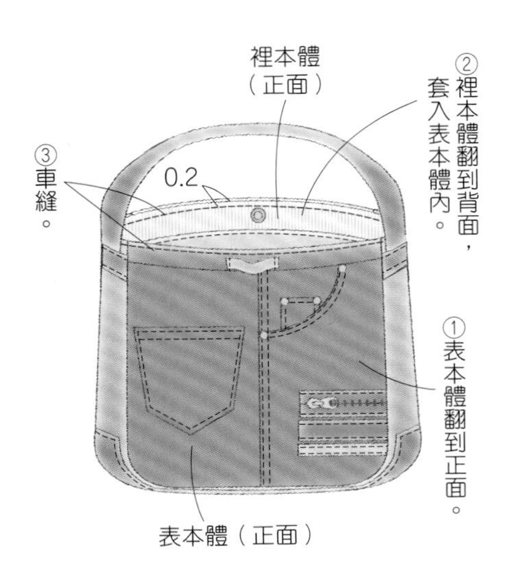

裡本體
（正面）
②裡本體翻到背面，套入表本體內。
③車縫。
0.2
①表本體翻到正面。
表本體（正面）

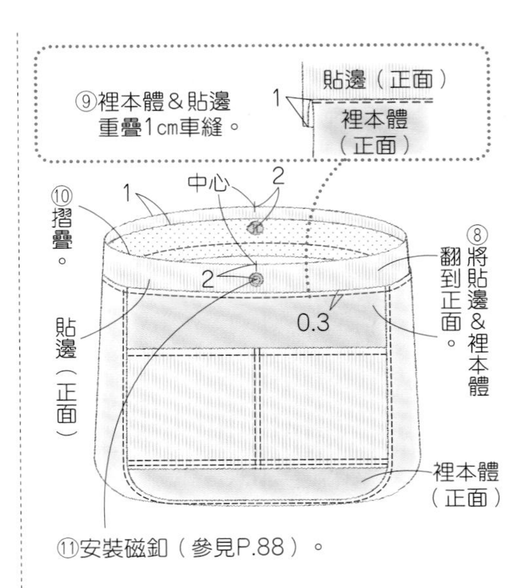

⑨裡本體＆貼邊
重疊1cm車縫。
1
貼邊（正面）
裡本體
（正面）
⑩摺疊。
1
中心
2
2
⑧將貼邊＆裡本體翻到正面。
貼邊（正面）
0.3
裡本體
（正面）
⑪安裝磁釦（參見P.88）。

完成尺寸	材料
寬17×長16cm	舊牛仔褲的口袋 2片 拉鍊 15cm 1條
原寸紙型 無	

P.15_ No.13 拉鍊口袋波奇包

1. 安裝拉鍊

※準備一條長度為口袋口減去2cm的拉鍊。

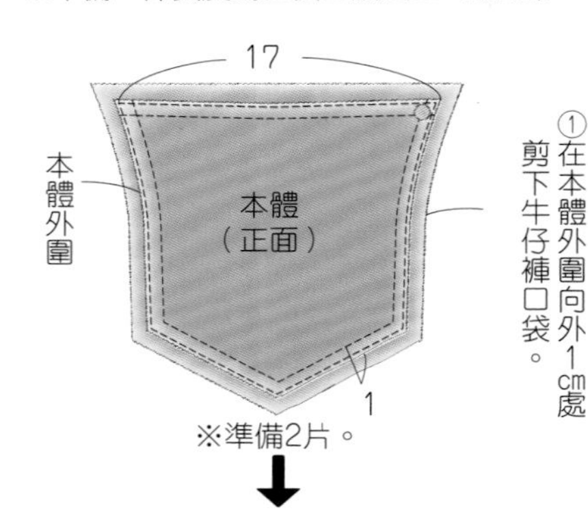
17
本體外圍
本體（正面）
①在本體外圍向外1cm處剪下牛仔褲口袋。
1
※準備2片。

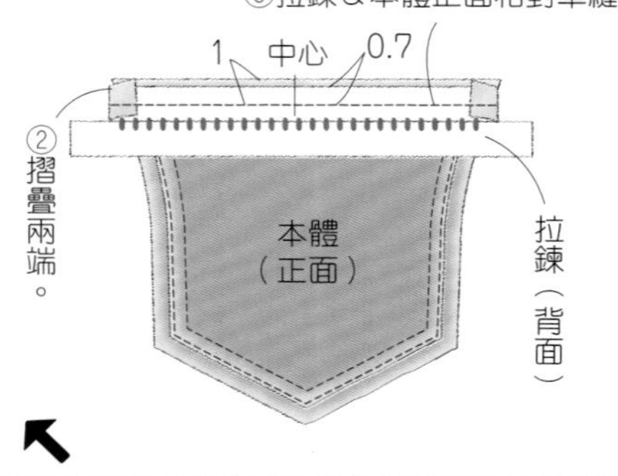
③拉鍊＆本體正面相對車縫。
1
中心
0.7
②摺疊兩端。
本體（正面）
拉鍊（背面）

2. 製作本體

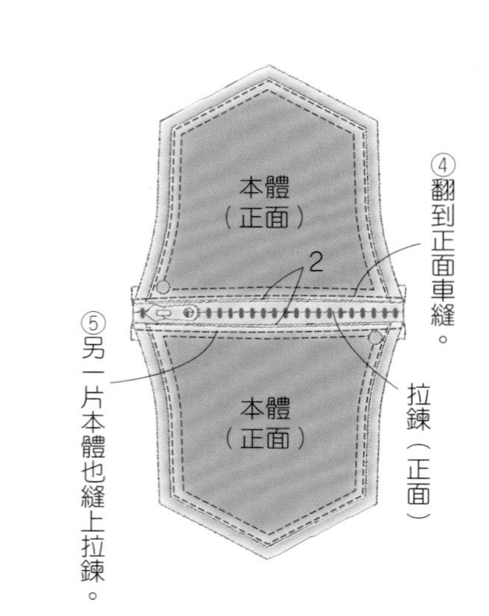
本體（正面）
2
④翻到正面車縫。
⑤另一片本體也縫上拉鍊。
拉鍊（正面）
本體（正面）

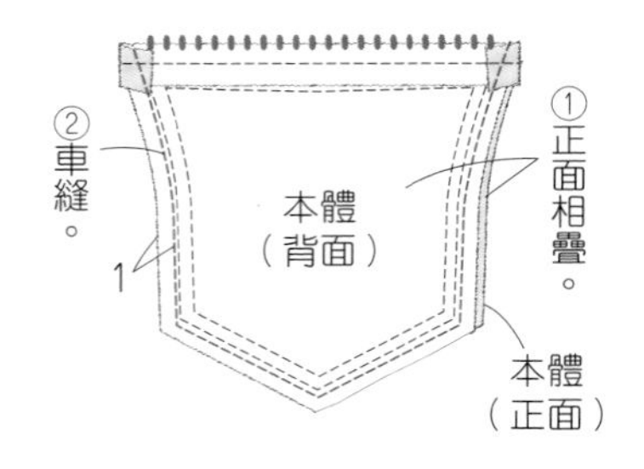
②車縫。
本體（背面）
①正面相疊。
1
本體（正面）

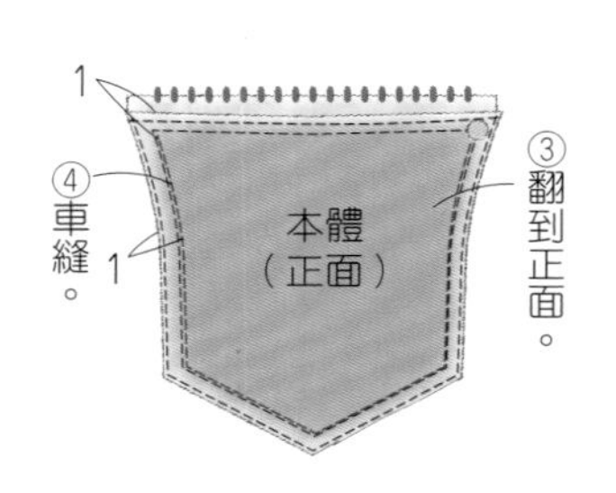
1
④車縫。
1
本體（正面）
③翻到正面。

完成尺寸	材料
寬22×高（隨喜好）×側身16cm （以身寬38cm的T恤為例）	舊T恤 1件
原寸紙型 無	

P.17_ No.15 環保袋

T恤裁法
※標示尺寸已含縫份。

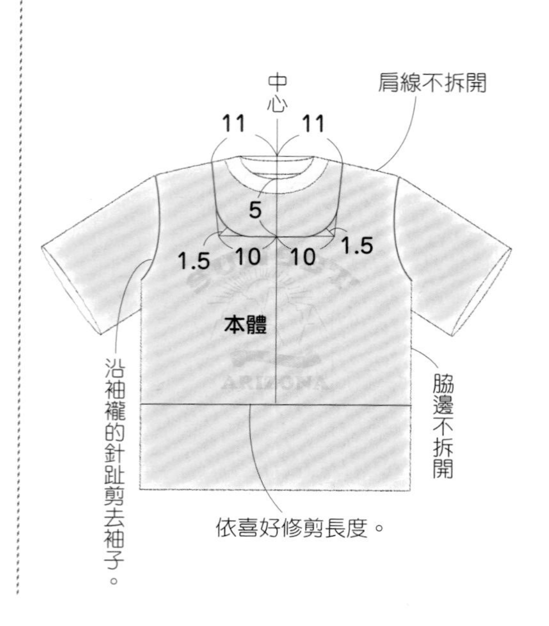
中心
肩線不拆開
11
11
5
1.5
10
10
1.5
本體
沿袖襱的針趾剪去袖子。
脇邊不拆開
依喜好修剪長度。

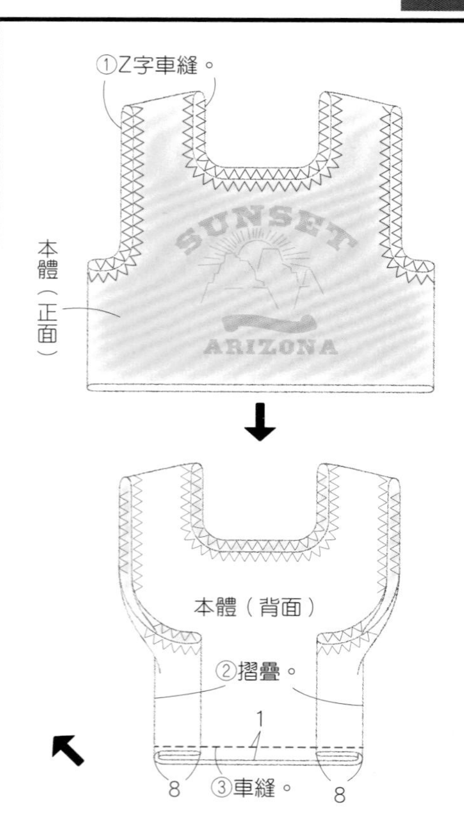
①Z字車縫。
本體（正面）
本體（背面）
②摺疊。
1
8
③車縫。
8

2.5 2.5
⑥在肩線上車縫。
⑤摺疊。
本體（背面）
④Z字車縫。

⑦翻到正面整理形狀。
本體（正面）

完成尺寸

胸圍94㎝

原寸紙型

無

材料

舊T恤（L尺寸・胸圍126㎝）1件

P.16_ No.14
Oversize褶襉T恤

作記號方式

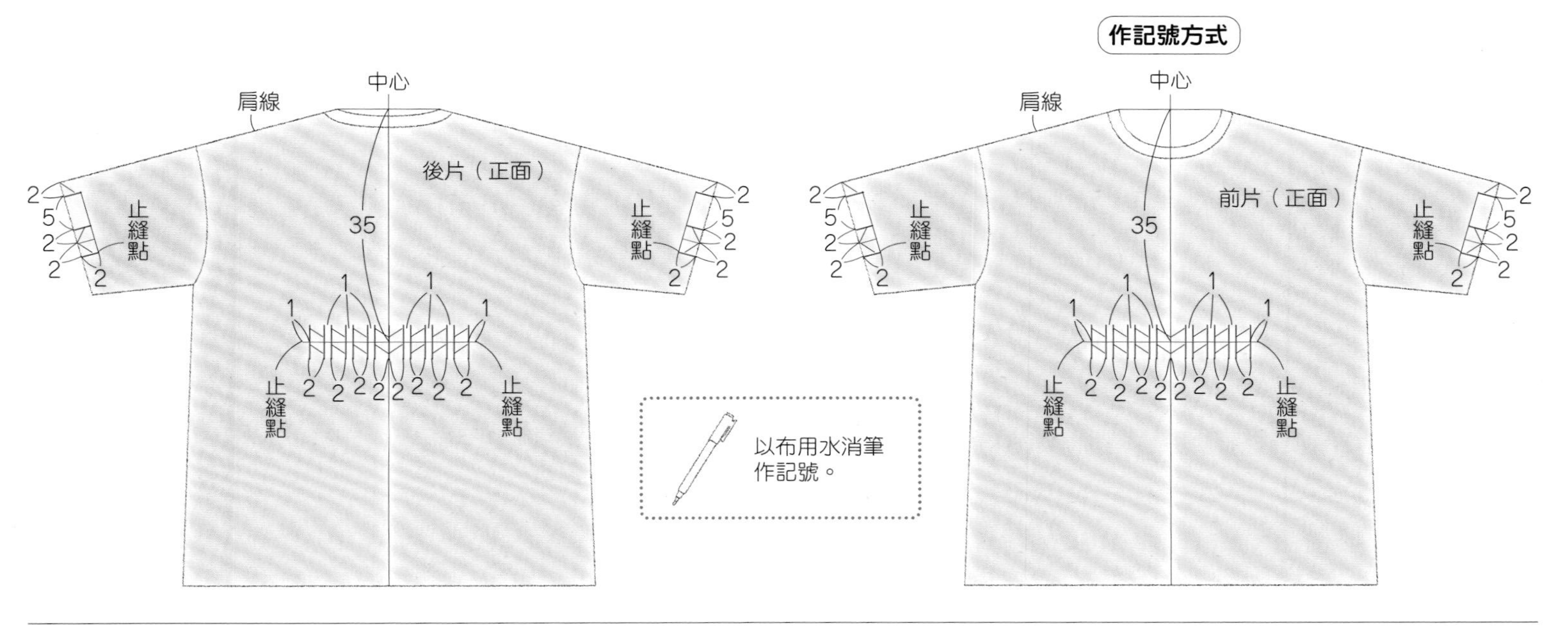

肩線
中心
後片（正面）
35
止縫點
前片（正面）
以布用水消筆作記號。

1. 摺疊衣身的褶襉

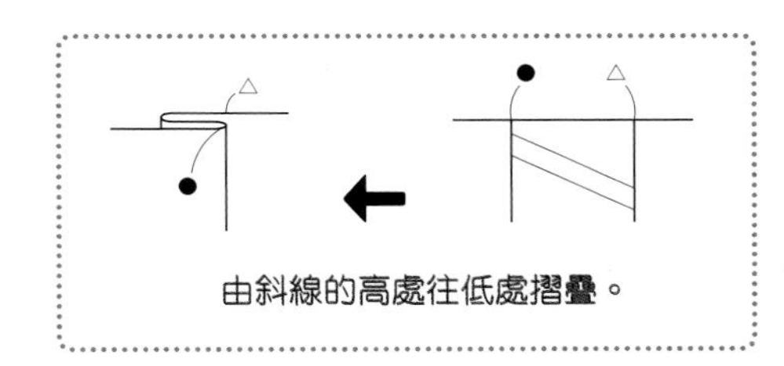

由斜線的高處往低處摺疊。

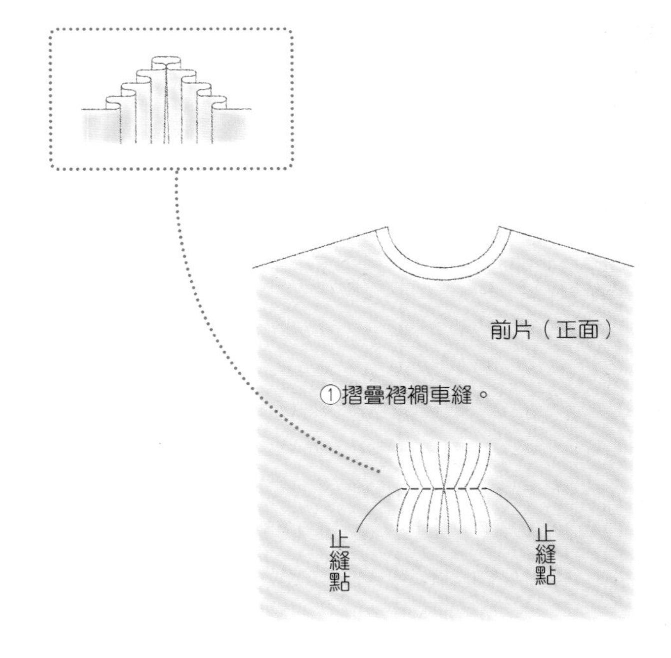

前片（正面）
①摺疊褶襉車縫。
止縫點

※後片也摺疊褶襉。

2. 摺疊袖子的褶襉

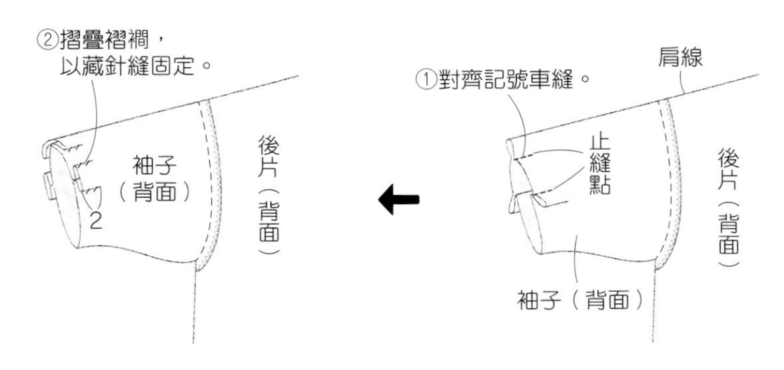

②摺疊褶襉，以藏針縫固定。
①對齊記號車縫。
肩線
袖子（背面）
後片（背面）
止縫點

※另一側作法亦同。

③翻到正面整理形狀。
前片（正面）

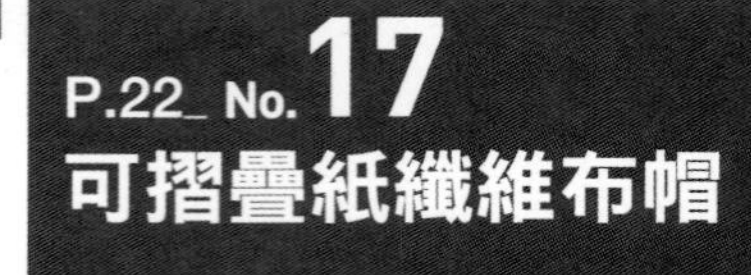
P.22_ No.17
可摺疊紙纖維布帽

完成尺寸

頭圍58cm

原寸紙型

A面

材料

表布（帽子用紙纖維布）110cm×50cm
裡布（棉布）50cm×50cm
羅紋緞帶 寬1.5cm 85cm
止汗帶 60cm

裁布圖

※紙型翻面使用。

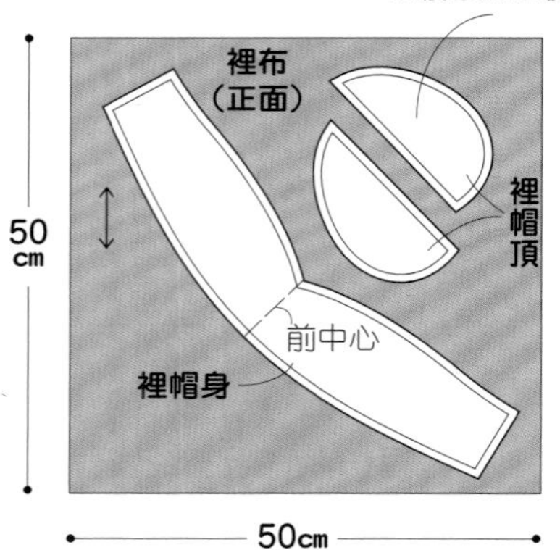
裡布
（正面）
裡帽頂
前中心
裡帽身
50cm
50cm

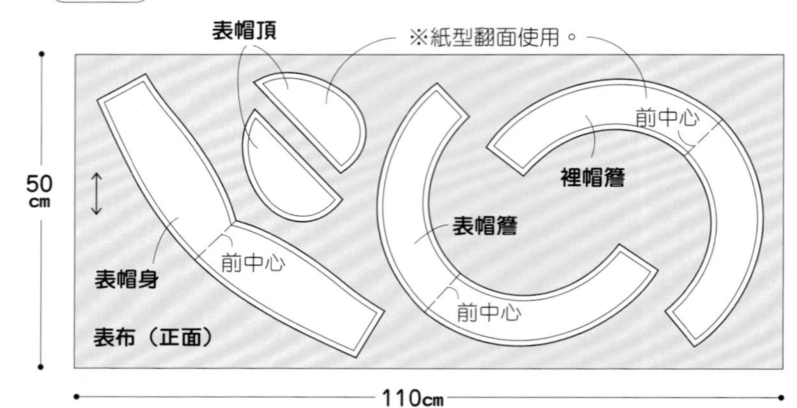
表帽頂
※紙型翻面使用。
前中心
裡帽簷
表帽簷
表帽身
前中心
前中心
表布（正面）
50cm
110cm

1. 製作裡帽頂・帽身

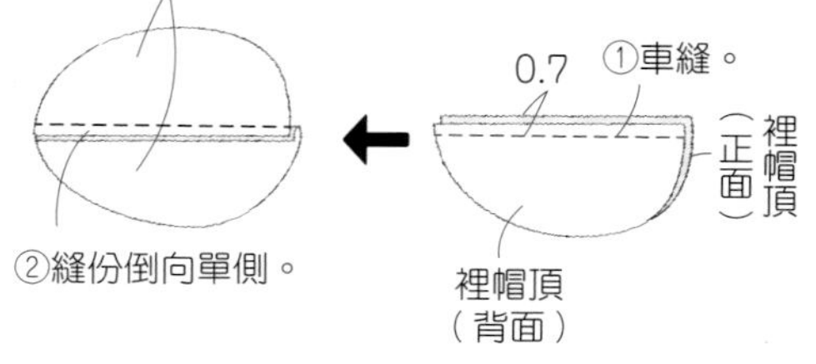
裡帽頂（背面）
0.7
①車縫。
裡帽頂（正面）
②縫份倒向單側。
裡帽頂（背面）
③對摺車縫。
0.7
裡帽身（背面）

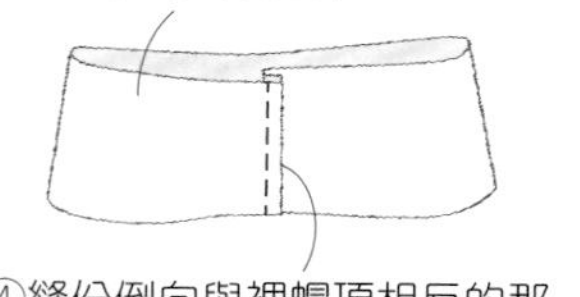
裡帽身（背面）
④縫份倒向與裡帽頂相反的那一側。

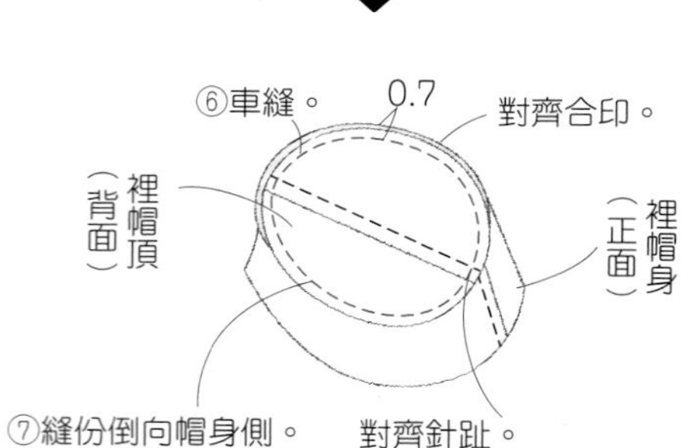
⑥車縫。
0.7
對齊合印。
裡帽頂（背面）
裡帽身（正面）
⑦縫份倒向帽身側。
對齊針趾。
※錯開縫份倒下的方向。

2. 製作表帽頂・帽身

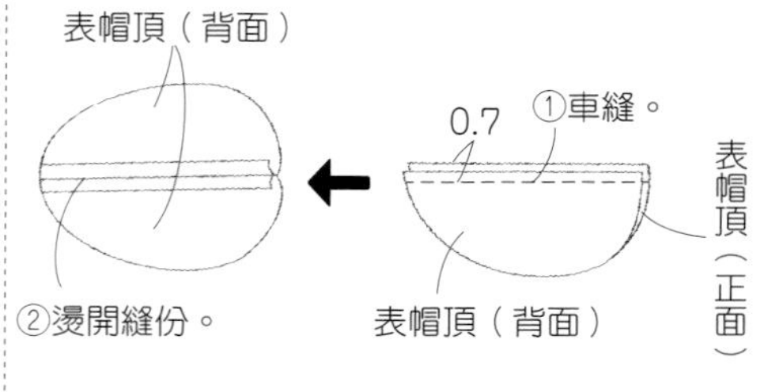

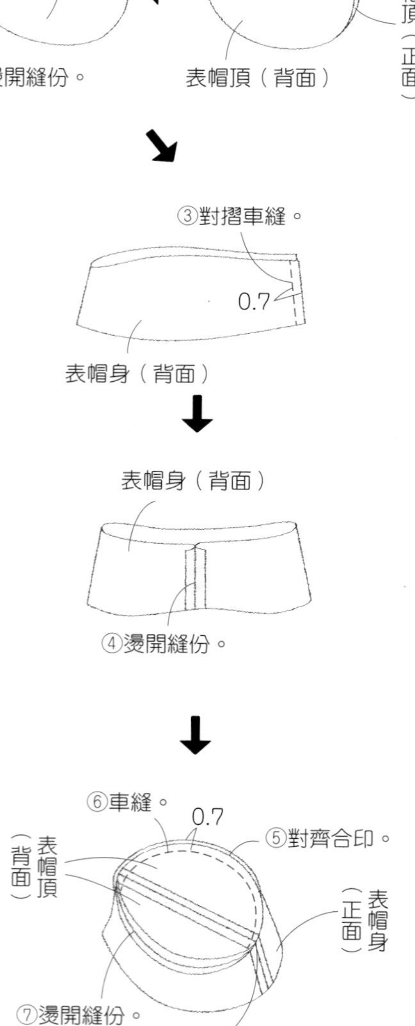
表帽頂（背面）
0.7
①車縫。
表帽頂（正面）
②燙開縫份。
表帽頂（背面）
③對摺車縫。
0.7
表帽身（背面）
表帽身（背面）
④燙開縫份。
⑥車縫。
0.7
⑤對齊合印。
表帽頂（背面）
表帽身（正面）
⑦燙開縫份。
對齊針趾。

3. 套疊表・裡

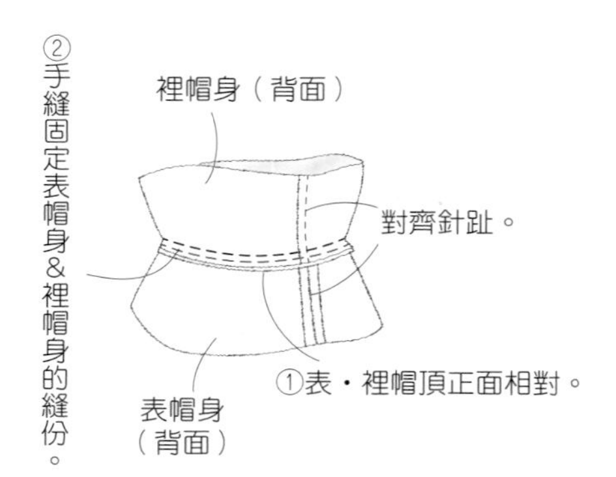
②手縫固定表帽身&裡帽身的縫份。
裡帽身（背面）
對齊針趾。
①表・裡帽頂正面相對。
表帽身（背面）

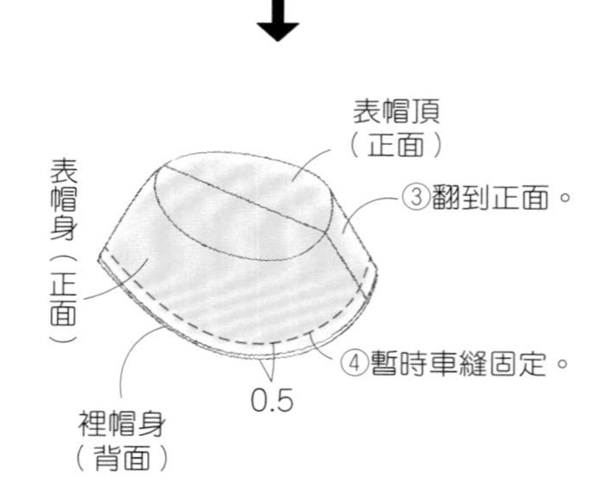
表帽頂（正面）
③翻到正面。
表帽身（正面）
④暫時車縫固定。
0.5
裡帽身（背面）

4. 製作帽簷

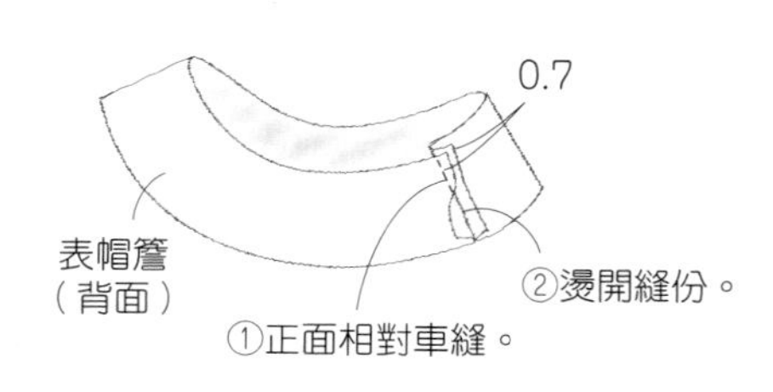
0.7
表帽簷（背面）
②燙開縫份。
①正面相對車縫。

※裡帽簷作法亦同。

7. 縫上布環＆裝飾帶

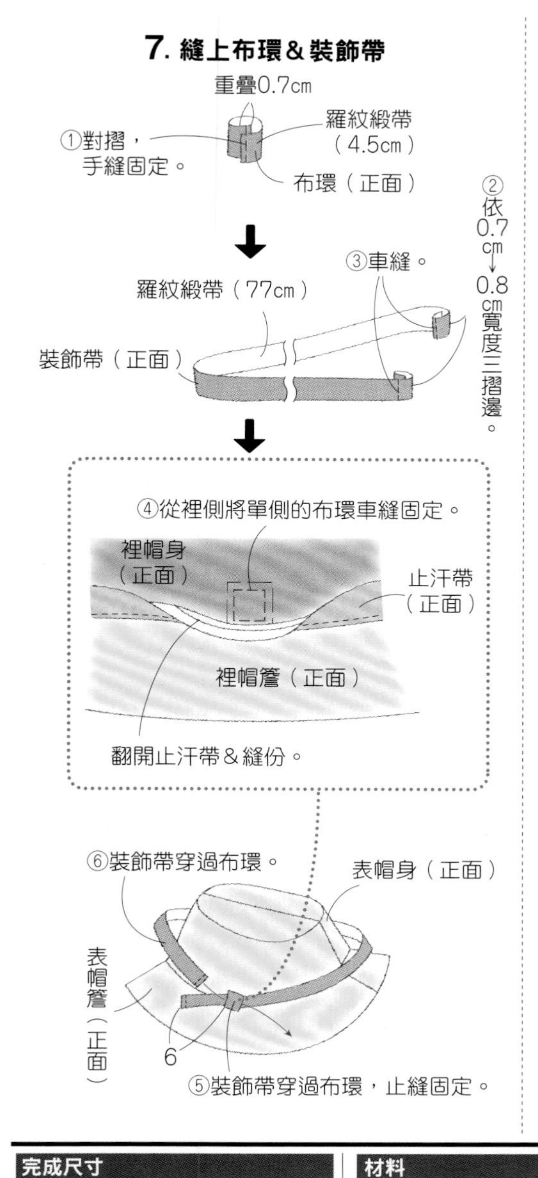

重疊0.7cm
①對摺，
手縫固定。
羅紋緞帶
（4.5cm）
布環（正面）
②依0.7cm→0.8cm寬度三摺邊。
③車縫。
羅紋緞帶（77cm）
裝飾帶（正面）
④從裡側將單側的布環車縫固定。
裡帽身
（正面）
止汗帶
（正面）
裡帽簷（正面）
翻開止汗帶＆縫份。
⑥裝飾帶穿過布環。
表帽身（正面）
表帽簷（正面）
6
⑤裝飾帶穿過布環，止縫固定。

5. 接縫帽簷

6. 接縫止汗帶

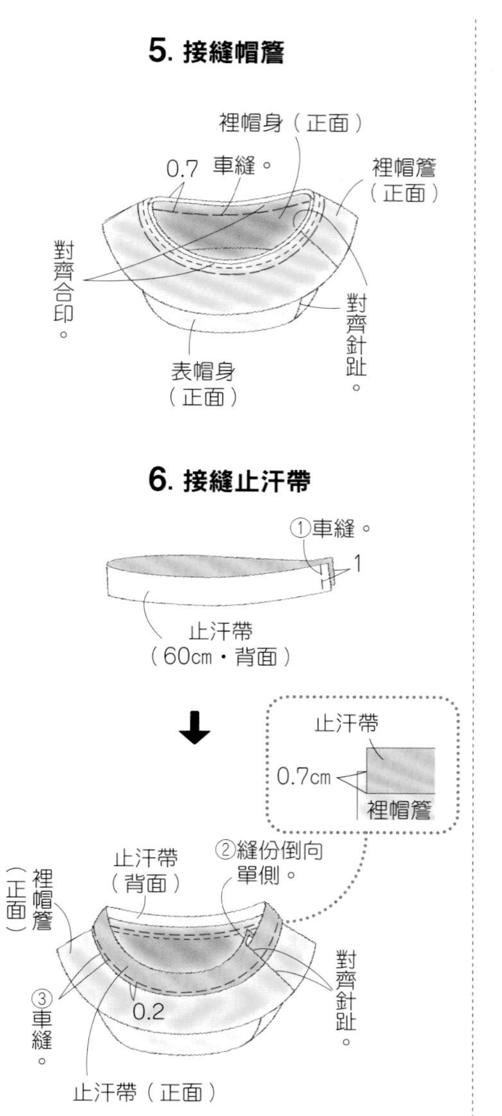

裡帽身（正面）
0.7
車縫。
裡帽簷
（正面）
對齊合印。
對齊針趾。
表帽身
（正面）
①車縫。
1
止汗帶
（60cm・背面）
止汗帶
0.7cm
裡帽簷
裡帽簷
（正面）
止汗帶
（背面）
②縫份倒向
單側。
③車縫。
0.2
對齊針趾。
止汗帶（正面）

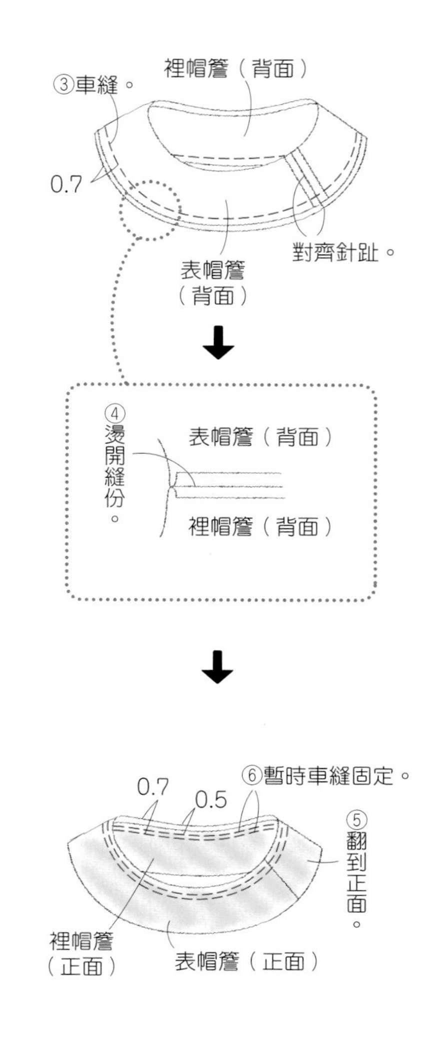

③車縫。
裡帽簷（背面）
0.7
對齊針趾。
表帽簷
（背面）
④燙開縫份。
表帽簷（背面）
裡帽簷（背面）
0.7
0.5
⑥暫時車縫固定。
⑤翻到正面。
裡帽簷
（正面）
表帽簷（正面）

完成尺寸	材料
寬23.5×高33.5×側身6cm	**表布**（亞麻布）30cm×80cm **羅紋緞帶** 寬1.5cm 80cm

原寸紙型

無

P.22_ No.18
綁帶式帽子收納包

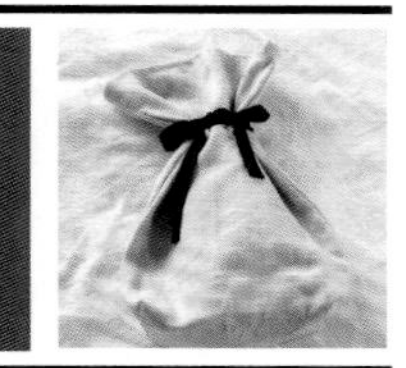

2. 製作本體

1. 縫上緞帶

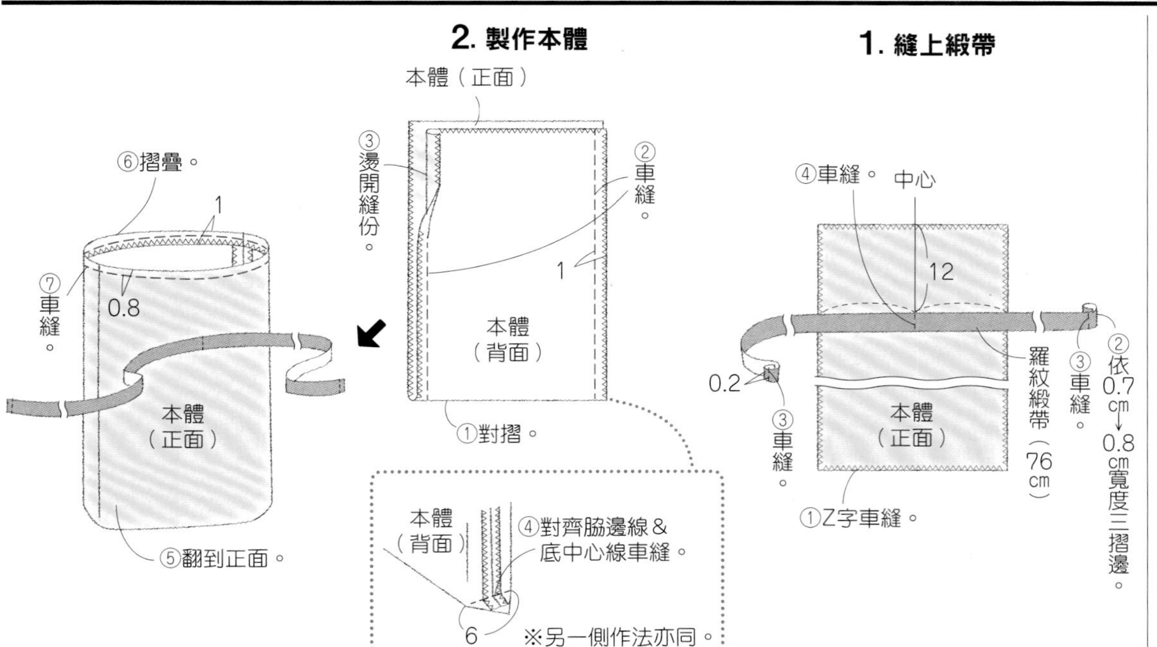

本體（正面）
③燙開縫份。
②車縫。
1
本體
（背面）
①對摺。
本體
（背面）
④對齊脇邊線＆
底中心線車縫。
6
※另一側作法亦同。
⑥摺疊。
1
⑦車縫。
0.8
本體
（正面）
⑤翻到正面。
④車縫。
中心
12
0.2
③車縫。
羅紋緞帶（76cm）
③車縫。
②依0.7cm→0.8cm寬度三摺邊。
本體
（正面）
①Z字車縫。

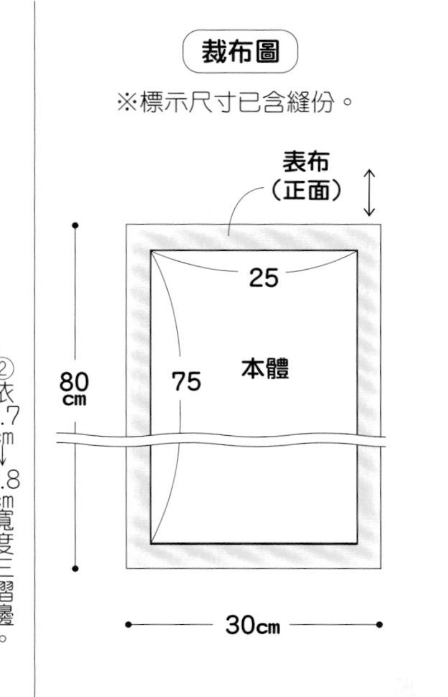

裁布圖
※標示尺寸已含縫份。
表布
（正面）
25
80cm
75
本體
30cm

完成尺寸

陽傘：直徑84cm
長35cm（摺疊後）
傘套：寬13×長35cm

原寸紙型

B面

材料

表布（平織布）110cm×150cm
接著襯（薄）30cm×35cm
摺疊陽傘骨架 1組
包釦組 22mm 1組
塑膠四合釦 13mm 1組

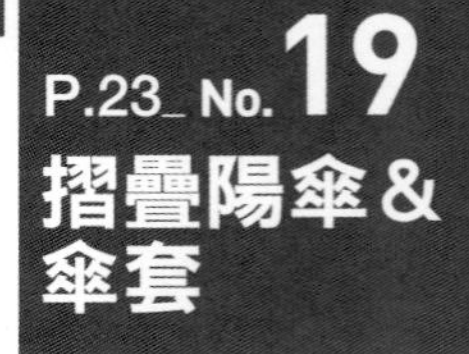

P.23_ No.19 摺疊陽傘&傘套

裁布圖

※除了貼邊、袋布、提把及綁帶之外皆無原寸紙型，請依標示尺寸（已含縫份）直接裁剪。
※▭處需於背面燙貼接著襯。

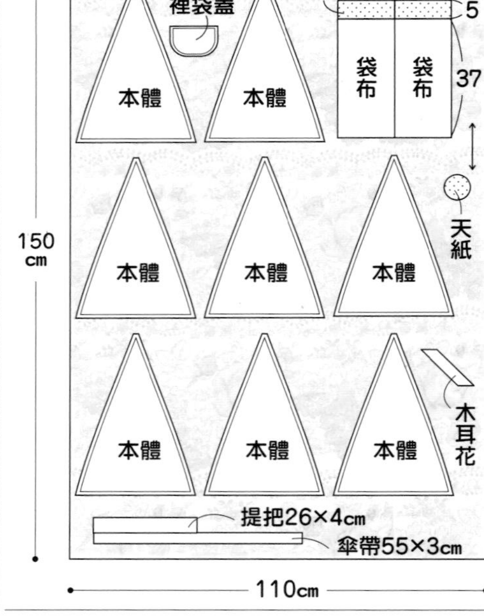

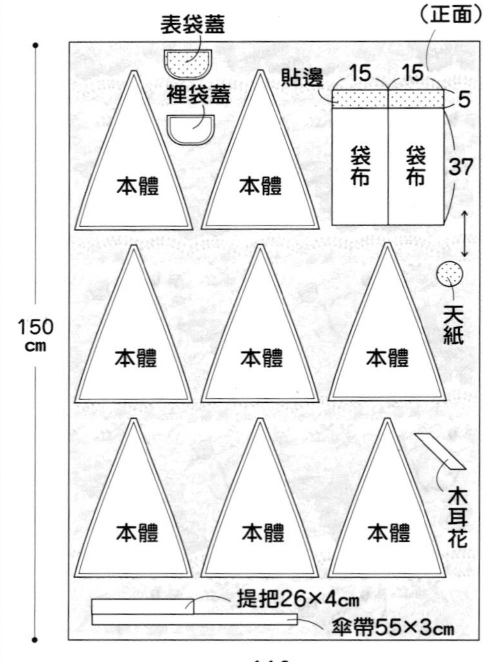

表布（正面）
表袋蓋
裡袋蓋
貼邊
15
15
5
袋布
袋布
37
本體
本體
本體
本體
本體
本體
本體
本體
天紙
木耳花
150cm
提把26×4cm
傘帶55×3cm
110cm

【陽傘】

1. 製作本體

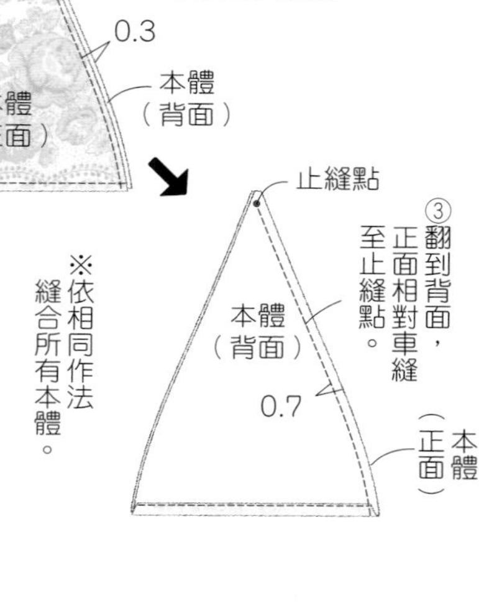

0.5
0.5
本體（背面）
※製作8片。
0.2
0.5
①依0.5cm→0.5cm寬度三摺邊車縫。
止縫點
②兩片本體背面相對，車縫至止縫點。
0.3
本體（背面）
本體（正面）
止縫點
③翻到背面，正面相對車縫至止縫點。
本體（背面）
0.7
本體（正面）
※依相同作法縫合所有本體。

2. 製作傘帶

3. 接縫傘骨架&本體

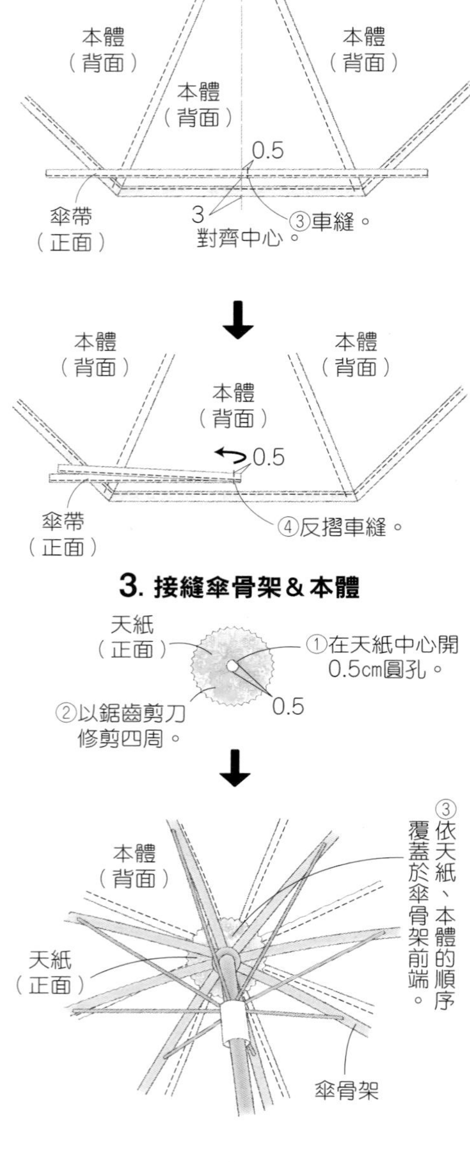

傘帶（正面）
①兩端摺疊1cm。
0.2
②摺四褶車縫。
1
本體（背面）
本體（背面）
本體（背面）
0.5
傘帶（正面）
3
對齊中心。
③車縫。
本體（背面）
本體（背面）
本體（背面）
0.5
傘帶（正面）
④反摺車縫。
天紙（正面）
①在天紙中心開0.5cm圓孔。
②以鋸齒剪刀修剪四周。
0.5
本體（背面）
天紙（正面）
③依天紙、本體、覆蓋於傘骨架前端的順序
傘骨架
傘骨架前端
本體（正面）
④以2股線在本體中心的周圍進行縮縫，再拉緊縮縫線。

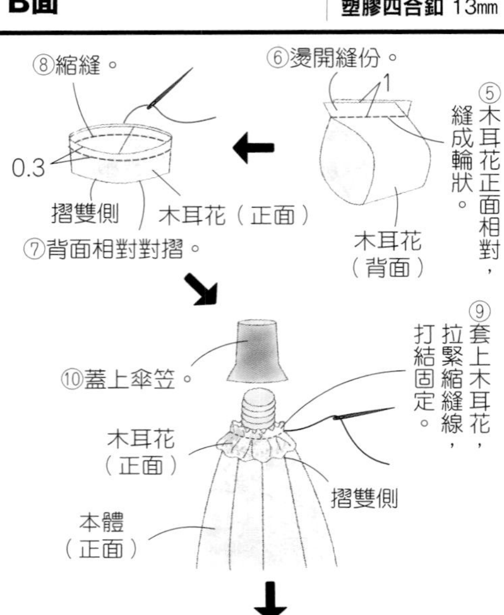

⑧縮縫。
⑥燙開縫份。
1
⑤木耳花正面相對，縫成輪狀。
0.3
摺雙側
木耳花（正面）
⑦背面相對對摺。
木耳花（背面）
⑨套上木耳花，拉緊縮縫線，打結固定。
⑩蓋上傘笠。
木耳花（正面）
摺雙側
本體（正面）

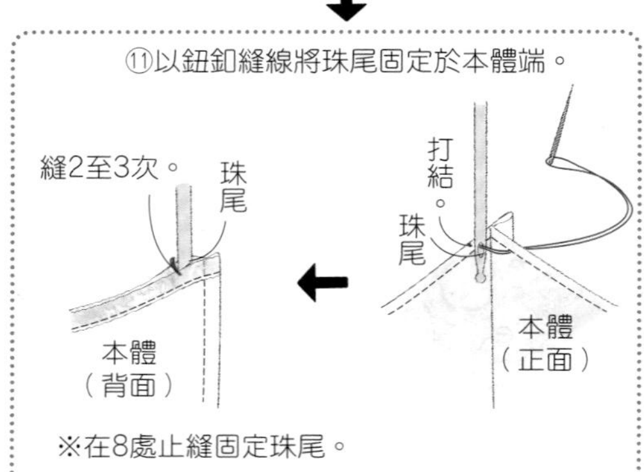

⑪以鈕釦縫線將珠尾固定於本體端。
縫2至3次。
珠尾
打結。
珠尾
本體（背面）
本體（正面）
※在8處止縫固定珠尾。

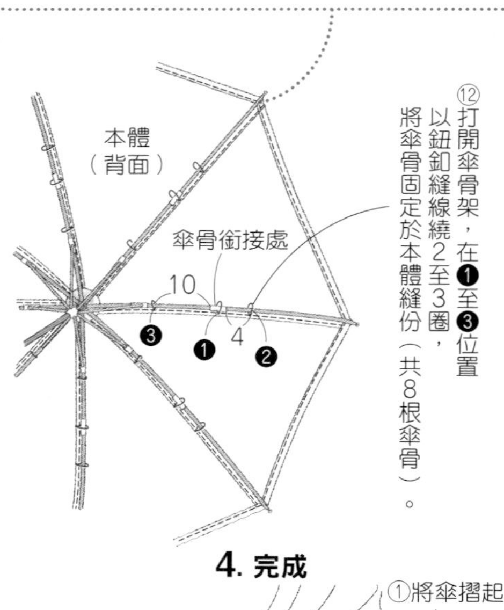

本體（背面）
傘骨銜接處
10
4
⑫打開傘骨架，在❶至❸位置以鈕釦縫線繞2至3圈，將傘骨固定於本體縫份（共8根傘骨）。

4. 完成

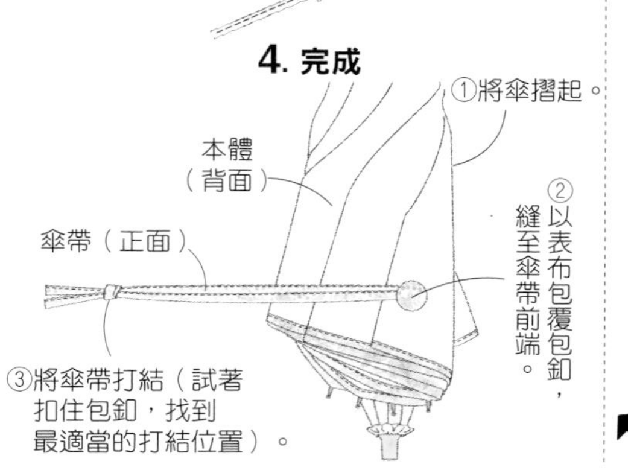

①將傘摺起。
本體（背面）
傘帶（正面）
②以表布包覆包釦，縫至傘帶前端。
③將傘帶打結（試著扣住包釦，找到最適當的打結位置）。

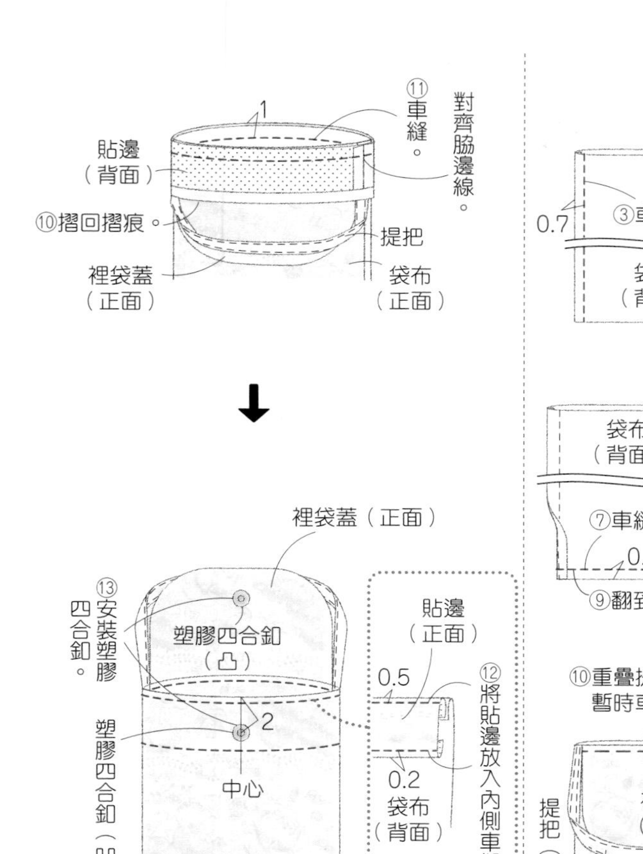

⑪車縫。
1
對齊脇邊線。
貼邊（背面）
⑩摺回摺痕。
提把
裡袋蓋（正面）
袋布（正面）
裡袋蓋（正面）
⑬安裝塑膠四合釦。
塑膠四合釦（凸）
2
塑膠四合釦（凹）
中心
袋布（正面）
貼邊（正面）
0.5
⑫將貼邊放入內側車縫。
0.2
袋布（背面）

4. 製作袋布

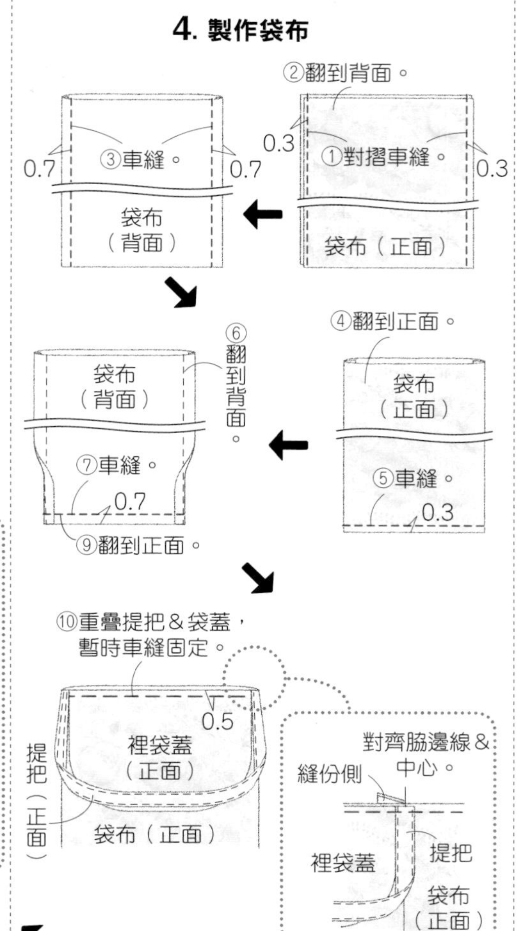

②翻到背面。
③車縫。
0.7
0.7
0.3
①對摺車縫。
0.3
袋布（背面）
袋布（正面）
④翻到正面。
⑥翻到背面。
袋布（背面）
袋布（正面）
⑦車縫。
⑤車縫。
0.7
0.3
⑨翻到正面。
⑩重疊提把＆袋蓋，暫時車縫固定。
0.5
裡袋蓋（正面）
提把（正面）
袋布（正面）
對齊脇邊線＆中心。
縫份側
裡袋蓋
提把
袋布（正面）

【傘套】

1. 傘套

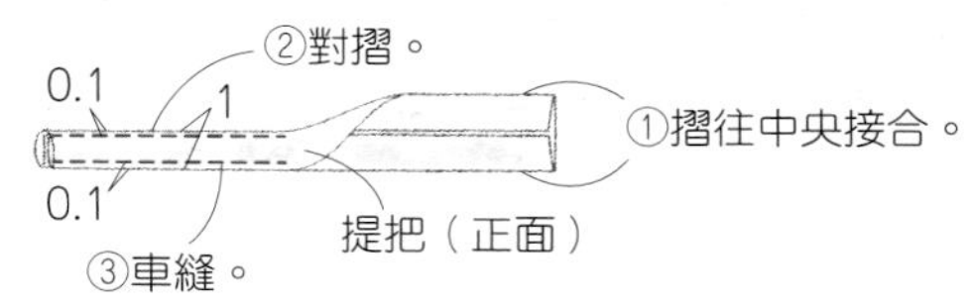

0.1
②對摺。
1
①摺往中央接合。
0.1
提把（正面）
③車縫。

2. 製作袋蓋

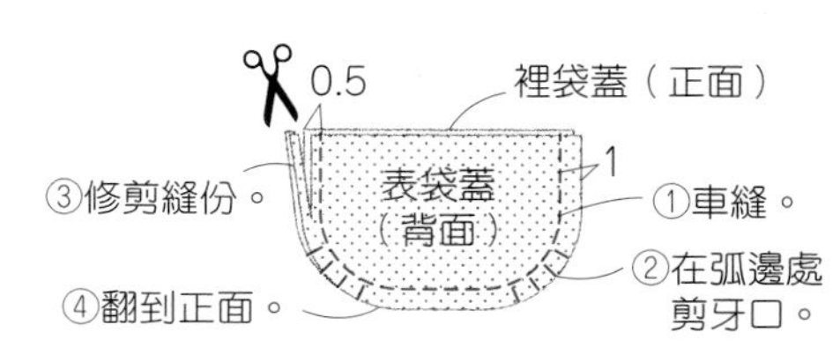

0.5
裡袋蓋（正面）
表袋蓋（背面）
1
③修剪縫份。
①車縫。
②在弧邊處剪牙口。
④翻到正面。

3. 製作貼邊

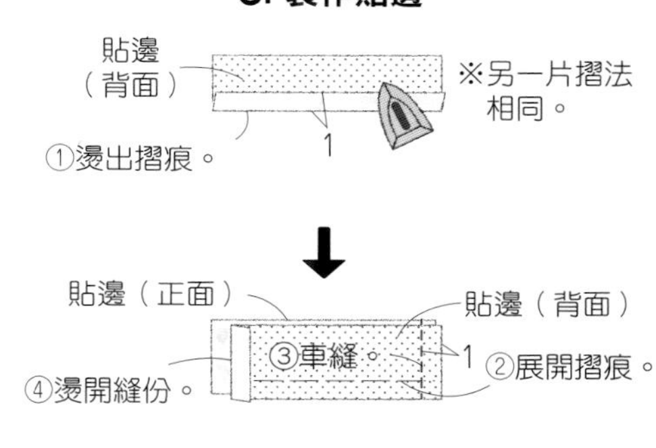

貼邊（背面）
※另一片摺法相同。
1
①燙出摺痕。
貼邊（正面）
貼邊（背面）
③車縫。
1
②展開摺痕。
④燙開縫份。

完成尺寸

長50cm

原寸紙型

B面

材料

表布（雙面提花針織布）70cm×60cm

鬆緊帶 寬0.5cm 80cm

P.25_ No.22

袖套

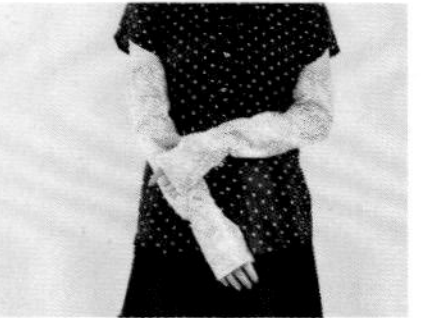

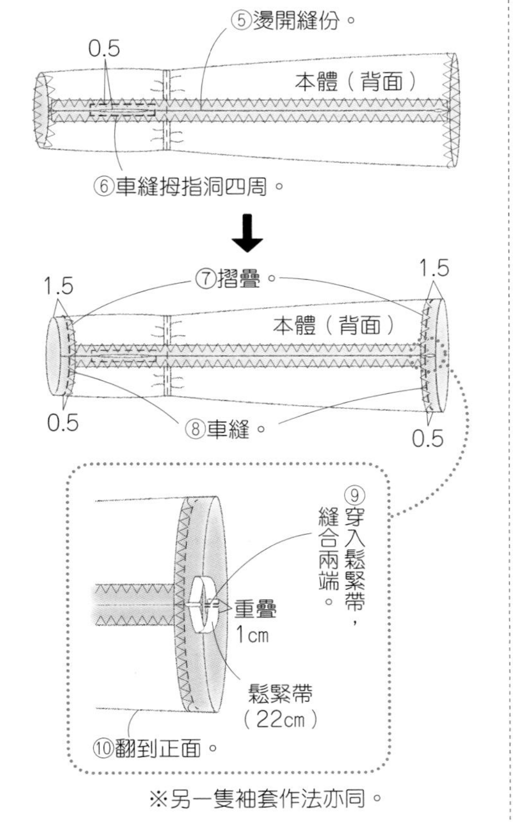

⑤燙開縫份。
0.5
本體（背面）
⑥車縫拇指洞四周。
⑦摺疊。
1.5
1.5
本體（背面）
0.5
⑧車縫。
0.5
⑨穿入鬆緊帶，縫合兩端。
重疊1cm
鬆緊帶（22cm）
⑩翻到正面。

※另一隻袖套作法亦同。

1. 製作本體

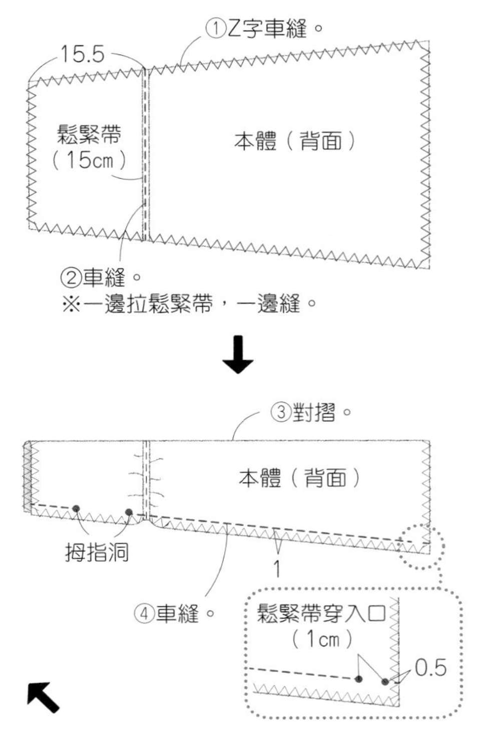

①Z字車縫。
15.5
鬆緊帶（15cm）
本體（背面）
②車縫。
※一邊拉鬆緊帶，一邊縫。
③對摺。
本體（背面）
拇指洞
1
④車縫。
鬆緊帶穿入口（1cm）
0.5

裁布圖

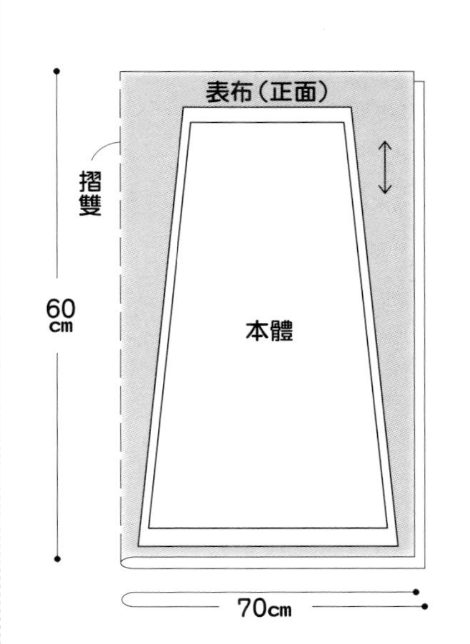

表布（正面）
摺雙
60cm
本體
70cm

完成尺寸

長21×高20×側身6cm

原寸紙型

無

材料

表布（8號帆布）80cm×40cm

裡布（厚棉布）60cm×60cm

布標 1片

磁釦 15mm 1組

P.25_ No.**23**

手持風扇隨身包

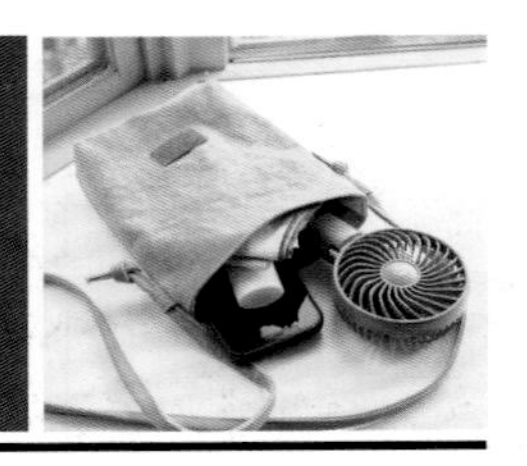

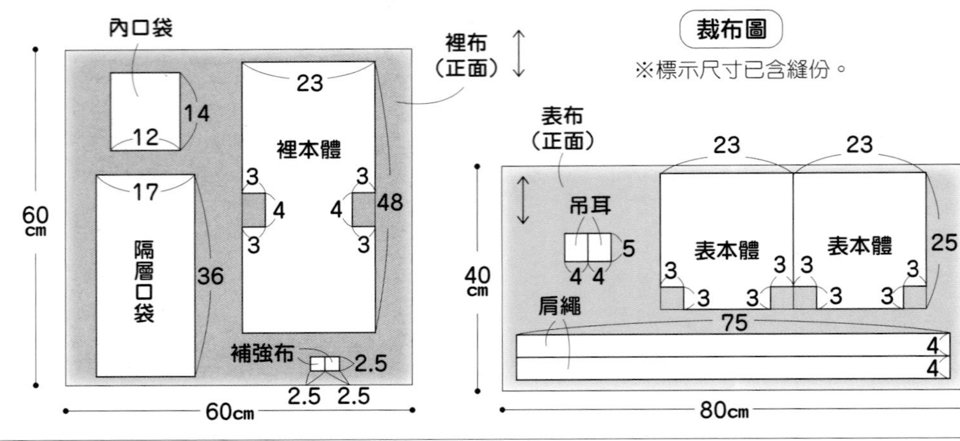

裁布圖
※標示尺寸已含縫份。
內口袋
12
14
23
裡布
（正面）
裡本體
3
4
3
48
60cm
17
隔層口袋
36
補強布
2.5
2.5
2.5
60cm
表布
（正面）
23
23
吊耳
5
4 4
表本體
表本體
25
3
3
40cm
肩繩
75
4
4
80cm

1. 縫上布標

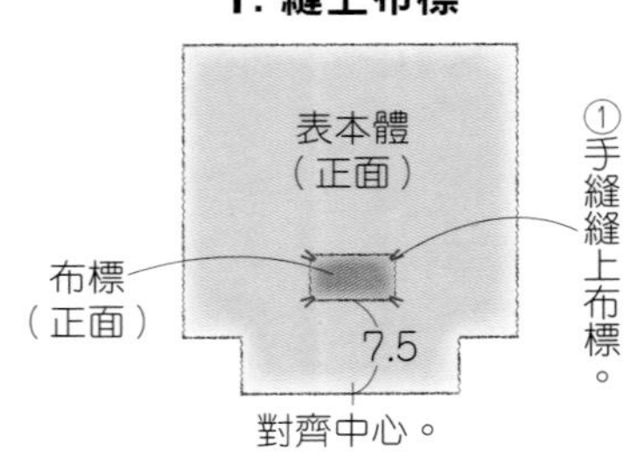

表本體
（正面）
①手縫縫上布標。
布標
（正面）
7.5
對齊中心。

2. 縫上吊耳

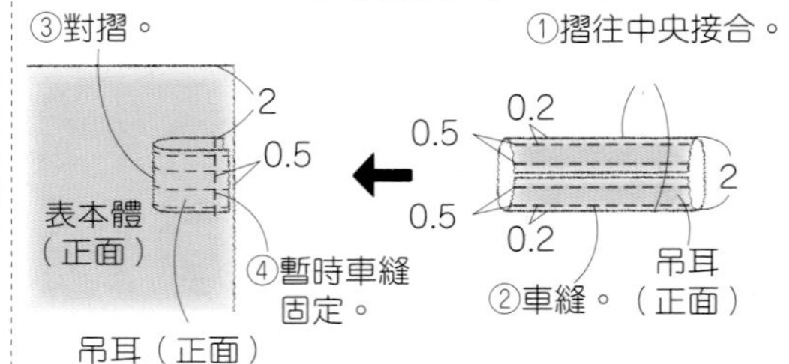

③對摺。
①摺往中央接合。
2
0.5
0.2
0.5
2
0.5
0.2
表本體
（正面）
④暫時車縫固定。
②車縫。
吊耳
（正面）
吊耳（正面）
※另一片作法亦同。

3.製作表本體

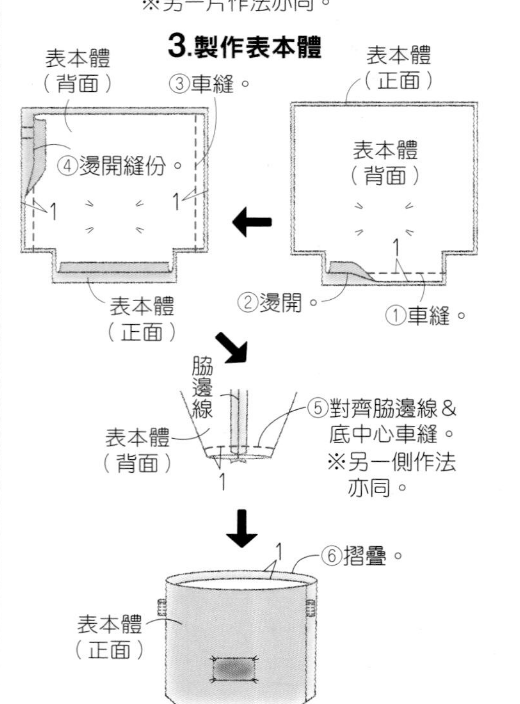

表本體
（背面）
③車縫。
表本體
（正面）
④燙開縫份。
1
1
表本體
（背面）
1
表本體
（正面）
②燙開。
①車縫。
脇邊線
表本體
（背面）
1
⑤對齊脇邊線＆底中心車縫。
※另一側作法亦同。
1
⑥摺疊。
表本體
（正面）

4. 縫上內口袋

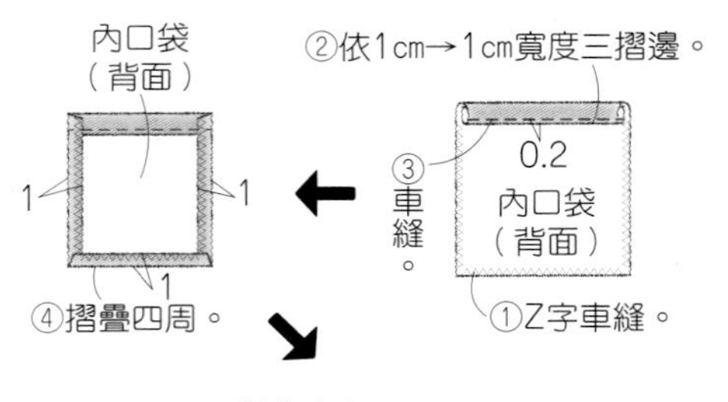

內口袋
（背面）
②依1cm→1cm寬度三摺邊。
1
1
1
③車縫。
0.2
內口袋
（背面）
④摺疊四周。
①Z字車縫。

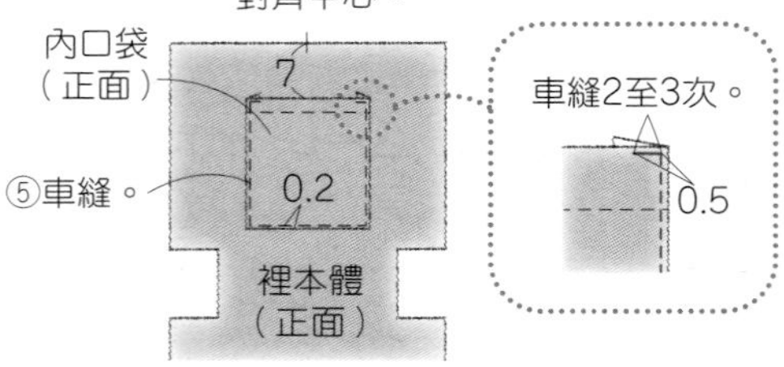

對齊中心。
內口袋
（正面）
7
⑤車縫。
0.2
裡本體
（正面）
車縫2至3次。
0.5

5. 縫上隔層口袋

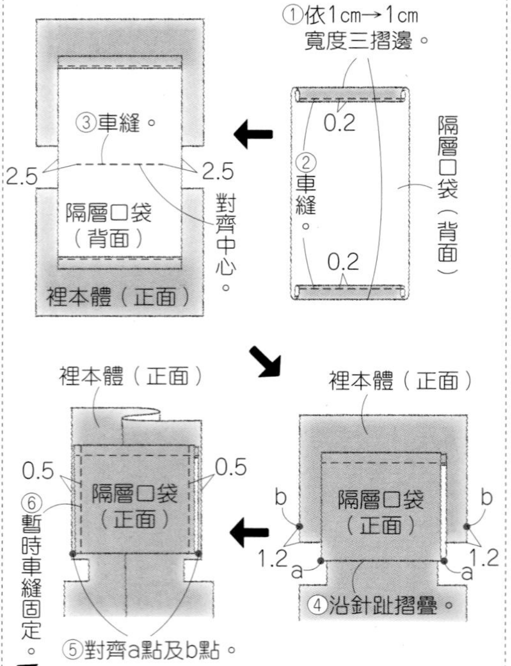

①依1cm→1cm寬度三摺邊。
③車縫。
0.2
2.5
2.5
②車縫。
隔層口袋（背面）
隔層口袋
（背面）
對齊中心。
0.2
裡本體（正面）
裡本體（正面）
裡本體（正面）
0.5
0.5
隔層口袋
（正面）
b
b
隔層口袋
（正面）
1.2
a
a
1.2
⑥暫時車縫固定。
⑤對齊a點及b點。
④沿針趾摺疊。

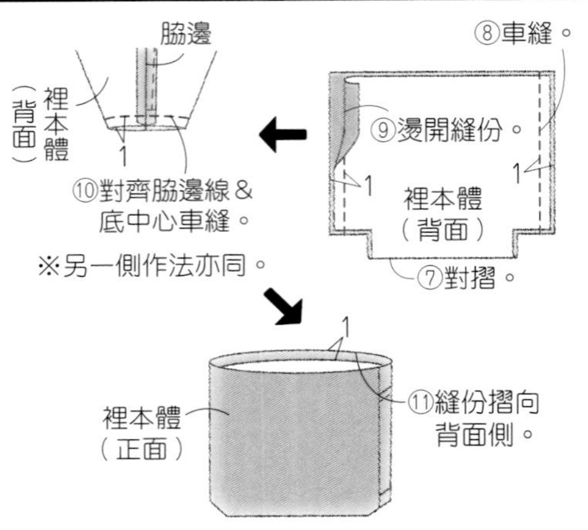
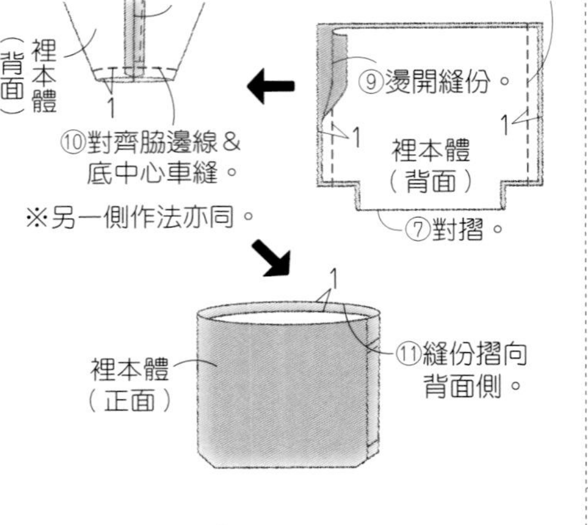

脇邊
（背面）裡本體
1
⑩對齊脇邊線＆底中心車縫。
※另一側作法亦同。
⑧車縫。
⑨燙開縫份。
1
1
裡本體
（背面）
⑦對摺。
1
裡本體
（正面）
⑪縫份摺向背面側。

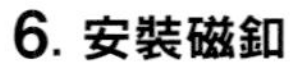

6. 安裝磁釦

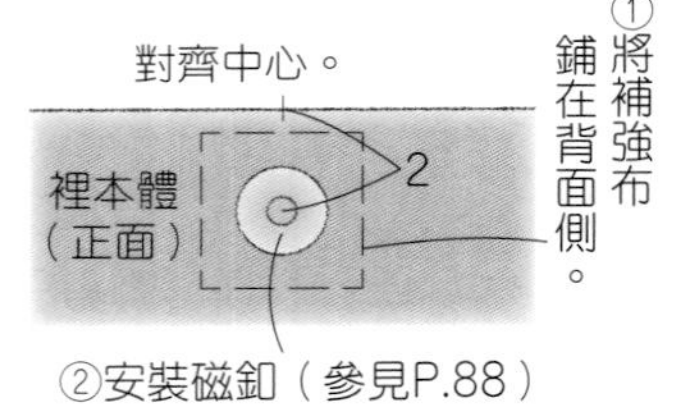

對齊中心。
①將補強布鋪在背面側。
裡本體
（正面）
2
②安裝磁釦（參見P.88）

7. 套疊表本體＆裡本體

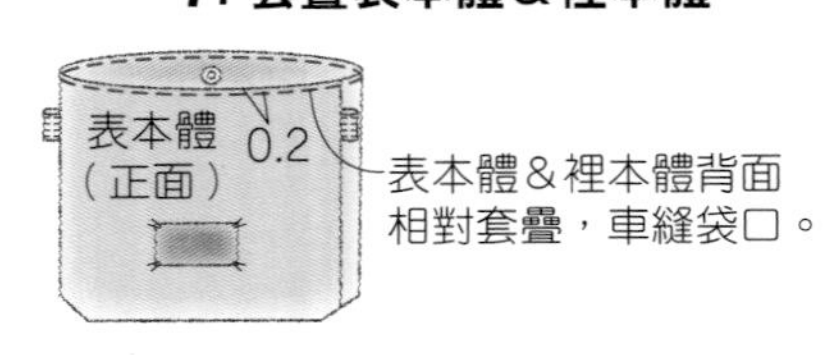

表本體
（正面）
0.2
表本體＆裡本體背面相對套疊，車縫袋口。

8. 穿上肩繩

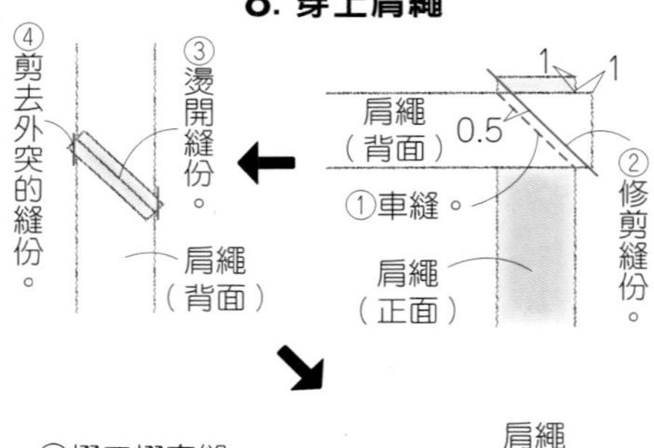

④剪去外突的縫份。
③燙開縫份。
肩繩
（背面）
肩繩
（背面）
0.5
1
1
①車縫。
②修剪縫份。
肩繩
（正面）
⑤摺四褶車縫。
肩繩
（正面）
0.1

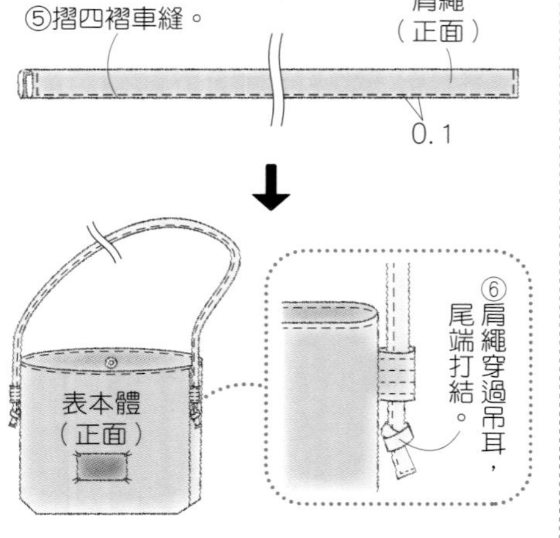

表本體
（正面）
⑥肩繩穿過吊耳，尾端打結。

完成尺寸

寬21×高23×側身5cm

原寸紙型

無

材料

表布（合成皮）50cm×150cm
裡布（聚酯纖維）60cm×60cm
接著襯（免燙式貼襯）35cm×10cm
雞眼釦 內徑12mm 8組
棉織帶 寬0.6cm 150cm（使用易延展的合成皮時）

P.24_No.21 抽繩包

裁布圖

※標示尺寸已含縫份。
※ 處需於背面貼上免燙式接著襯。

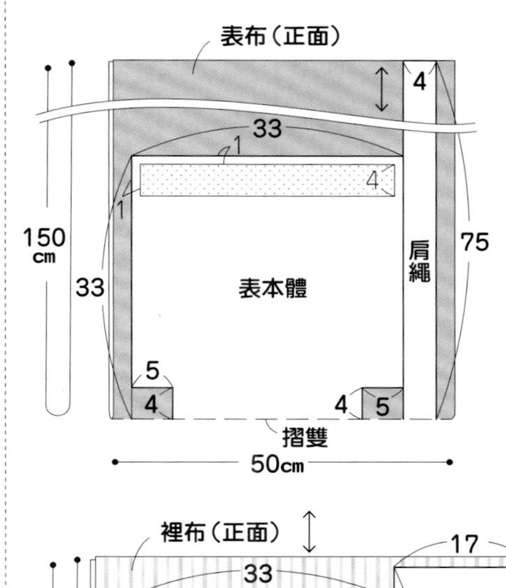

表布（正面）
4
33
1
4
1
150cm
33
表本體
肩繩
75
5
4
4
5
摺雙
50cm

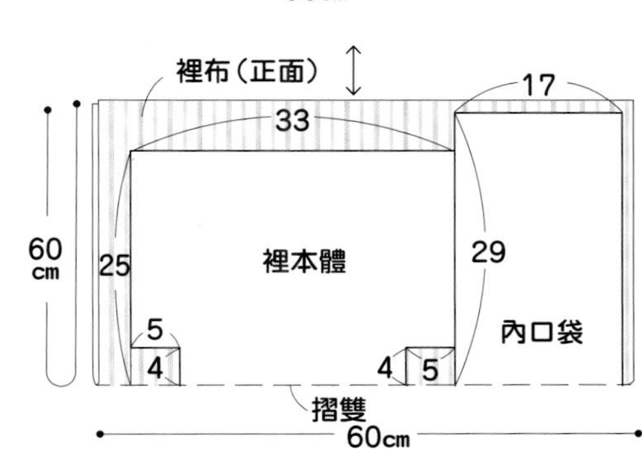

裡布（正面）
17
33
60cm
25
裡本體
29
內口袋
5
4
4
5
摺雙
60cm

1. 製作表本體&裡本體

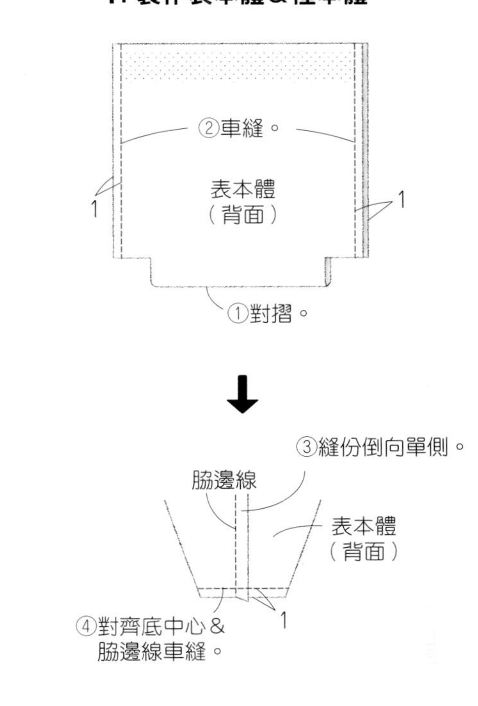

②車縫。
1
表本體（背面）
1
①對摺。
③縫份倒向單側。
脇邊線
表本體（背面）
④對齊底中心&脇邊線車縫。
1

※另一側作法亦同。

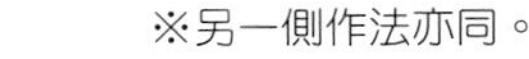

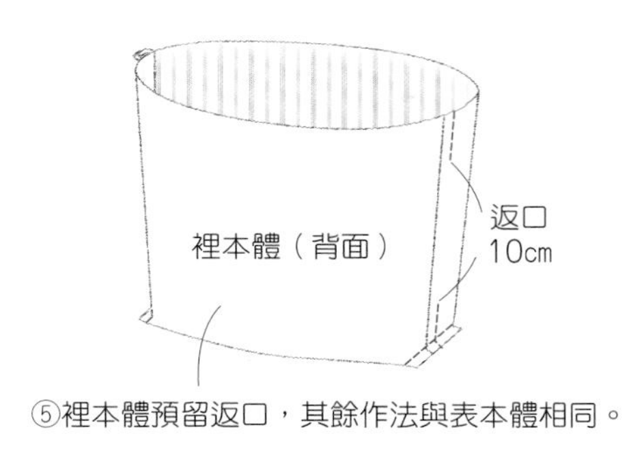

返口10cm
裡本體（背面）
⑤裡本體預留返口，其餘作法與表本體相同。

2. 製作口袋

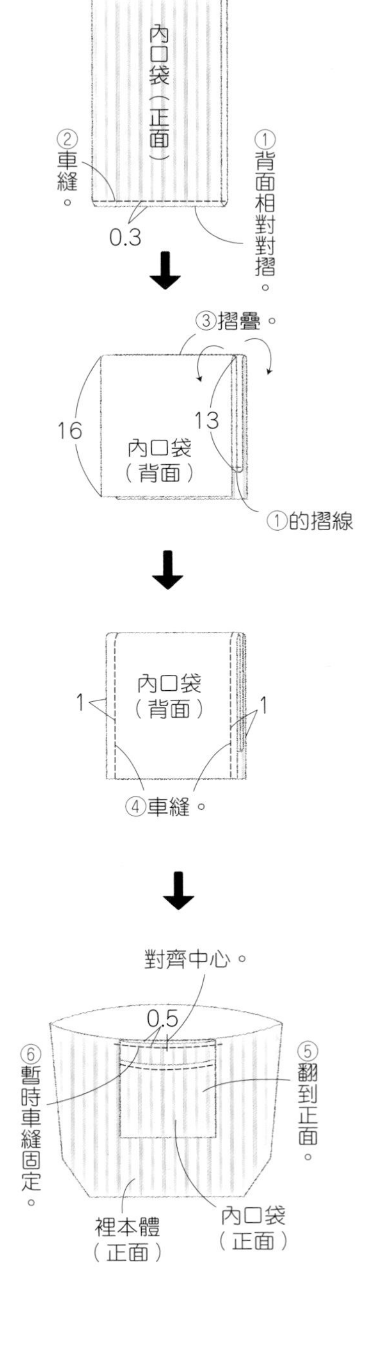

內口袋（正面）
②車縫。
①背面相對對摺。
0.3
③摺疊。
16
13
內口袋（背面）
①的摺線
內口袋（背面）
1
1
④車縫。
對齊中心。
0.5
⑥暫時車縫固定。
⑤翻到正面。
裡本體（正面）
內口袋（正面）

3. 套疊表本體&裡本體

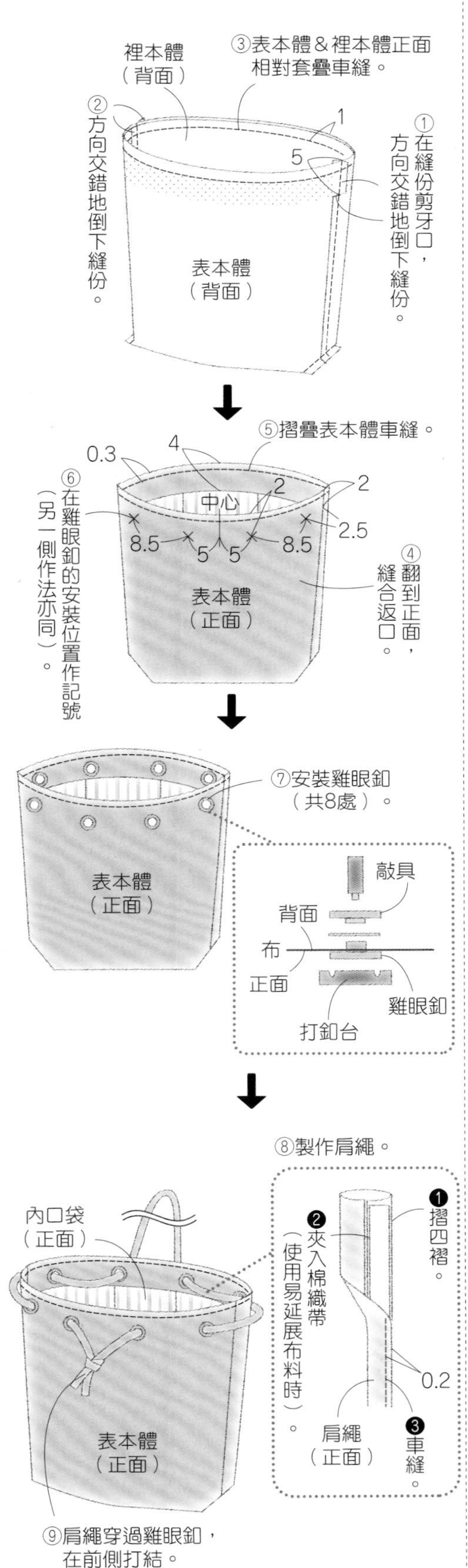

裡本體（背面）
③表本體&裡本體正面相對套疊車縫。
②方向交錯地倒下縫份。
1
5
①在縫份剪牙口，方向交錯地倒下縫份。
表本體（背面）
⑤摺疊表本體車縫。
0.3
4
中心
2
2
2.5
8.5
5
5
8.5
⑥在雞眼釦的安裝位置作記號（另一側作法亦同）。
④翻到正面，縫合返口。
表本體（正面）
⑦安裝雞眼釦（共8處）。
敲具
背面
布
正面
雞眼釦
打釦台
表本體（正面）
⑧製作肩繩。
內口袋（正面）
❶摺四褶。
❷夾入棉織帶（使用易延展布料時）。
0.2
肩繩（正面）
❸車縫。
表本體（正面）
⑨肩繩穿過雞眼釦，在前側打結。

完成尺寸

寬32×高35×側身12cm

原寸紙型

B面

（刺繡圖案）

材料

表布（尼龍牛津布N530）117cm×110cm

配布（尼龍牛津布N420）117cm×40cm

疊緣 約寬8cm 140cm

棉繩 粗1cm 200cm

繡線（Sara）適量

P.31_ No.24 海洋風格包

marine

裁布圖

※標示尺寸已含縫份。

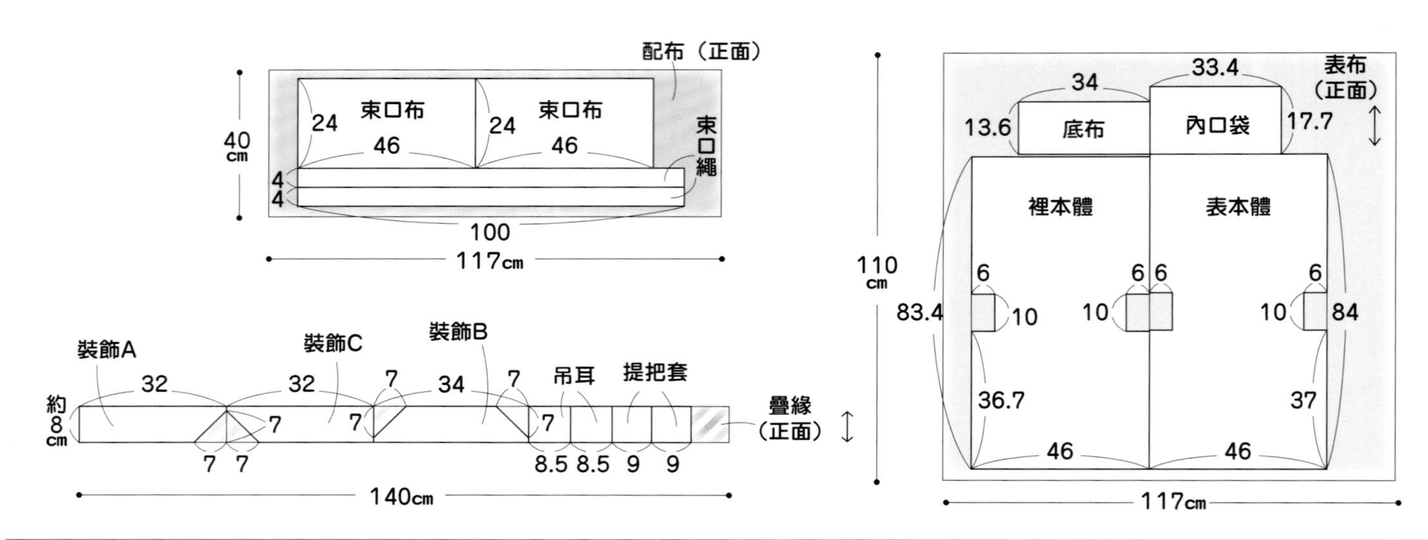
配布（正面）
束口布
束口布
24
46
24
46
束口繩
40cm
4
4
100
117cm
裝飾A
裝飾C
裝飾B
吊耳
提把套
約8cm
32
32
7
34
7
7
7
7
7
7
8.5
8.5
9
9
疊緣（正面）
140cm
表布（正面）
34
33.4
13.6
底布
內口袋
17.7
裡本體
表本體
110cm
83.4
6
10
6
6
10
10
6
84
36.7
37
46
46
117cm

1. 製作表本體

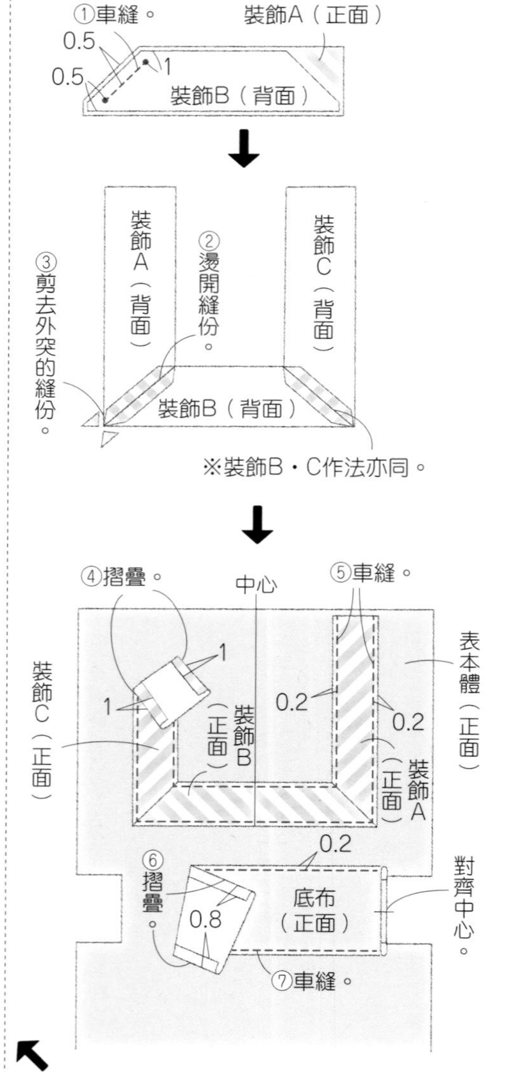
①車縫。
裝飾A（正面）
0.5
0.5
1
裝飾B（背面）
裝飾A（背面）
②燙開縫份。
裝飾C（背面）
③剪去外突的縫份。
裝飾B（背面）
※裝飾B・C作法亦同。
④摺疊。
中心
⑤車縫。
1
1
0.2
0.2
裝飾B（正面）
裝飾C（正面）
裝飾A（正面）
表本體（正面）
⑥摺疊。
0.2
0.8
底布（正面）
對齊中心。
⑦車縫。

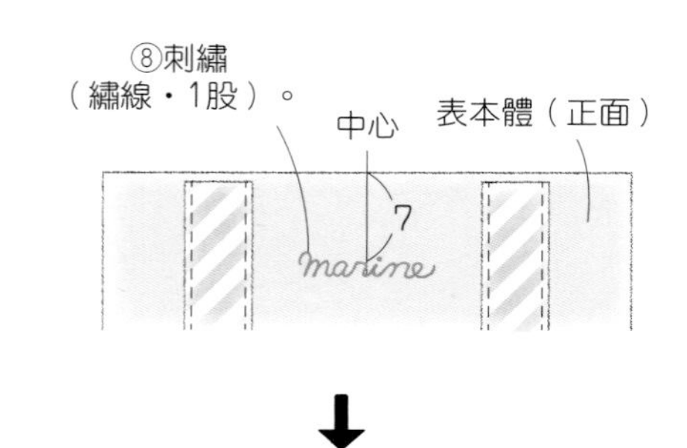
⑧刺繡（繡線・1股）。
中心
表本體（正面）
7
marine

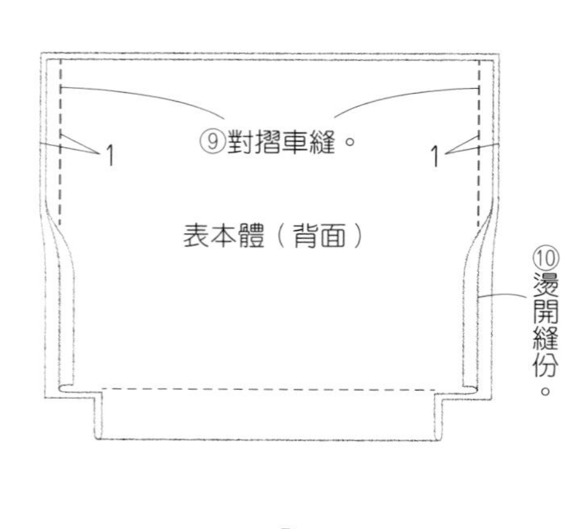
⑨對摺車縫。
1
1
表本體（背面）
⑩燙開縫份。

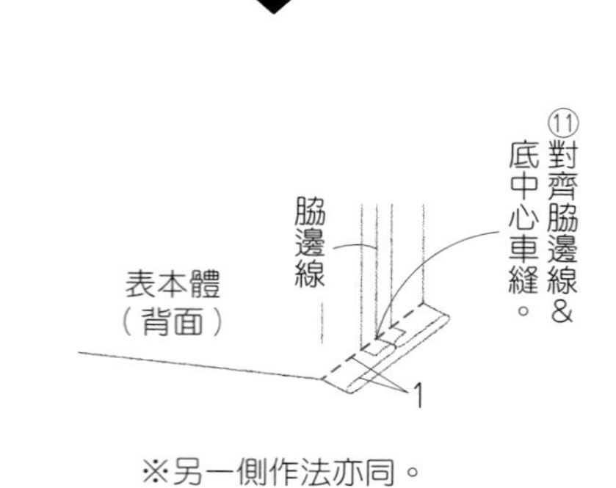
脇邊線
表本體（背面）
⑪對齊脇邊線&底中心車縫。
1

※另一側作法亦同。

2. 接縫吊耳

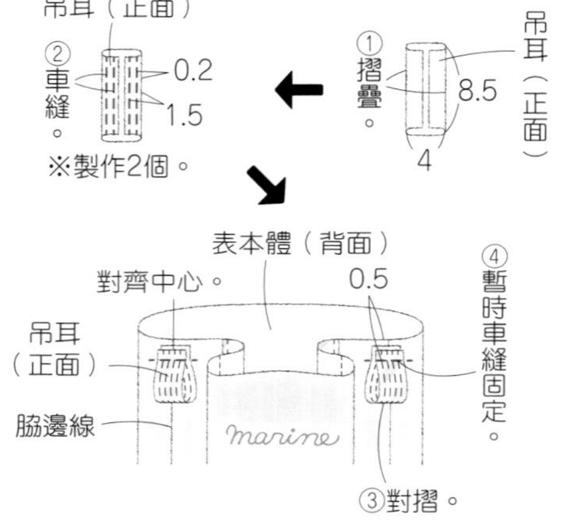
吊耳（正面）
②車縫。
0.2
1.5
①摺疊。
8.5
4
吊耳（正面）
※製作2個。
表本體（背面）
對齊中心。
0.5
吊耳（正面）
④暫時車縫固定。
脇邊線
marine
③對摺。

3. 接縫束口布

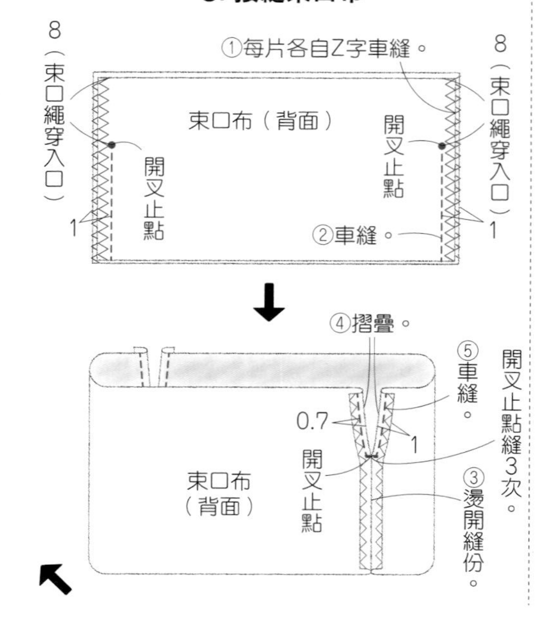
8（束口繩穿入口）
①每片各自Z字車縫。
8（束口繩穿入口）
束口布（背面）
開叉止點
開叉止點
1
②車縫。
1
④摺疊。
⑤車縫。
0.7
1
開叉止點縫3次。
束口布（背面）
開叉止點
③燙開縫份。

7. 製作提把套

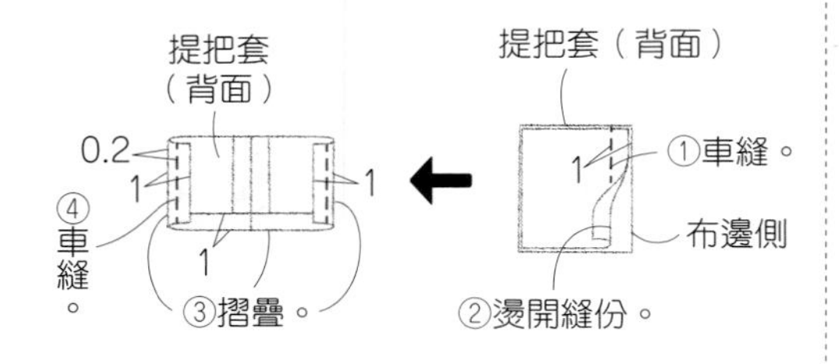
提把套（背面）
提把套（背面）
0.2
1
1
1
④車縫。
1
③摺疊。
1
①車縫。
布邊側
②燙開縫份。

8. 穿上束口繩&棉繩

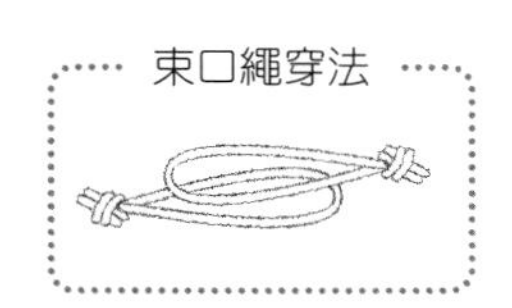
束口繩穿法

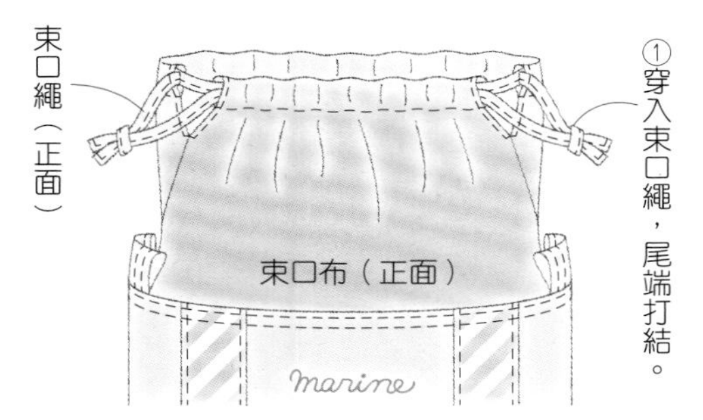
束口繩（正面）
①穿入束口繩，尾端打結。
束口布（正面）
marine

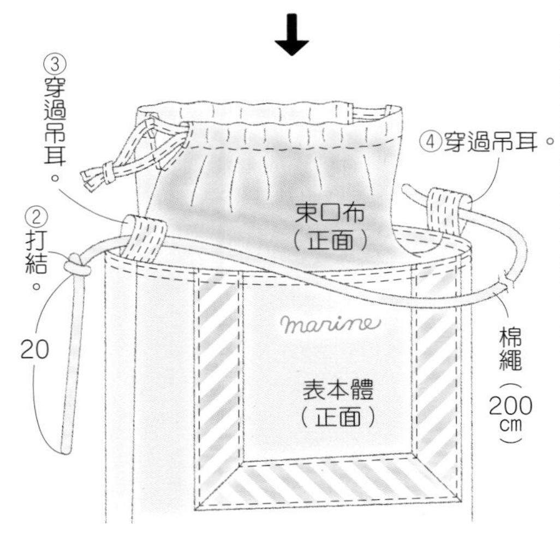
③穿過吊耳。
②打結。
④穿過吊耳。
束口布（正面）
20
marine
表本體（正面）
棉繩（200cm）

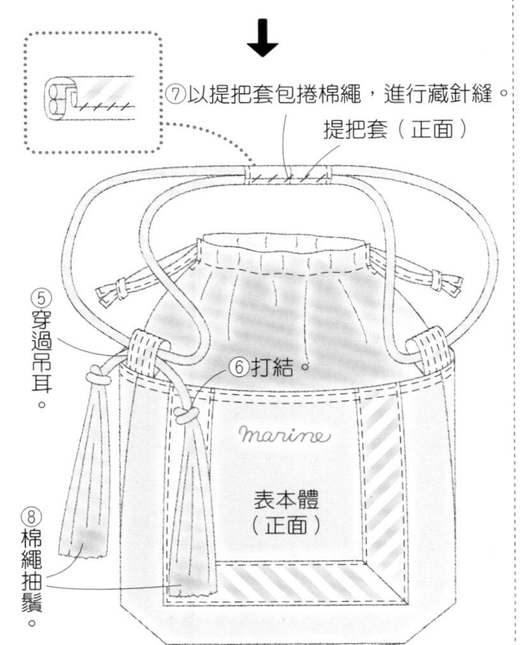
⑦以提把套包捲棉繩，進行藏針縫。
提把套（正面）
⑤穿過吊耳。
⑥打結。
marine
表本體（正面）
⑧棉繩抽鬚。

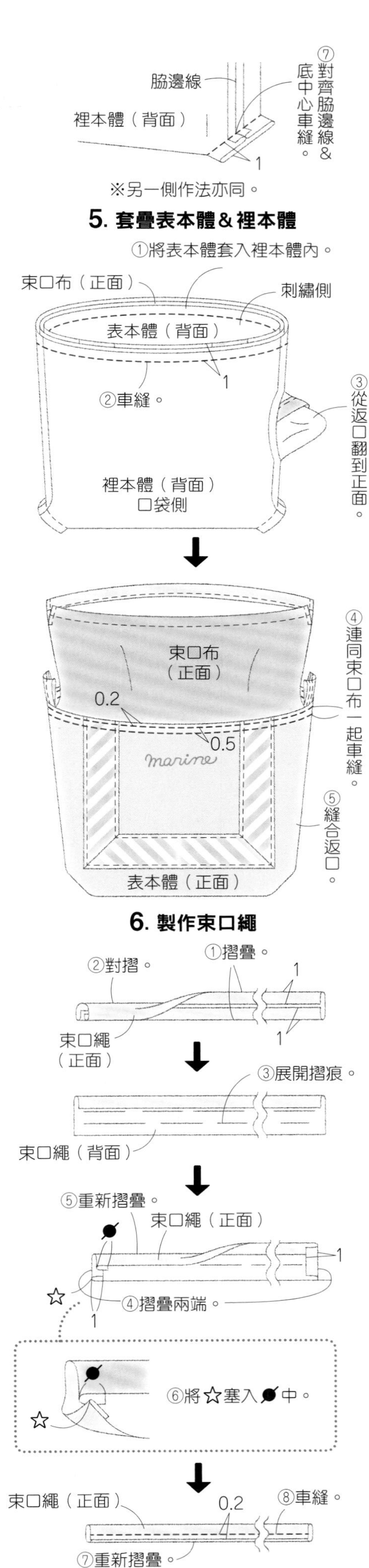
脇邊線
裡本體（背面）
⑦對齊脇邊線&底中心車縫。
1
※另一側作法亦同。

5. 套疊表本體&裡本體

①將表本體套入裡本體內。
束口布（正面）
刺繡側
表本體（背面）
1
②車縫。
③從返口翻到正面。
裡本體（背面）口袋側
束口布（正面）
④連同束口布一起車縫。
0.2
0.5
marine
⑤縫合返口。
表本體（正面）

6. 製作束口繩

①摺疊。
②對摺。
1
1
1
束口繩（正面）
③展開摺痕。
束口繩（背面）
⑤重新摺疊。
束口繩（正面）
1
④摺疊兩端。
1
⑥將☆塞入●中。
束口繩（正面）
0.2
⑧車縫。
⑦重新摺疊。
※製作2條。

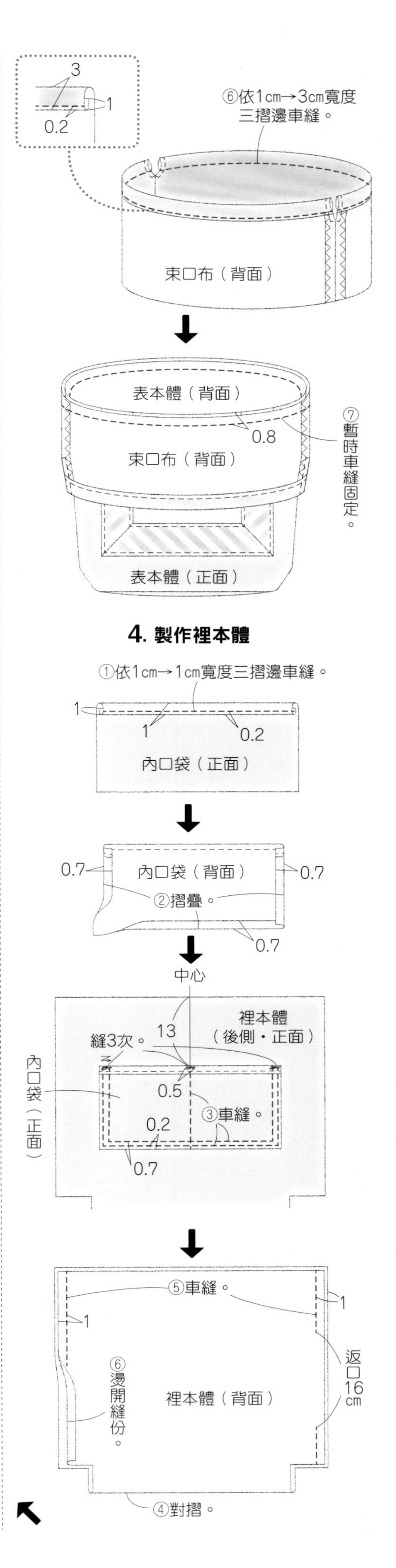
3
1
0.2
⑥依1cm→3cm寬度三摺邊車縫。
束口布（背面）
表本體（背面）
0.8
束口布（背面）
⑦暫時車縫固定。
表本體（正面）

4. 製作裡本體

①依1cm→1cm寬度三摺邊車縫。
1
1
0.2
內口袋（正面）
0.7
內口袋（背面）
0.7
②摺疊。
0.7
中心
裡本體（後側・正面）
縫3次。
13
內口袋（正面）
0.5
③車縫。
0.2
0.7
⑤車縫。
1
1
返口16cm
⑥燙開縫份。
裡本體（背面）
④對摺。

完成尺寸	材料
寬24×高33×側身12cm（提把50cm）	**表布**（厚亞麻）70cm×50cm／**裡布**（棉厚織79號）112cm×70cm **配布**（皮革）65cm×20cm／**接著襯**（不織布中厚）45cm×85cm **軟襯墊**（厚0.3mm）15cm×40cm／**金屬拉鍊** 16cm 1條 **軟襯墊**（厚0.8mm）15cm×25 **壓克力棉織帶** 寬3cm 120cm／**固定釦**（直徑9mm 釦腳長7mm）8組 **底釘** 10mm 4顆／**布用雙面膠帶** 寬3mm／**橡膠接著劑** 適量

原寸紙型

B面

P.34_ No.25

結合布&皮革的托特包

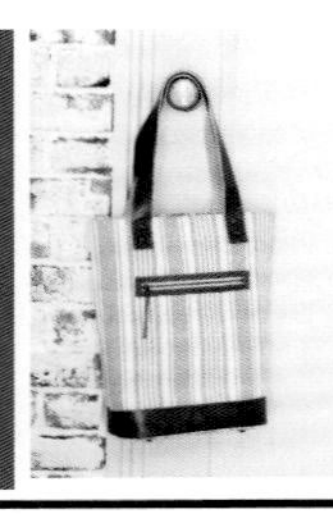

※除了表・裡本體之外皆無原寸紙型，
請依標示尺寸（已含縫份）直接裁剪。
※ ▒ 處需於背面燙貼接著襯。
□ 處需於背面以橡膠接著劑黏上0.3mm厚的軟襯墊
（表本體僅在上側塗橡膠接著劑黏貼）。

裁布圖

裡布（正面）

內口袋 34 / 內口袋 34 / 33.4 / 裡本體 34 / 裡本體 34 / 30.7 / 袋布 20 / 45 / 裡底 / 70cm / 112cm

表布（正面）

貼邊 34 / 中心 / 3 / 3 / 6 / 4 / 6 / 6 / 4 / 0.7 / 7 / 1.5 / 0.7 / 32.5 / 表前本體 34 / 表底 / 1.5 / 0.7 / 7 / 10.5 / 0.7 / 接縫口布位置 / 表後本體 34 / 34.5 / 50cm / 70cm

配布（正面）

63 / 3 提把 / 3 提把 / 5 表下本體 / 5 34 表下本體 / 18.5 / 3 口布 / 底釘土台布 9×2cm 2片 / 20cm / 65cm

※以口布中心切下的皮革作為拉鍊裝飾。

1. 縫上內口袋

①對摺並車縫。 0.5

內口袋（正面）

※另一片作法亦同。

中心 / 裡本體（正面） / ②車縫。 / 0.3 / 內口袋（正面） / ③暫時車縫固定。 / 0.5

中心 / 裡本體（正面） / 7.5 / 7.5 / 0.3 / 0.3 / ④車縫。 / ⑤暫時車縫固定。 / 內口袋（正面） / 0.5

2. 製作裡本體

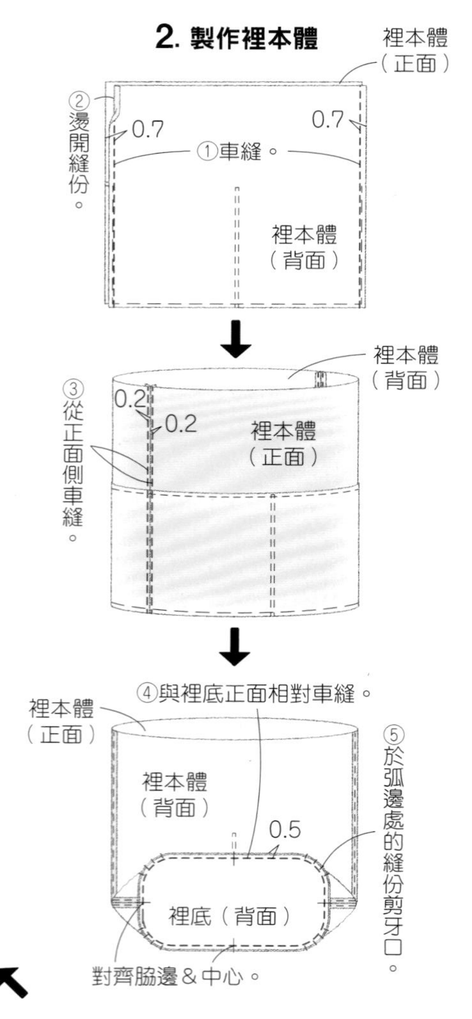

裡本體（正面）
②燙開縫份。
0.7
0.7
①車縫。
裡本體（背面）
裡本體（背面）
③從正面側車縫。
0.2
0.2
裡本體（正面）
④與裡底正面相對車縫。
裡本體（正面）
裡本體（背面）
0.5
⑤於弧邊處的縫份剪牙口。
裡底（背面）
對齊脇邊＆中心。

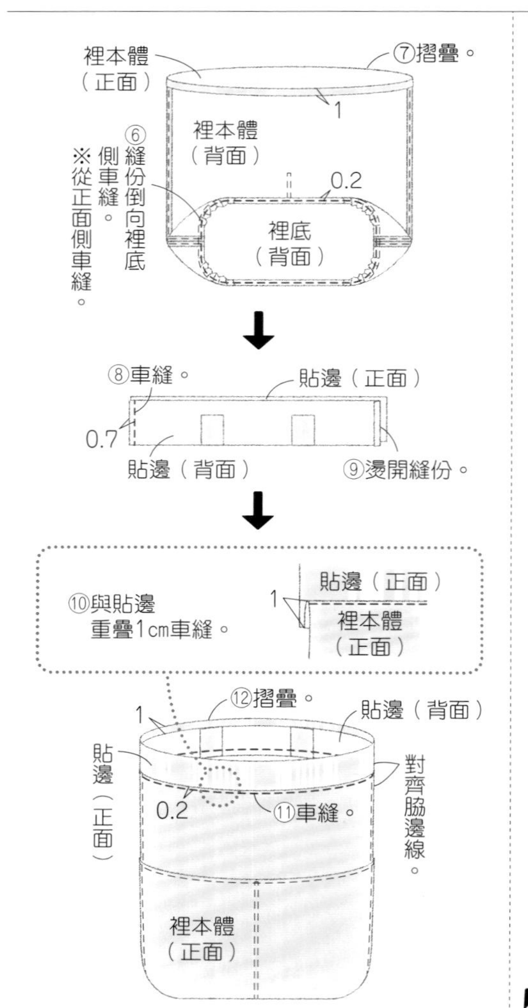

裡本體（正面）
⑦摺疊。
1
裡本體（背面）
⑥縫份倒向裡底※從正面側車縫。
0.2
裡底（背面）
⑧車縫。
貼邊（正面）
0.7
貼邊（背面）
⑨燙開縫份。
⑩與貼邊重疊1cm車縫。
1
貼邊（正面）
裡本體（正面）
1
⑫摺疊。
貼邊（背面）
貼邊（正面）
對齊脇邊線。
0.2
⑪車縫。
裡本體（正面）

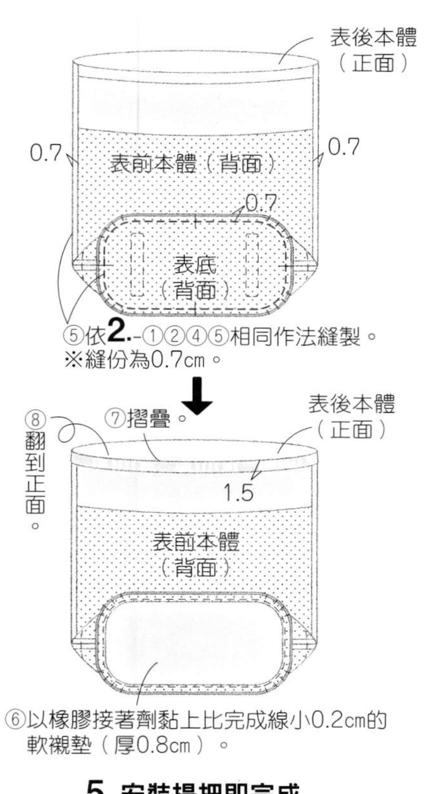

表後本體（正面）
0.7
表前本體（背面）
0.7
0.7
表底（背面）
⑤依2.-①②④⑤相同作法縫製。
※縫份為0.7cm。
⑧翻到正面。
⑦摺疊。
表後本體（正面）
1.5
表前本體（背面）
⑥以橡膠接著劑黏上比完成線小0.2cm的軟襯墊（厚0.8cm）。

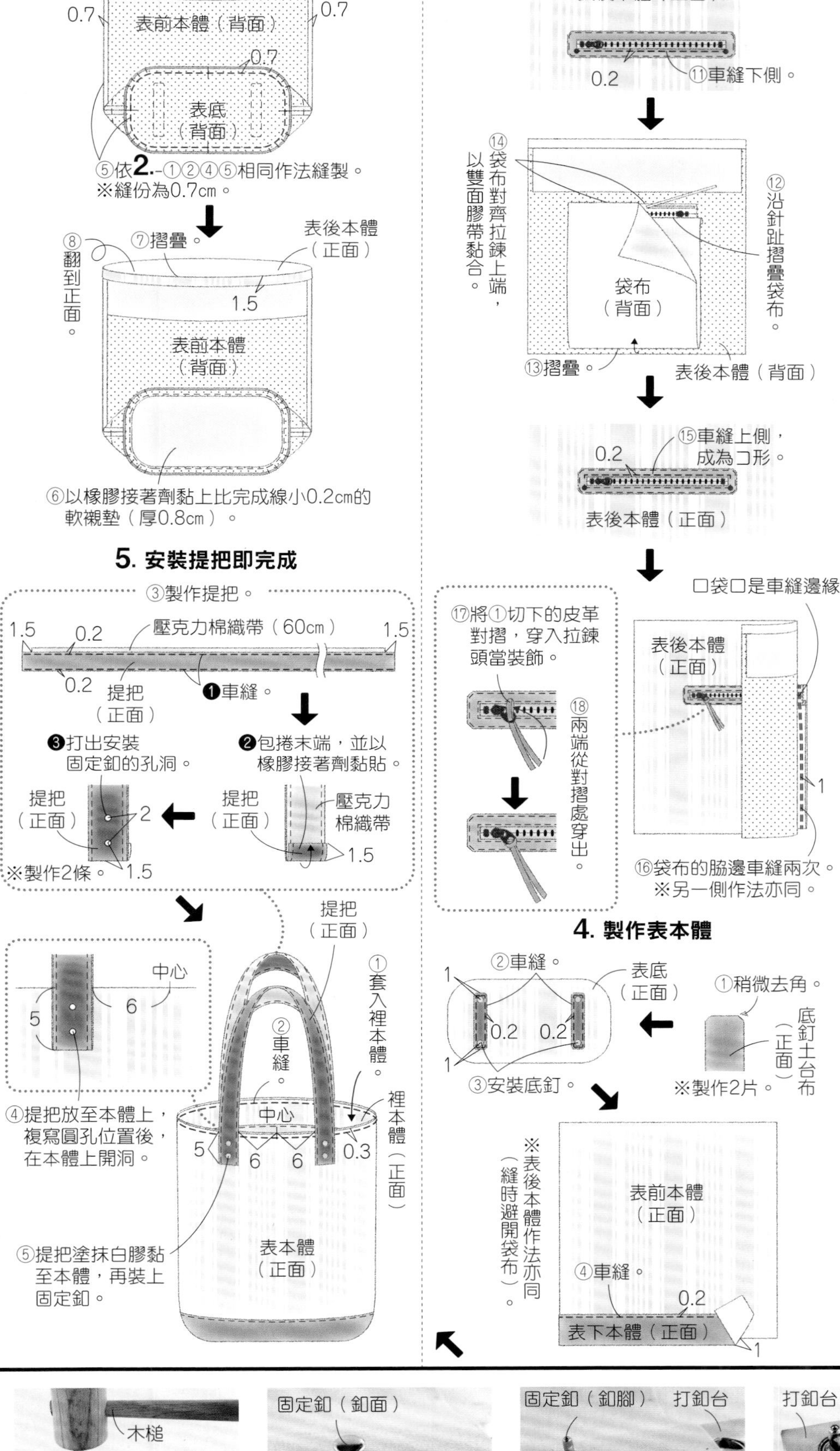

袋布（正面）
表後本體（正面）
0.2
⑪車縫下側。
⑭袋布對齊拉鍊上端，以雙面膠帶黏合。
⑫沿針趾摺疊袋布。
袋布（背面）
⑬摺疊。
表後本體（背面）
0.2
⑮車縫上側，成為コ形。
表後本體（正面）
口袋口是車縫邊緣
⑰將①切下的皮革對摺，穿入拉鍊頭當裝飾。
⑱兩端從對摺處穿出。
表後本體（正面）
1
⑯袋布的脇邊車縫兩次。
※另一側作法亦同。
5. 安裝提把即完成
③製作提把。
1.5
0.2
壓克力棉織帶（60cm）
1.5
0.2
提把（正面）
❶車縫。
❸打出安裝固定釦的孔洞。
❷包捲末端，並以橡膠接著劑黏貼。
提把（正面）
2
提把（正面）
壓克力棉織帶
1.5
※製作2條。
1.5
中心
5
6
④提把放至本體上，複寫圓孔位置後，在本體上開洞。
提把（正面）
①套入裡本體。
②車縫。
中心
裡本體（正面）
5
6
6
0.3
⑤提把塗抹白膠黏至本體，再裝上固定釦。
表本體（正面）
4. 製作表本體
②車縫。
表底（正面）
1
1
0.2
0.2
③安裝底釘。
①稍微去角。
底釘土台布（正面）
※製作2片。
※表後本體作法亦同（縫時避開袋布）。
表前本體（正面）
④車縫。
0.2
表下本體（正面）
1

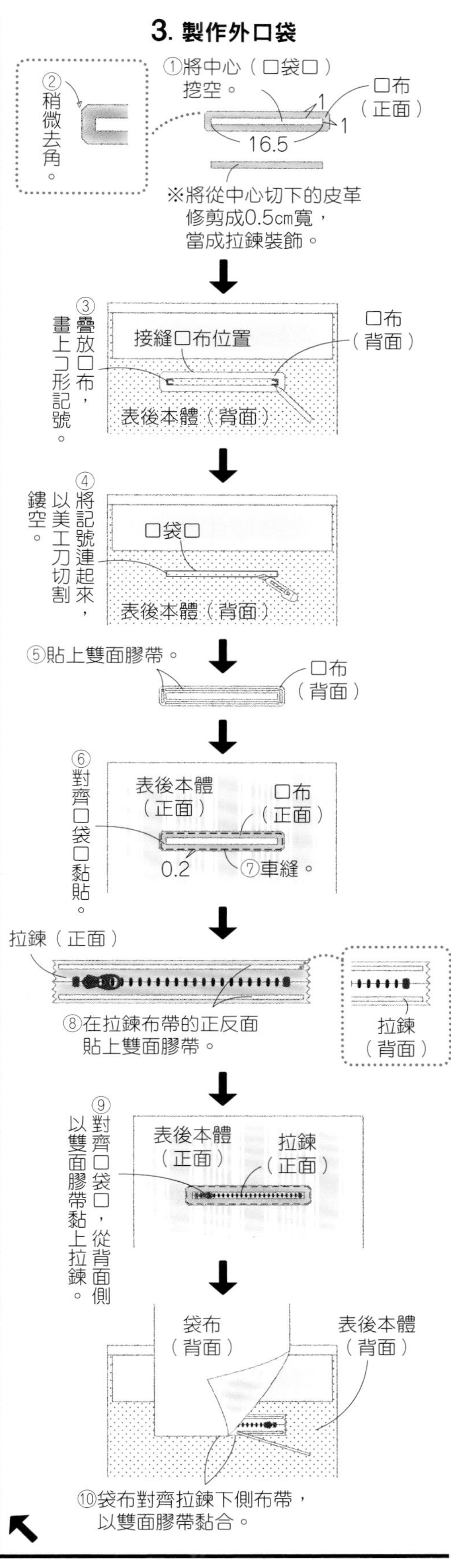

3. 製作外口袋
②稍微去角。
①將中心（口袋口）挖空。
1
口布（正面）
1
16.5
※將從中心切下的皮革修剪成0.5cm寬，當成拉鍊裝飾。
③疊放口布，畫上コ形記號。
接縫口布位置
口布（背面）
表後本體（背面）
④將記號連起來，以美工刀切割鏤空。
口袋口
表後本體（背面）
⑤貼上雙面膠帶。
口布（背面）
⑥對齊口袋口黏貼。
表後本體（正面）
口布（正面）
0.2
⑦車縫。
拉鍊（正面）
⑧在拉鍊布帶的正反面貼上雙面膠帶。
拉鍊（背面）
⑨對齊口袋口，從背面側以雙面膠帶黏上拉鍊。
表後本體（正面）
拉鍊（正面）
袋布（背面）
表後本體（背面）
⑩袋布對齊拉鍊下側布帶，以雙面膠帶黏合。

木槌
平凹斬
固定釦（面釦）
【完成】

④放上平凹斬，以木槌敲打固定。

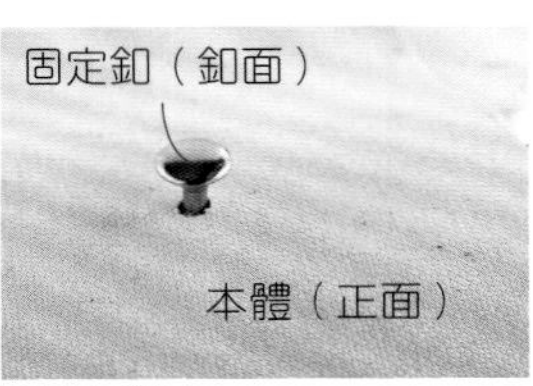

固定釦（釦面）
本體（正面）

③蓋上釦面。

固定釦（釦腳）
打釦台
本體（正面）

②以丸斬等在安裝位置打洞，由背面穿出釦腳。

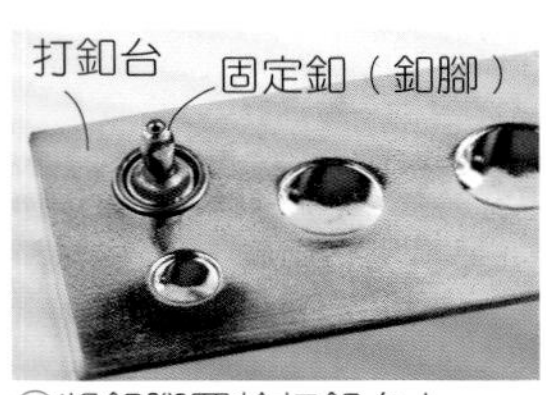

打釦台
固定釦（釦腳）

①將釦腳置於打釦台上。

固定釦安裝方法

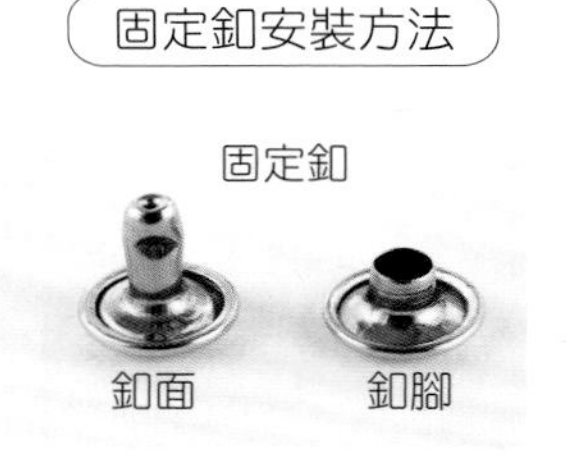

固定釦
釦面
釦腳

完成尺寸	材料
寬51×長41cm （提把45cm）	**表布**（棉輕帆布）138cm×50cm **裡布**（棉密織平紋布）112cm×45cm **接著襯**（Swany Soft）92cm×75cm **磁釦**（雙折腳型）18mm 1組
原寸紙型	
無	

P.36_ No.26

寬單柄方包

掃QR Code 看作法影片！

https://youtu.be/C1YAikPO_dl

裁布圖

※標示尺寸已含縫份。

※ ▢ 處需於背面燙貼接著襯。

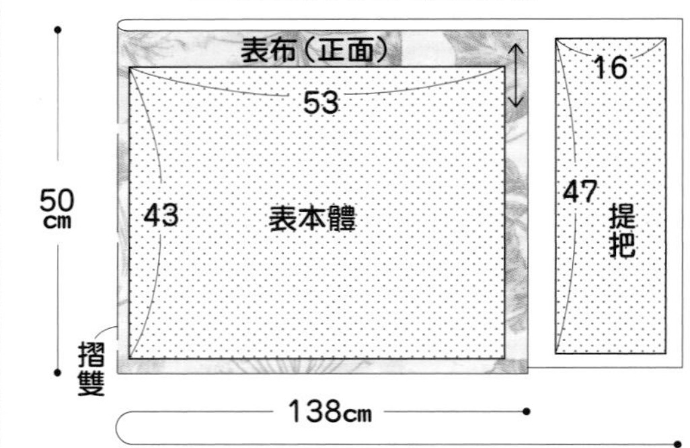

表布（正面）
53
16
50cm
43
表本體
47
提把
摺雙
138cm

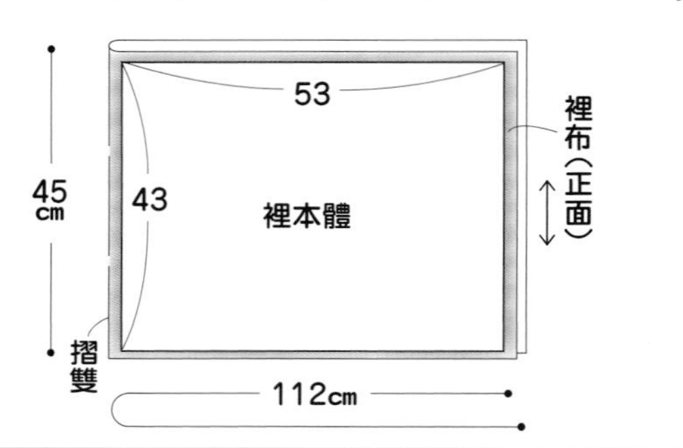

53
裡布（正面）
45cm
43
裡本體
摺雙
112cm

1. 製作提把

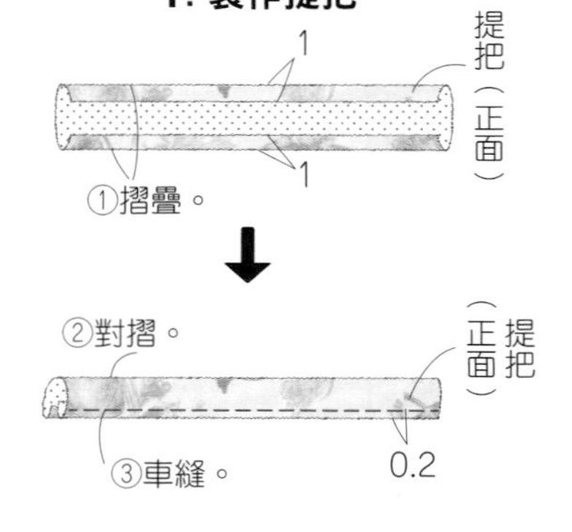

1
提把（正面）
1
①摺疊。
②對摺。
提把（正面）
③車縫。
0.2

2. 製作表本體

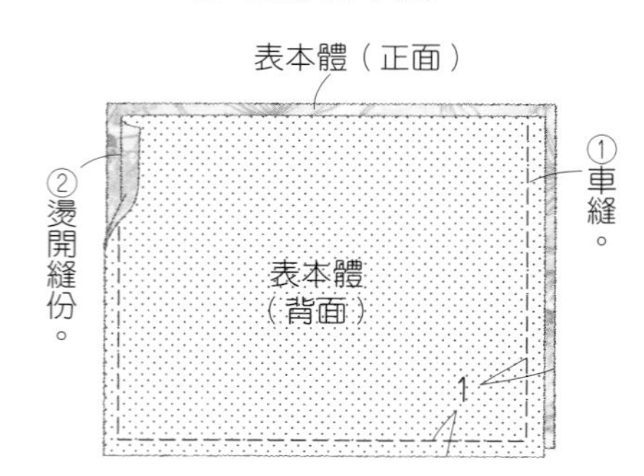

表本體（正面）
①車縫。
②燙開縫份。
表本體（背面）
1

0.5
提把（正面）
④暫時車縫固定。
脇邊線
表本體（正面）
脇邊線
③翻到正面。

3. 製作裡本體

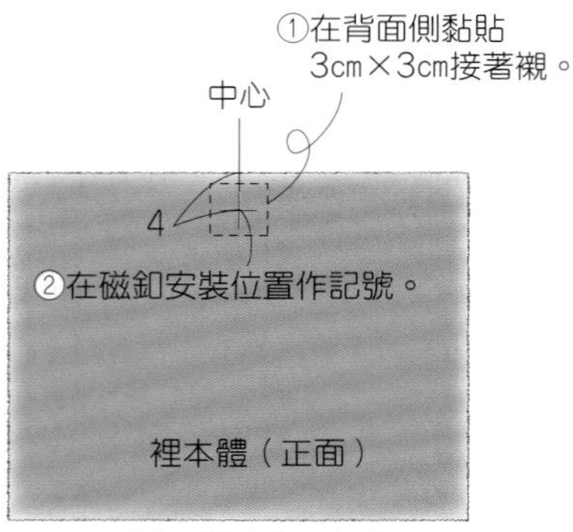

①在背面側黏貼3cm×3cm接著襯。
中心
4
②在磁釦安裝位置作記號。
裡本體（正面）

※另一側也作上記號。

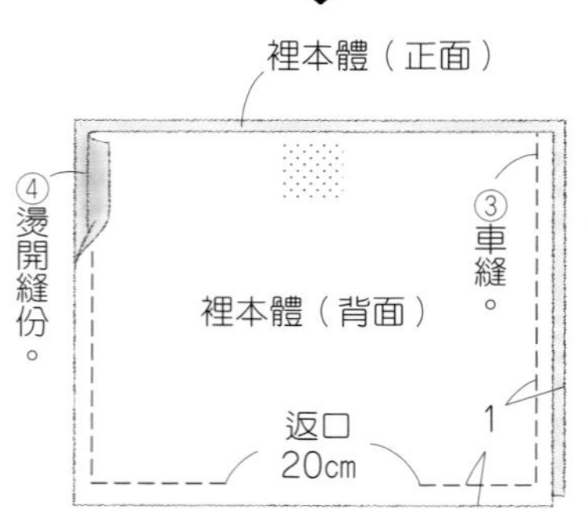

裡本體（正面）
④燙開縫份。
③車縫。
裡本體（背面）
返口 20cm
1

4. 套疊表本體&裡本體

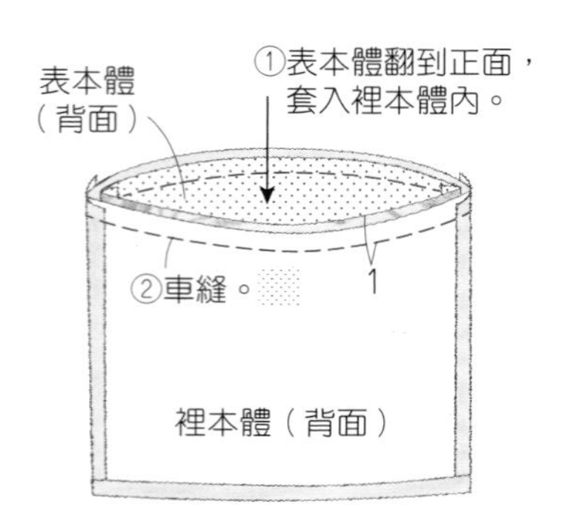

表本體（背面）
①表本體翻到正面，套入裡本體內。
②車縫。
1
裡本體（背面）

⑤從返口將磁釦裝至裡本體。

0.2
④車縫。
③翻到正面。
⑥縫合返口。
表本體（正面）

磁釦安裝方法

墊片
（背面）
磁釦安裝位置

①將墊片放在磁釦安裝位置中心，縱向畫線作記號。

（背面）
①的記號

②對摺本體，在記號剪切口。

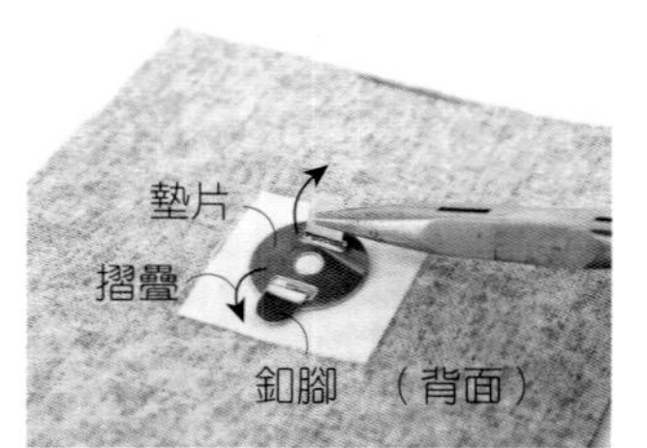

墊片
摺疊
釦腳
（背面）

③從正面側將釦腳插入切口，套上墊片，以鉗子將釦腳摺向左右側。

完成尺寸	材料
寬31×高28×側身15cm	**表布**（棉輕帆布）138cm×45cm **裡布**（棉麻布）105cm×45cm **接著襯**（Swany Soft）92cm×90cm **皮條** 寬2cm 100cm／**皮繩** 寬 0.3cm 20cm **鈕釦** 29mm 1顆／**底板** 45cm×15cm／**手縫線** 適量

原寸紙型

B面

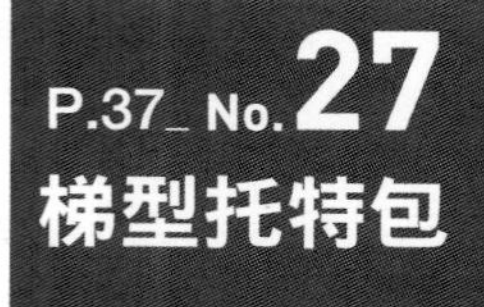

P.37_ No.27
梯型托特包

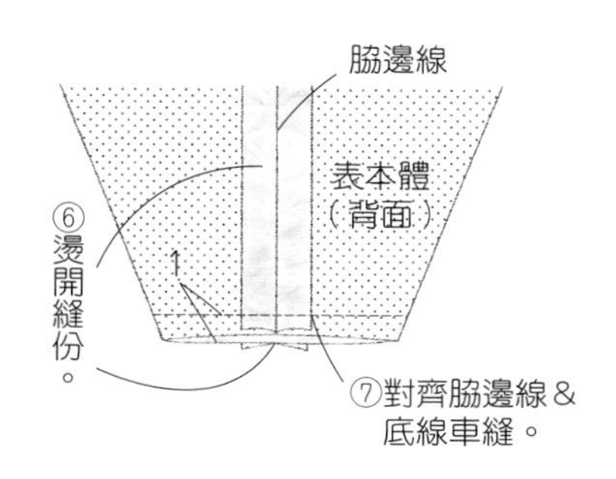

脇邊線
表本體（背面）
⑥燙開縫份。
1
⑦對齊脇邊線＆底線車縫。

※另一側＆裡本體也同樣車縫側身。

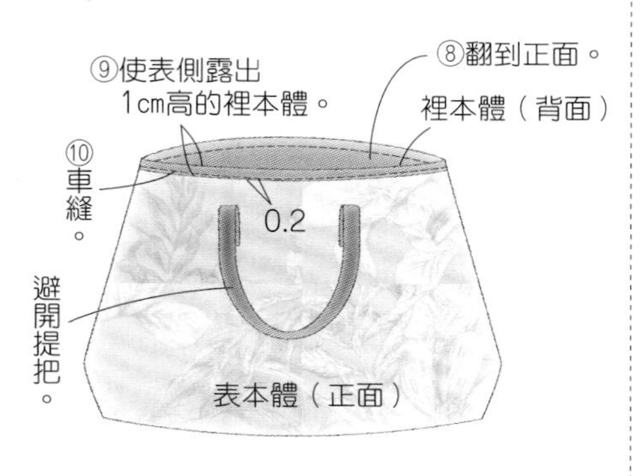

⑨使表側露出1cm高的裡本體。
⑧翻到正面。
裡本體（背面）
⑩車縫。
0.2
避開提把。
表本體（正面）

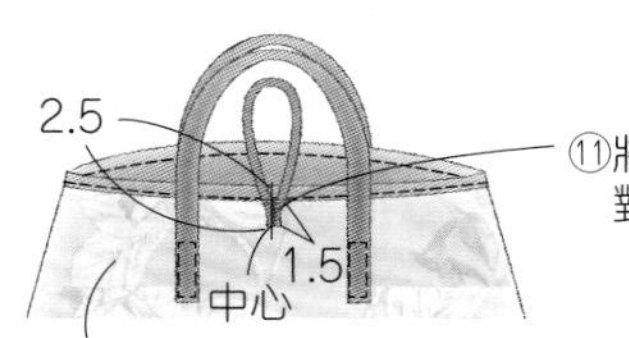

2.5
⑪將皮繩（20cm）對摺車縫。
1.5
中心
表本體・後側（正面）

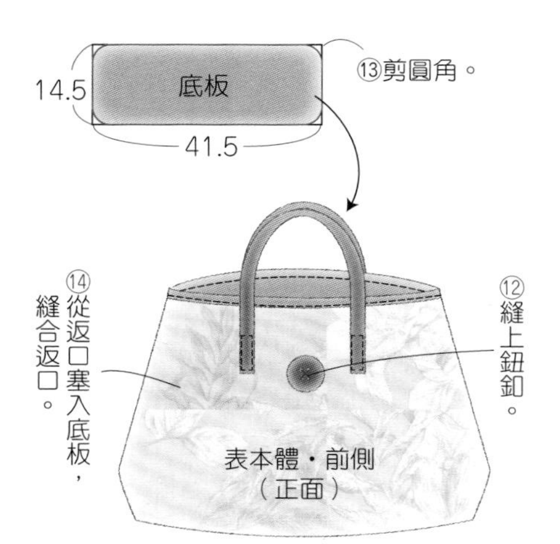

14.5
底板
41.5
⑬剪圓角。
⑭從返口塞入底板，縫合返口。
⑫縫上鈕釦。
表本體・前側（正面）

1. 接縫提把

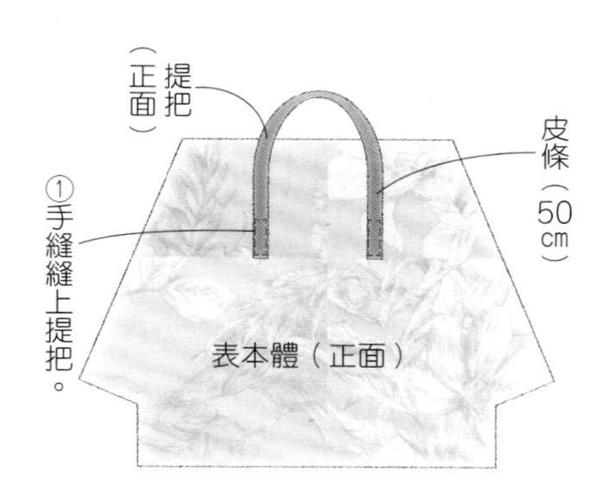

提把（正面）
皮條（50cm）
①手縫縫上提把。
表本體（正面）

※另一片表體同樣縫上提把。

2. 疊合表本體＆裡本體

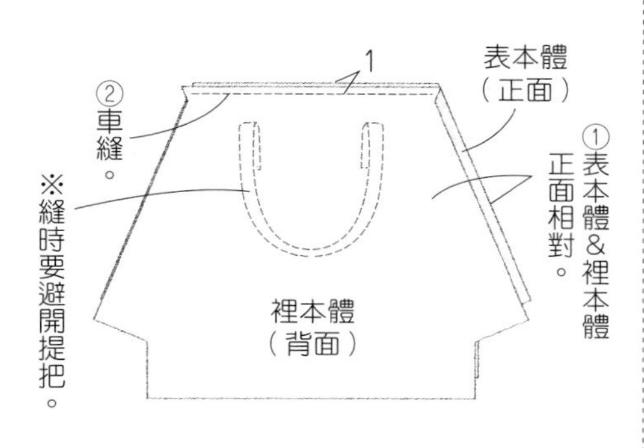

1
表本體（正面）
②車縫。
①表本體＆裡本體正面相對。
※縫時要避開提把。
裡本體（背面）

※另一組表本體＆裡本體作法亦同。

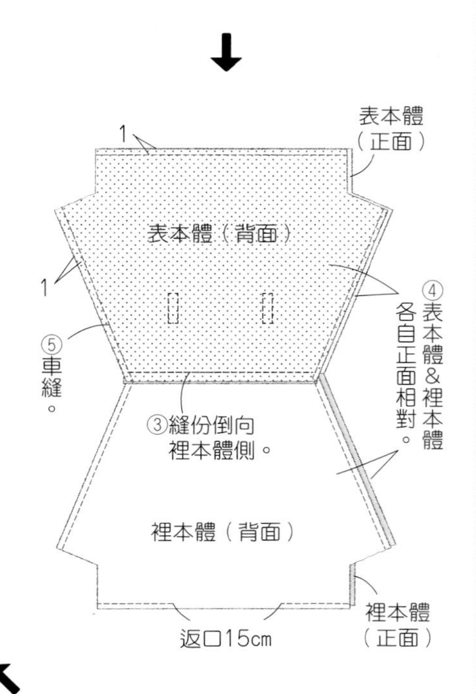

1
表本體（正面）
表本體（背面）
1
④表本體＆裡本體各自正面相對。
⑤車縫。
③縫份倒向裡本體側。
裡本體（背面）
裡本體（正面）
返口15cm

掃QR Code 看作法影片！

https://youtu.be/MXNTI5G9QrQ

裁布圖

※[點狀]處需於背面燙貼接著襯。

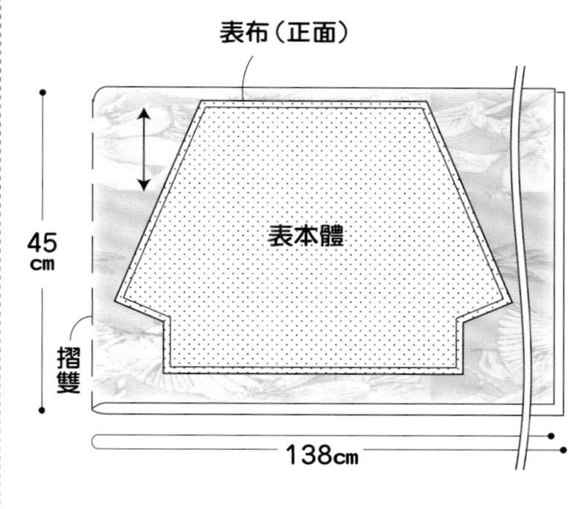

表布（正面）
45cm
表本體
摺雙
138cm

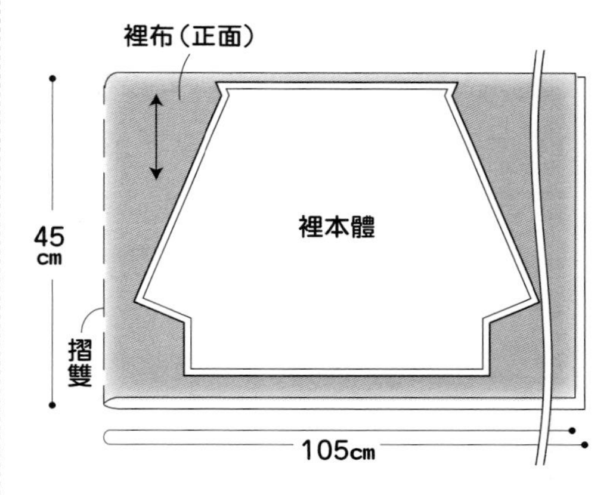

裡布（正面）
45cm
裡本體
摺雙
105cm

完成尺寸

寬41.5×高27.5×側身14.5cm

原寸紙型

B面

材料

表布（棉輕帆布）138cm×40cm

裡布（棉密織平紋布）147cm×40cm／**底板** 30cm×20cm

接著襯（Swany Soft）92cm×45cm

皮革提把 寬2cm 40cm 1組／**手縫線** 適量

P.38_ No.28

橢圓底圓角包

掃QR Code 看作法影片！

https://youtu.be/QfzEZhxQeV0

裁布圖

※ ▒ 處需於背面燙貼接著襯。

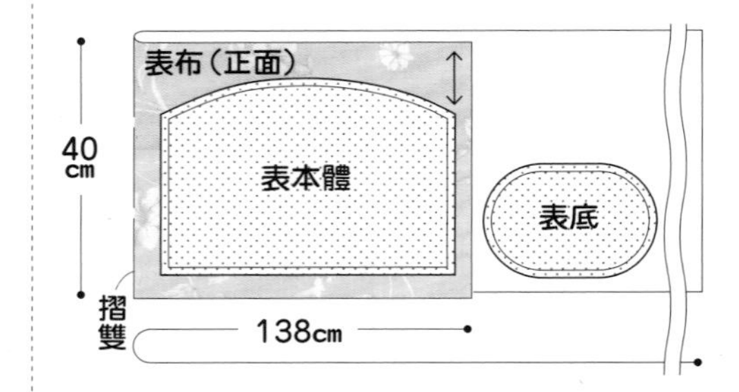

表布（正面）
40cm
表本體
表底
摺雙
138cm

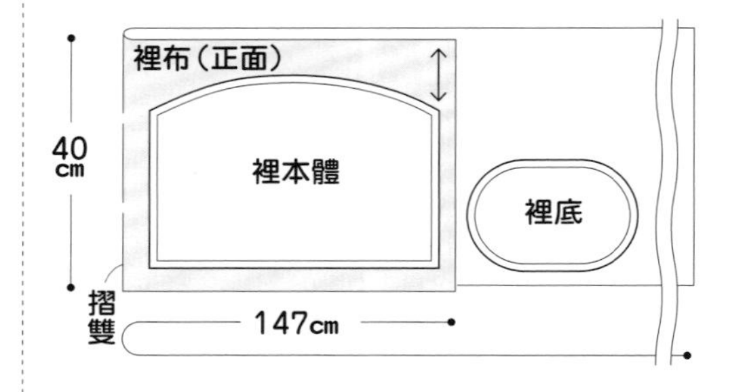

裡布（正面）
40cm
裡本體
裡底
摺雙
147cm

1. 製作本體

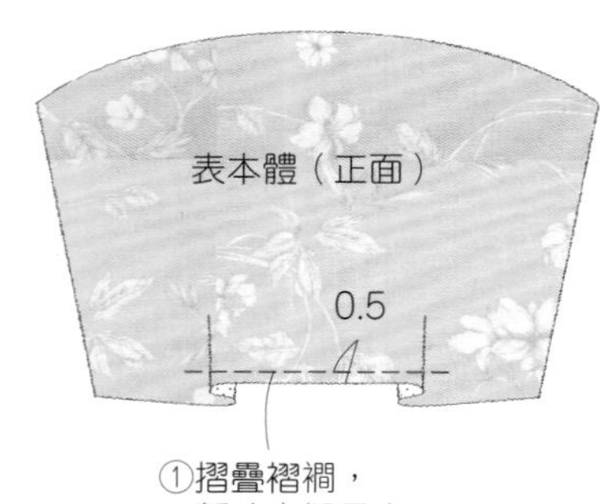

表本體（正面）
0.5
①摺疊褶襉，暫時車縫固定。

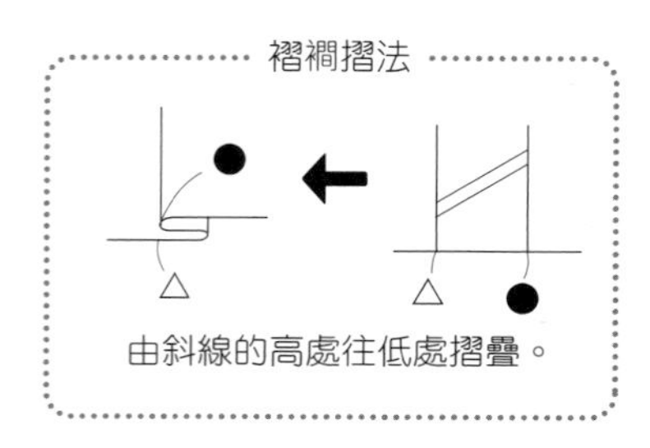

褶襉摺法
由斜線的高處往低處摺疊。

※裡本體作法亦同。

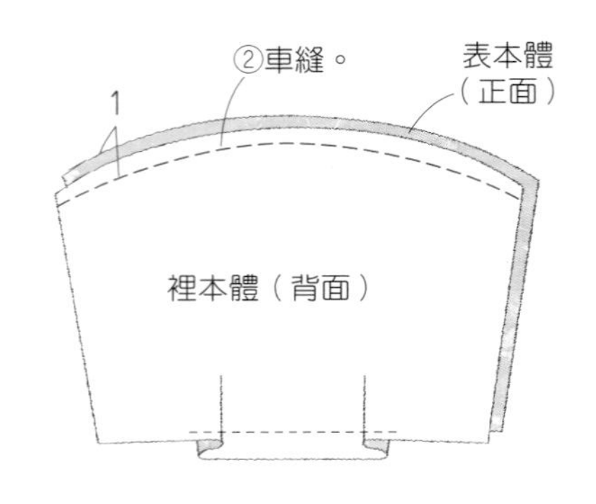

②車縫。
表本體（正面）
1
裡本體（背面）

※另一組作法亦同。

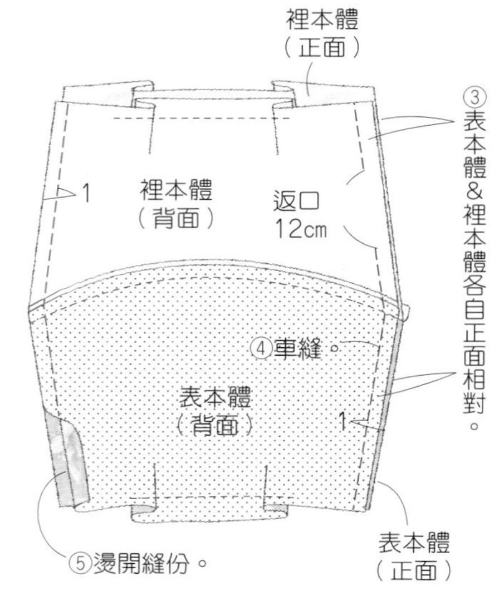

裡本體（正面）
③表本體&裡本體各自正面相對。
1
裡本體（背面）
返口 12cm
④車縫。
表本體（背面）
1
⑤燙開縫份。
表本體（正面）

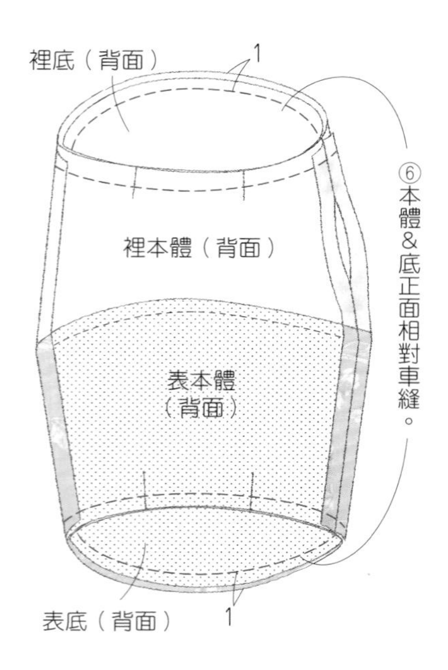

裡底（背面）
1
裡本體（背面）
⑥本體&底正面相對車縫。
表本體（背面）
表底（背面）
1

2. 完成

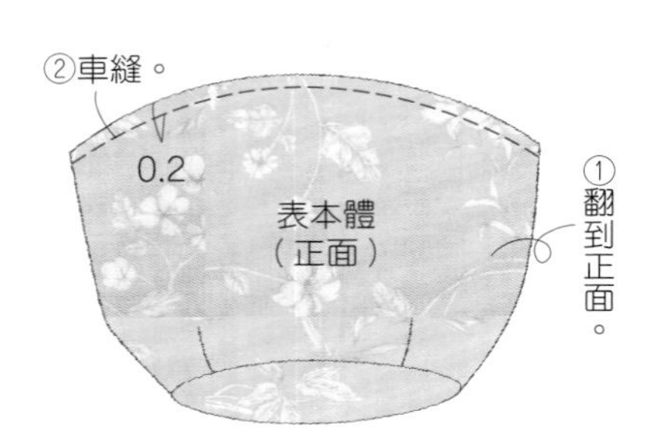

②車縫。
0.2
表本體（正面）
①翻到正面。

③手縫固定皮革提把。
表本體（正面）
表底（正面）

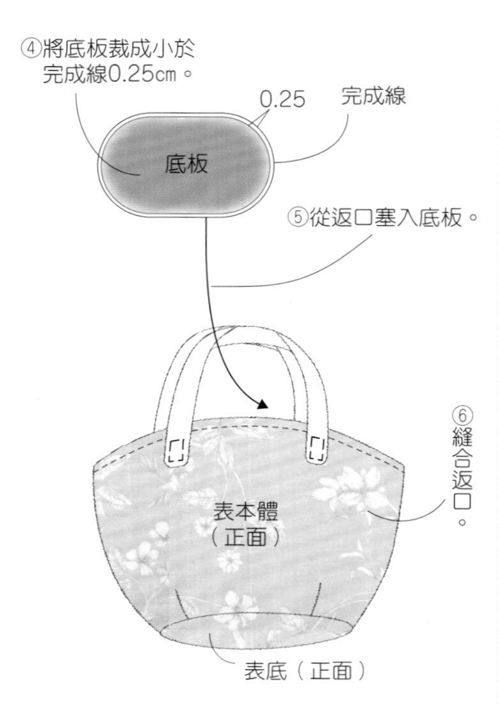

④將底板裁成小於完成線0.25cm。
0.25
完成線
底板
⑤從返口塞入底板。
⑥縫合返口。
表本體（正面）
表底（正面）

完成尺寸

寬55×高31×側身23cm
（提把48cm）

原寸紙型

無

材料

表布（棉輕帆布）140cm×50cm
裡布（棉密織平紋布）147cm×50cm／**底板** 35cm×30cm
接著襯（Swany Soft）92cm×60cm
皮條 寬38mm 100cm ／**雙腳磁釦** 18mm 1組
D型環 15mm 1個／**問號鉤** 15mm 1個

P.39_ No.29

橫寬型托特包

4. 製作裡本體

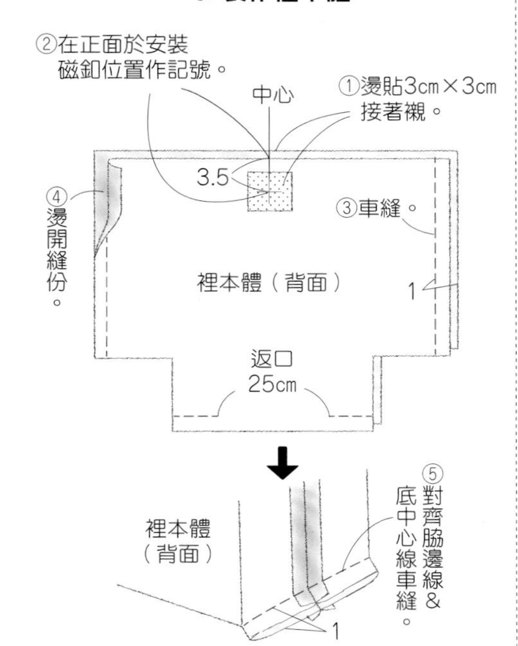

②在正面於安裝
磁釦位置作記號。
中心
①燙貼3cm×3cm
接著襯。
3.5
③車縫。
④燙開縫份。
裡本體（背面）
1
返口
25cm
⑤對齊脇邊線&底中心線車縫。
裡本體
（背面）
1

※另一側作法亦同。

5. 套疊表本體＆裡本體

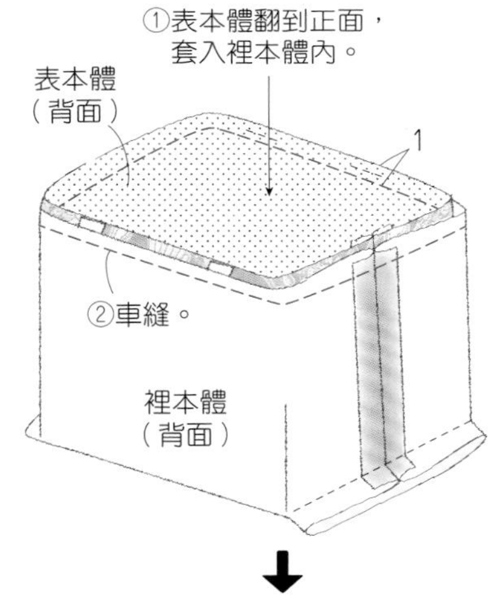

①表本體翻到正面，
套入裡本體內。
表本體
（背面）
1
②車縫。
裡本體
（背面）

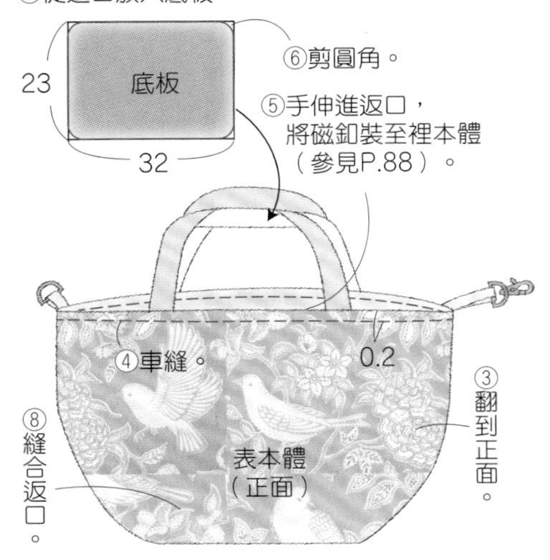

⑦從返口放入底板。
⑥剪圓角。
23
底板
32
⑤手伸進返口，
將磁釦裝至裡本體
（參見P.88）。
④車縫。
0.2
③翻到正面。
⑧縫合返口。
表本體
（正面）

2. 製作表本體

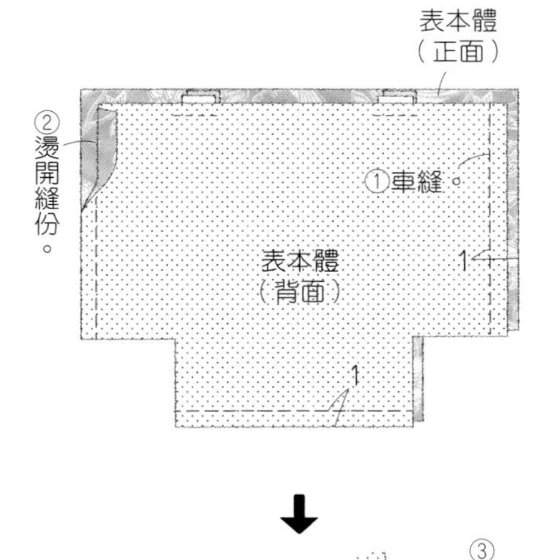

表本體
（正面）
②燙開縫份。
①車縫。
表本體
（背面）
1
1

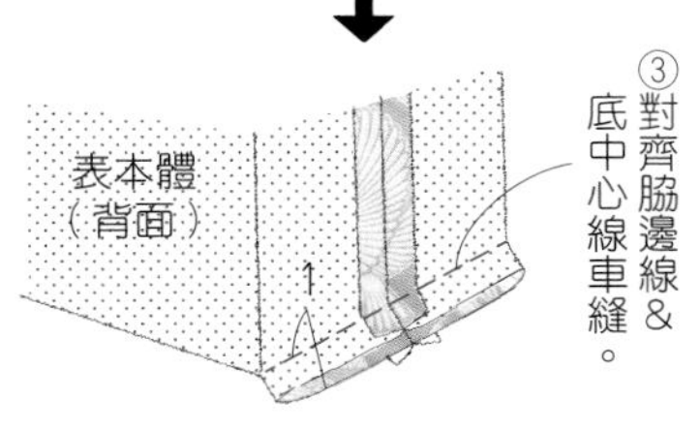

表本體
（背面）
1
③對齊脇邊線&底中心線車縫。

※另一側作法亦同。

3. 製作垂絆

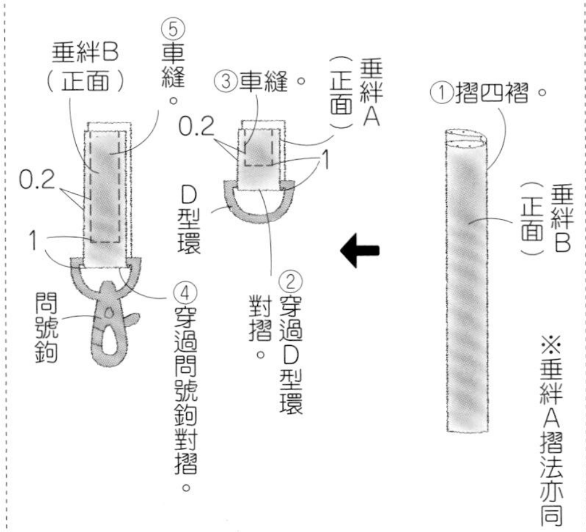

垂絆B
（正面）
⑤車縫。
③車縫。
垂絆A
（正面）
①摺四褶。
0.2
0.2
1
1
D型環
垂絆B
（正面）
問號鉤
④穿過問號鉤對摺。
②穿過D型環對摺。
※垂絆A摺法亦同。

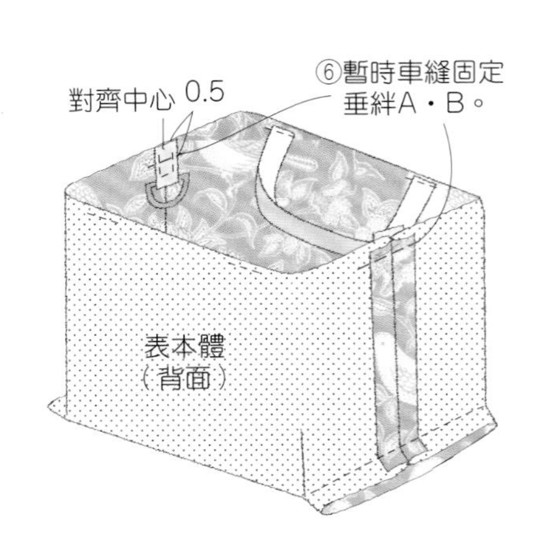

對齊中心 0.5
⑥暫時車縫固定
垂絆A・B。
表本體
（背面）

掃QR Code
看作法影片！

https://youtu.be/AjUhpQWcb1U

裁布圖

※標示尺寸已含縫份。
※ ▒ 處需於背面燙貼接著襯。

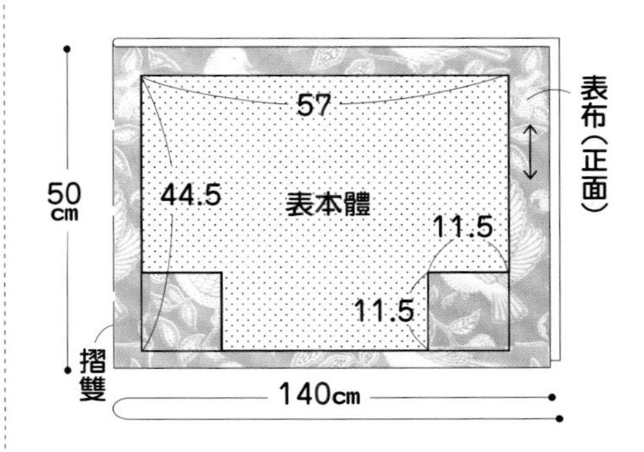

57
表布（正面）
50cm
44.5
表本體
11.5
11.5
摺雙
140cm

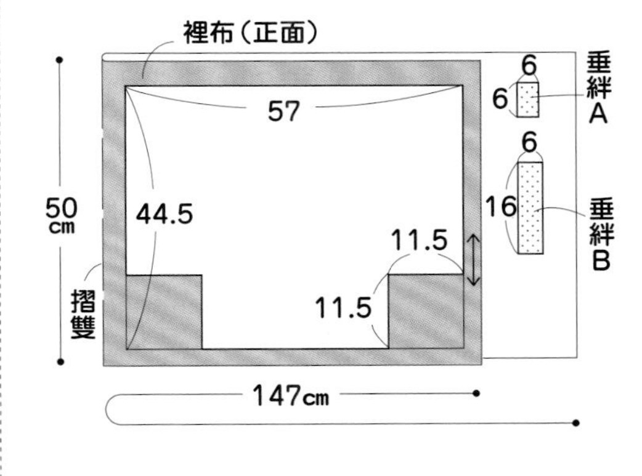

裡布（正面）
57
6
6
垂絆A
6
50cm
44.5
16
垂絆B
11.5
11.5
摺雙
147cm

1. 接縫提把

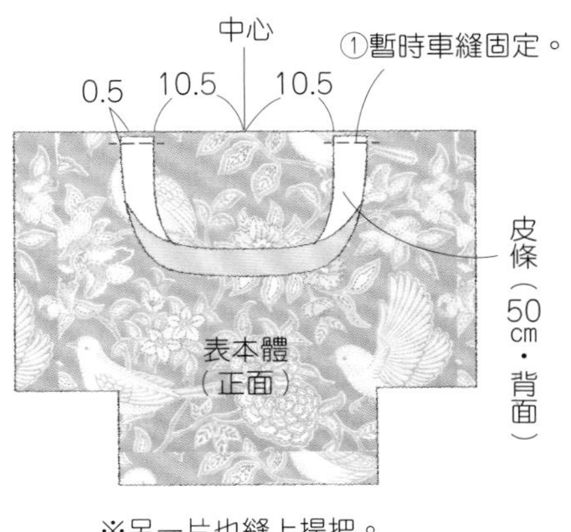

中心
①暫時車縫固定。
0.5
10.5
10.5
皮條（50cm・背面）
表本體
（正面）

※另一片也縫上提把。

完成尺寸

寬25×高21×側身9cm
（提把29cm）

原寸紙型

C面

材料

表布（牛津布）60cm×45cm／**布標** 1片
配布a（棉麻）25cm×30cm／**配布b**（竹節）20cm×30cm
配布c（棉蕾絲）15cm×30cm
配布d（棉麻平織布）10cm×30cm
配布e（刺繡平織布）30cm×30cm
裡布（牛津布）90cm×35cm／**接著襯**（中薄）100cm×55cm

P.40_ No.30

拼布祖母包

4. 疊合表本體＆裡本體

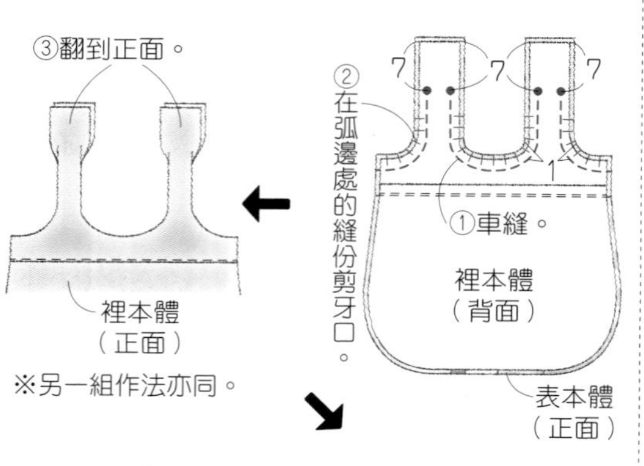

③翻到正面。
②在弧邊處的縫份剪牙口。
7
7
7
1
①車縫。
裡本體（背面）
裡本體（正面）
表本體（正面）

※另一組作法亦同。

④表本體＆裡本體各自正面相對車縫。

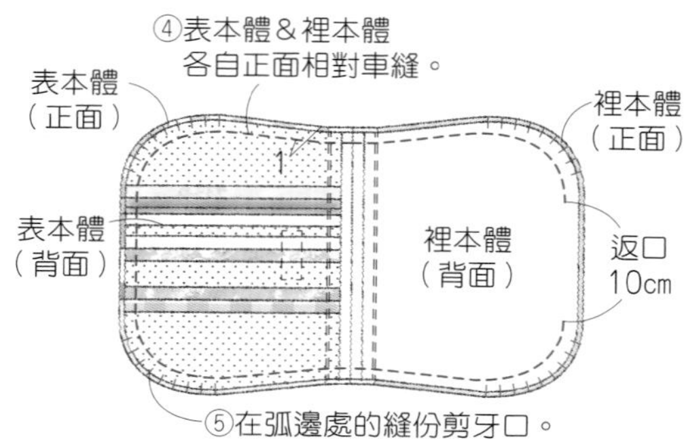

表本體（正面）
裡本體（正面）
1
表本體（背面）
裡本體（背面）
返口10cm
⑤在弧邊處的縫份剪牙口。

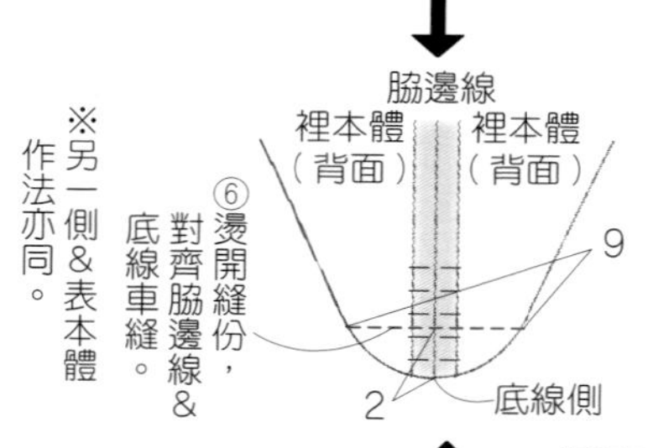

脇邊線
裡本體（背面）
裡本體（背面）
※另一側＆表本體作法亦同。
⑥燙開縫份，對齊脇邊線＆底線車縫。
9
2
底線側

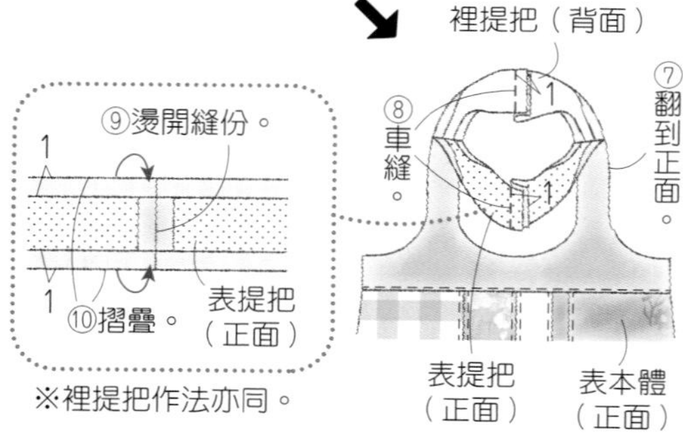

裡提把（背面）
⑨燙開縫份。
1
1
⑩摺疊。
表提把（正面）
⑧車縫。
⑦翻到正面。
1
1
表提把（正面）
表本體（正面）

※裡提把作法亦同。

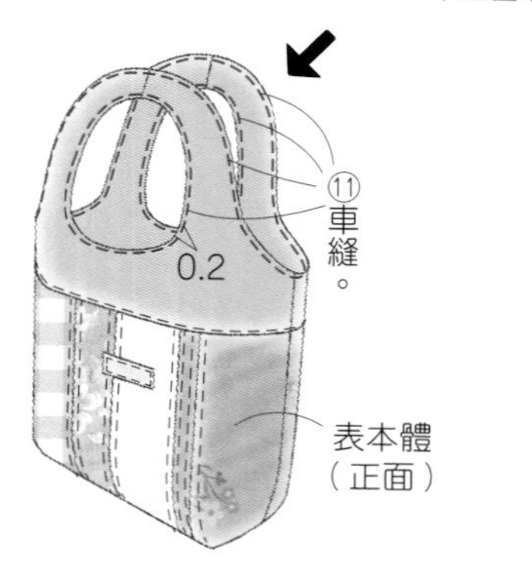

⑪車縫。
0.2
表本體（正面）

裁布圖

※表本體B至D及內口袋無原寸紙型，請依標示尺寸（已含縫份）直接裁剪。
※▒處需於背面燙貼接著襯。
※表本體A・E各有一片是將紙型翻面使用。

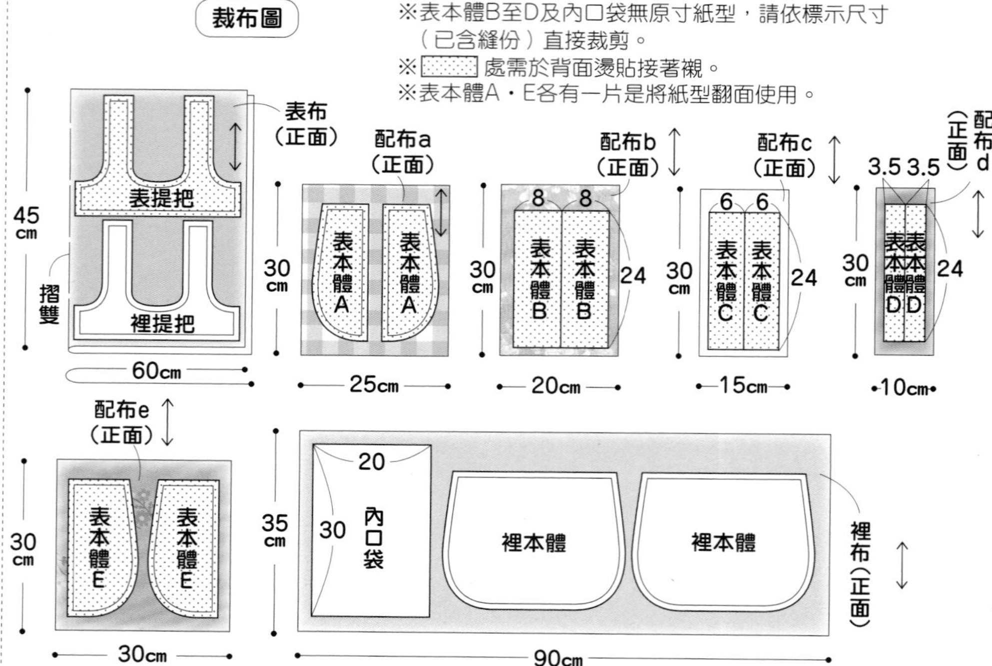

表布（正面）
表提把
裡提把
摺雙
45cm
60cm
配布a（正面）
表本體A
表本體A
30cm
25cm
配布b（正面）
8
8
表本體B
表本體B
24
30cm
20cm
配布c（正面）
6
6
表本體C
表本體C
24
30cm
15cm
配布d（正面）
3.5
3.5
表本體D
表本體D
24
30cm
10cm
配布e（正面）
表本體E
表本體E
30cm
30cm
20
30
內口袋
裡本體
裡本體
裡布（正面）
35cm
90cm

3. 製作表本體

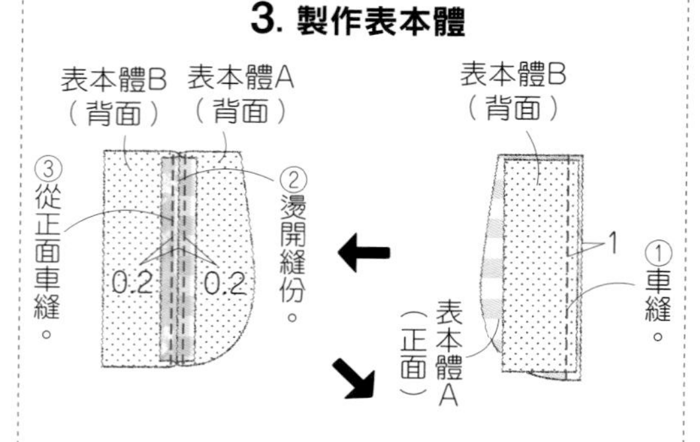

表本體B（背面）
表本體A（背面）
③從正面車縫。
②燙開縫份。
0.2
0.2
表本體B（背面）
1
①車縫。
表本體A（正面）

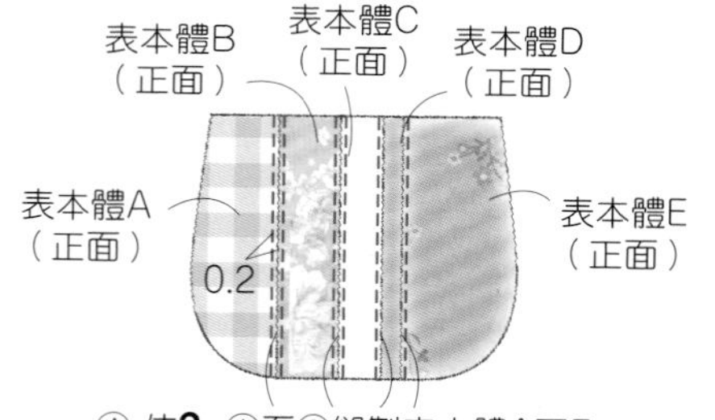

表本體B（正面）
表本體C（正面）
表本體D（正面）
表本體A（正面）
表本體E（正面）
0.2

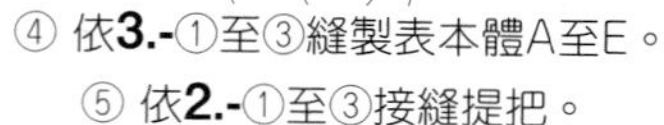

④ 依3.-①至③縫製表本體A至E。
⑤ 依2.-①至③接縫提把。

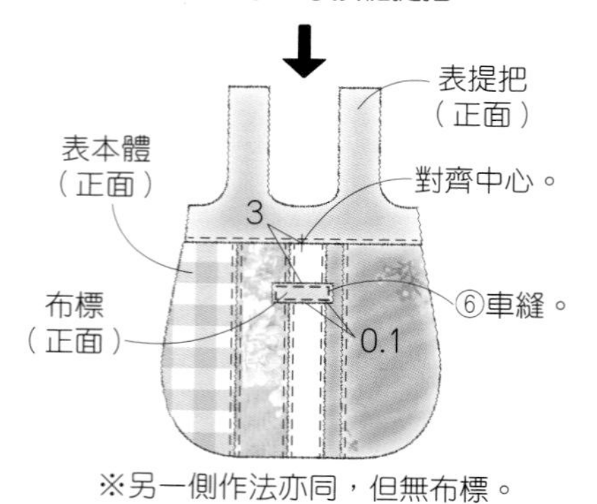

表提把（正面）
表本體（正面）
對齊中心。
3
布標（正面）
⑥車縫。
0.1

※另一側作法亦同，但無布標。

1. 縫上內口袋

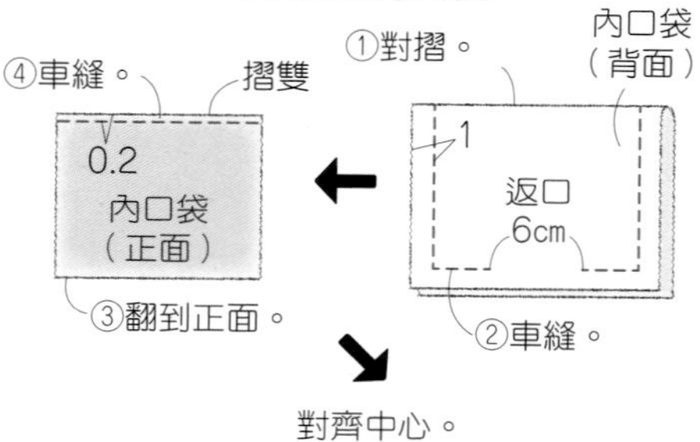

④車縫。
摺雙
①對摺。
內口袋（背面）
0.2
內口袋（正面）
1
返口6cm
③翻到正面。
②車縫。

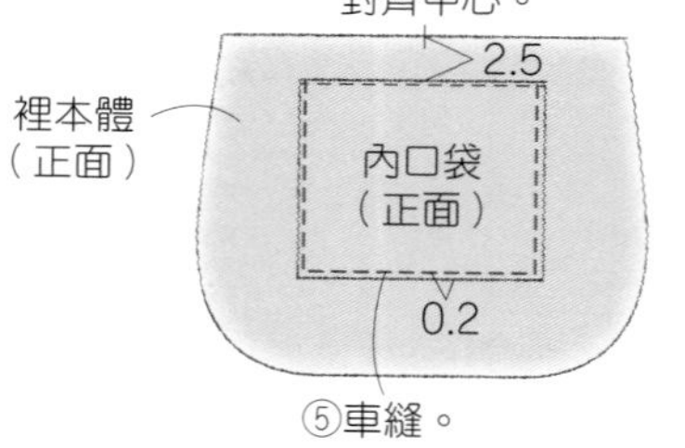

對齊中心。
2.5
裡本體（正面）
內口袋（正面）
0.2
⑤車縫。

2. 製作裡本體

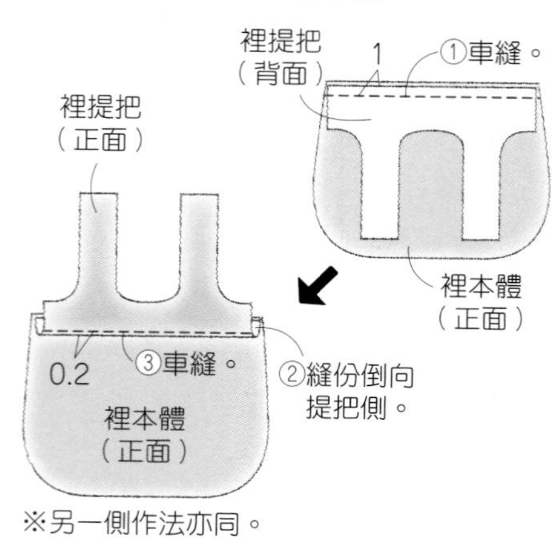

裡提把（背面）
1
①車縫。
裡提把（正面）
裡本體（正面）
0.2
③車縫。
②縫份倒向提把側。
裡本體（正面）

※另一側作法亦同。

完成尺寸	材料
寬12×高9×側身2.5cm（提把19cm）	**表布**（帆布）20cm×40cm
	配布（棉麻帆布）10cm×30cm
	裡布（棉布）20cm×40cm
	接著襯（薄）40cm×40cm
	塑膠四合釦 13mm 2組／**布標** 1片

原寸紙型

C面

P.41_ No.31 超迷你單柄包

裁布圖

※提把無原寸紙型，請依標示尺寸（已含縫份）直接裁剪。

※▭處需於背面燙貼接著襯。

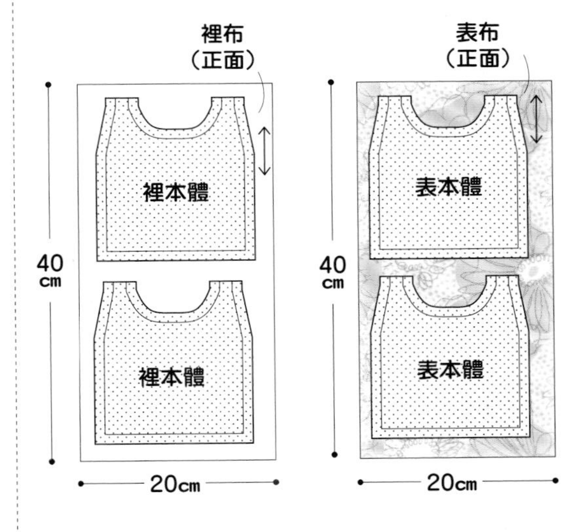

裡布（正面）
表布（正面）
裡本體
裡本體
表本體
表本體
40cm
40cm
20cm
20cm

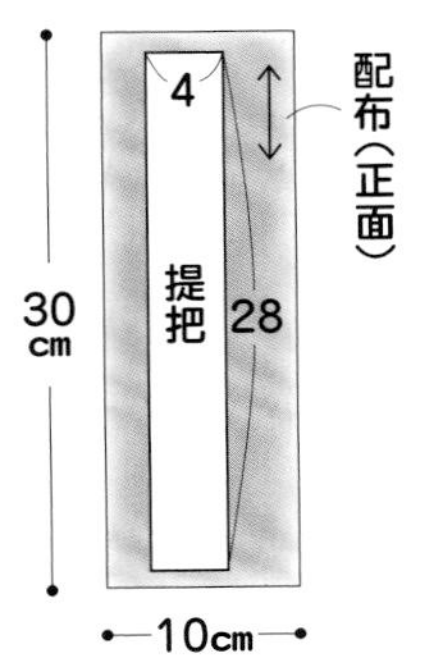

配布（正面）
4
提把
28
30cm
10cm

1. 製作提把

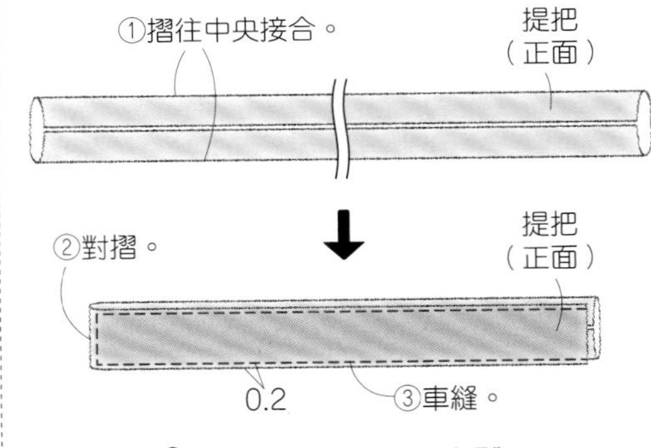

①摺往中央接合。
提把（正面）
②對摺。
提把（正面）
0.2
③車縫。

2. 疊合表本體&裡本體

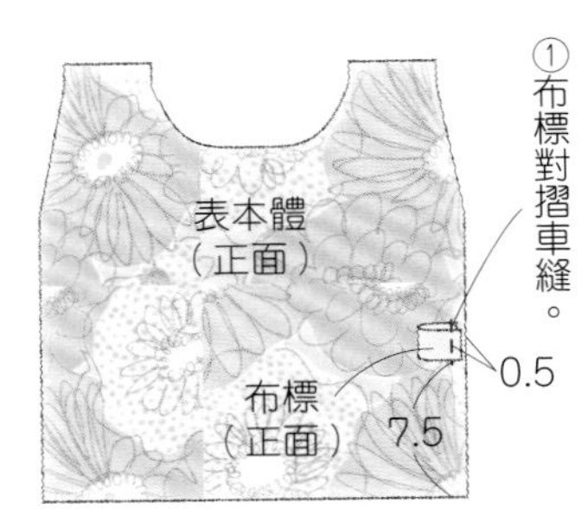

①布標對摺車縫。
表本體（正面）
布標（正面）
0.5
7.5

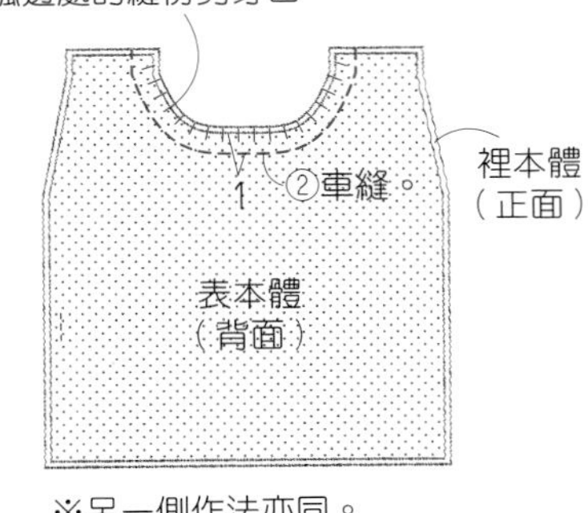

③在弧邊處的縫份剪牙口。
②車縫。
1
裡本體（正面）
表本體（背面）

※另一側作法亦同。

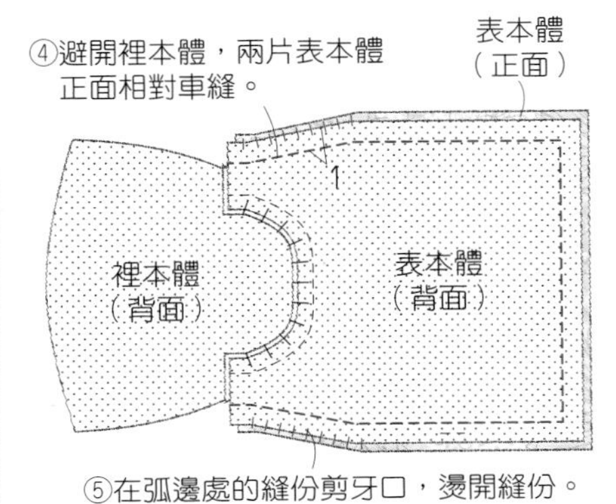

④避開裡本體，兩片表本體正面相對車縫。
表本體（正面）
1
裡本體（背面）
表本體（背面）
⑤在弧邊處的縫份剪牙口，燙開縫份。

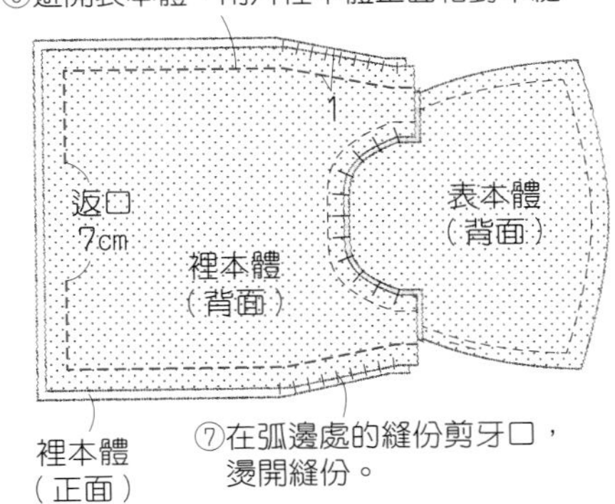

⑥避開表本體，兩片裡本體正面相對車縫。
1
返口7cm
裡本體（背面）
表本體（背面）
裡本體（正面）
⑦在弧邊處的縫份剪牙口，燙開縫份。

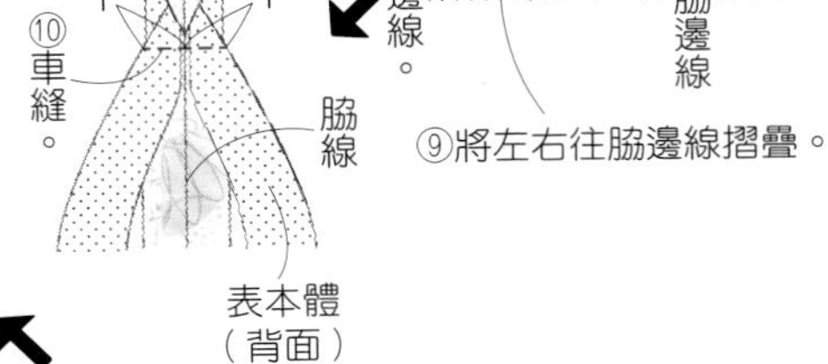

底側
表本體（背面）
⑧對齊底線&脇邊線。
脇邊線
⑨將左右往脇邊線摺疊。
底側
1
1
⑩車縫。
脇線
表本體（背面）

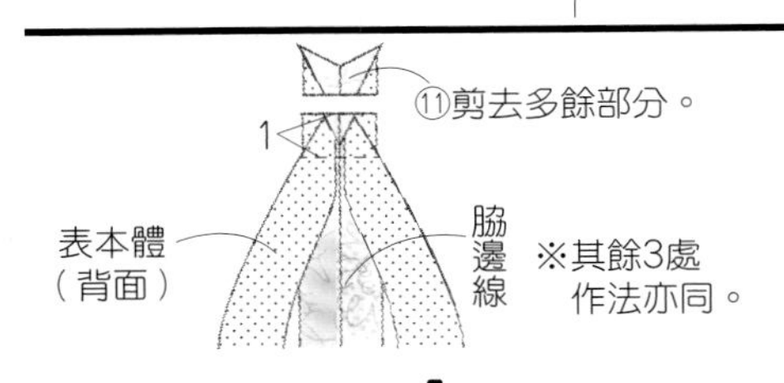

⑪剪去多餘部分。
1
表本體（背面）
脇邊線
※其餘3處作法亦同。

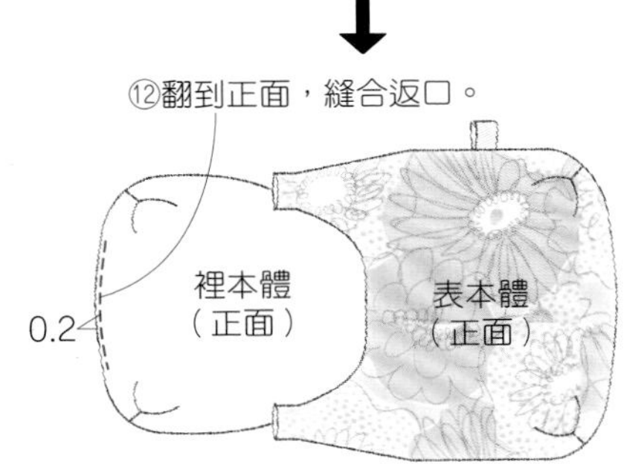

⑫翻到正面，縫合返口。
0.2
裡本體（正面）
表本體（正面）

3. 縫上提把

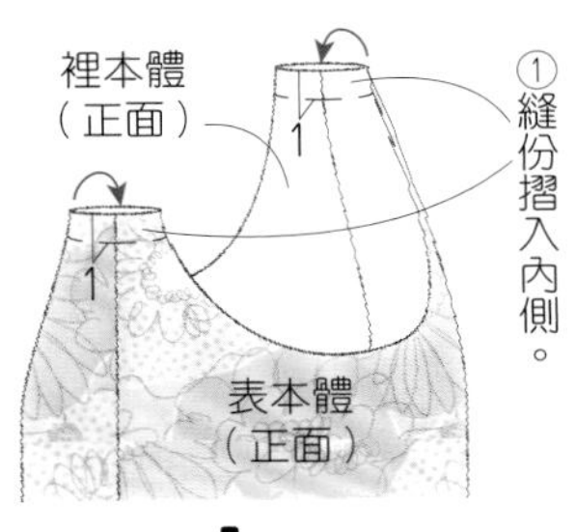

裡本體（正面）
①縫份摺入內側。
1
1
表本體（正面）

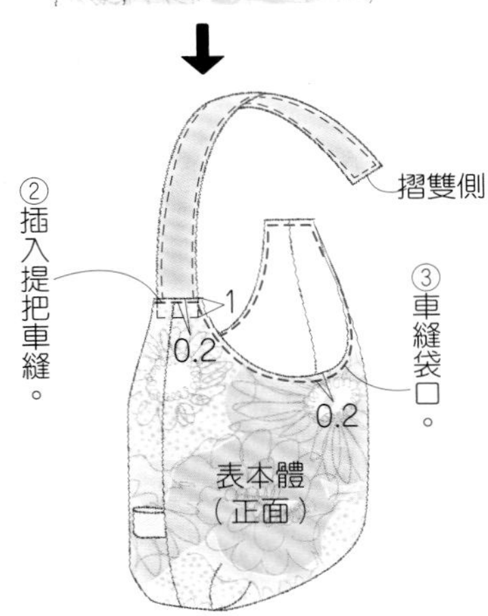

摺雙側
②插入提把車縫。
1
0.2
③車縫袋口。
0.2
表本體（正面）

4. 安裝塑膠四合釦

（凸・表側）

2

摺雙側

（凹・裡側）

裡本體（正面）

1

1

1

（凸・表側）

安裝塑膠四合釦。

表本體（正面）

完成尺寸

寬9.5×高8.5cm

原寸紙型

C面

材料

表布a（棉麻平織布）15cm×15cm／**表布b**（棉蕾絲）5cm×15cm

表布c（平織布）15cm×15cm／**表布d**（密織平紋布）35cm×15cm

裡布（平織布）35cm×25cm

接著襯（薄）20cm×15cm／**接著襯**（厚）50cm×15cm

塑膠四合釦 13mm 1組／**D型環** 15mm 1個

P.41_ No.32

卡片套

裁布圖

※除了表・裡本體之外皆無原寸紙型，請依標示尺寸（已含縫份）直接裁剪。

※ 處需於背面燙貼薄接著襯。

處需於背面沿完成線燙貼厚接著襯。

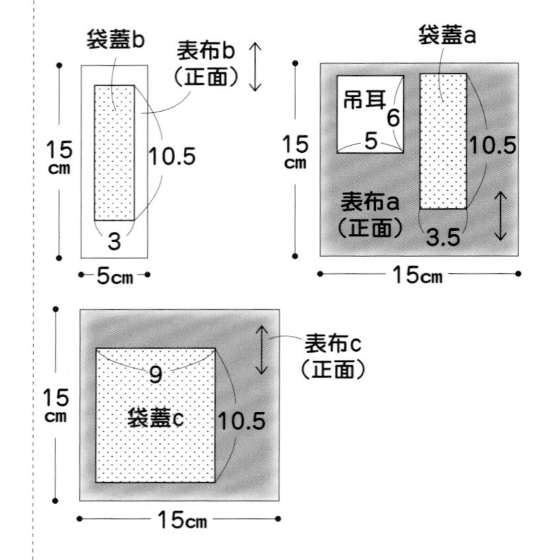

袋蓋b
表布b
(正面)
15cm
10.5
3
5cm
袋蓋a
吊耳
6
5
15cm
10.5
表布a
(正面)
3.5
15cm
表布c
(正面)
15cm
9
袋蓋c
10.5
15cm

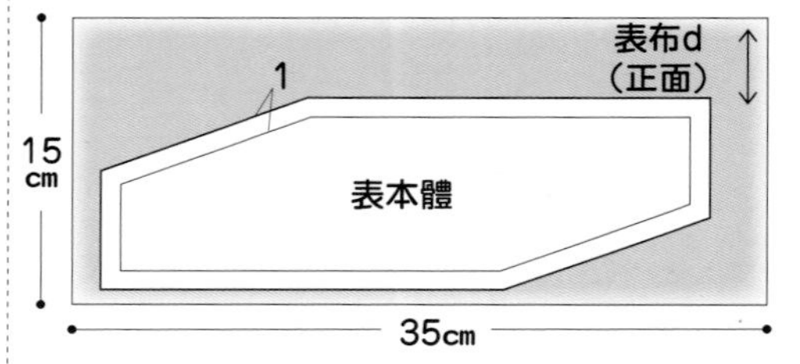

表布d
(正面)
1
15cm
表本體
35cm

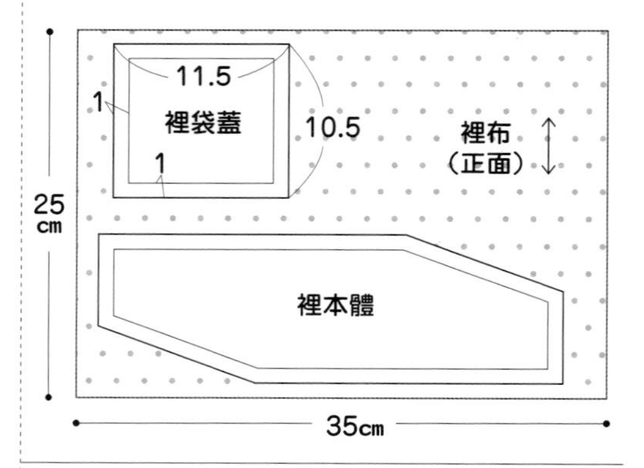

11.5
1
裡袋蓋
10.5
1
裡布
(正面)
25cm
裡本體
35cm

1. 製作袋蓋

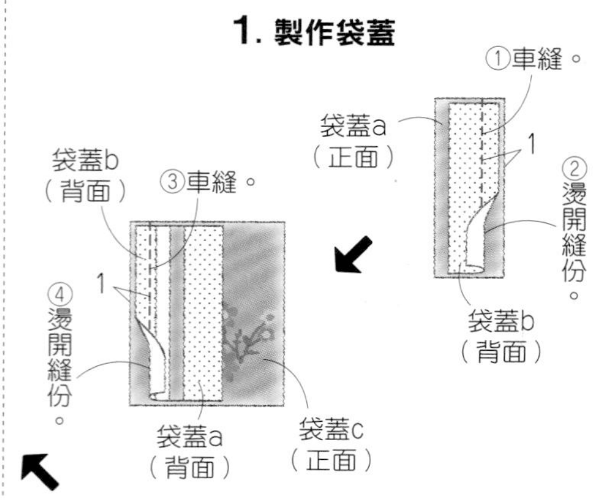

①車縫。
袋蓋a
(正面)
1
②燙開縫份。
袋蓋b
(背面)
袋蓋b
(背面)
③車縫。
1
④燙開縫份。
袋蓋a
(背面)
袋蓋c
(正面)

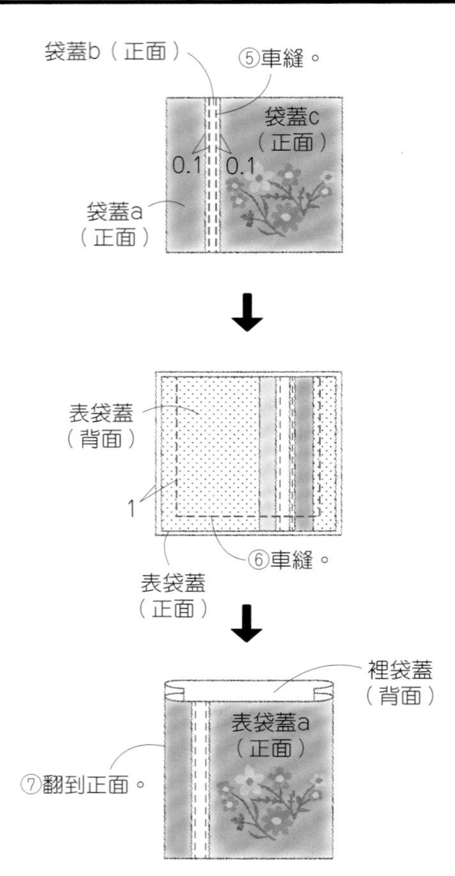

袋蓋b（正面）
⑤車縫。
袋蓋c
（正面）
0.1
0.1
袋蓋a
（正面）
表袋蓋
（背面）
1
⑥車縫。
表袋蓋
（正面）
裡袋蓋
（背面）
表袋蓋a
（正面）
⑦翻到正面。

2. 接縫吊耳

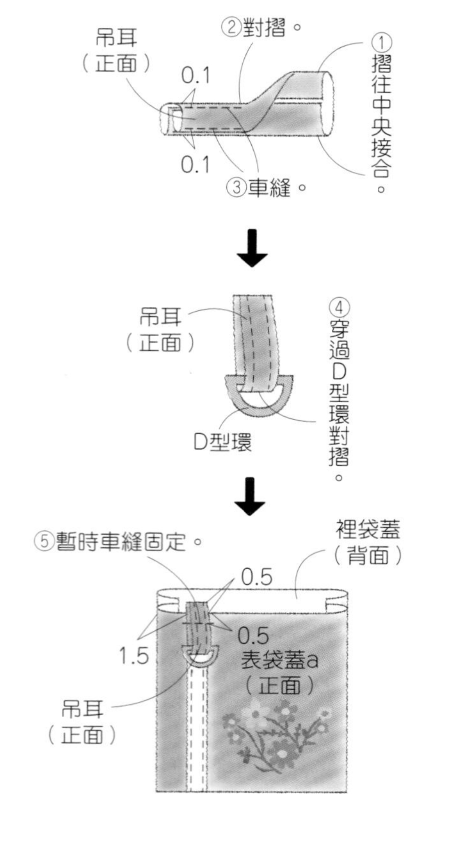

吊耳
（正面）
②對摺。
①摺往中央接合。
0.1
0.1
③車縫。
吊耳
（正面）
④穿過D型環對摺。
D型環
⑤暫時車縫固定。
裡袋蓋
（背面）
0.5
0.5
1.5
表袋蓋a
（正面）
吊耳
（正面）

3. 製作本體

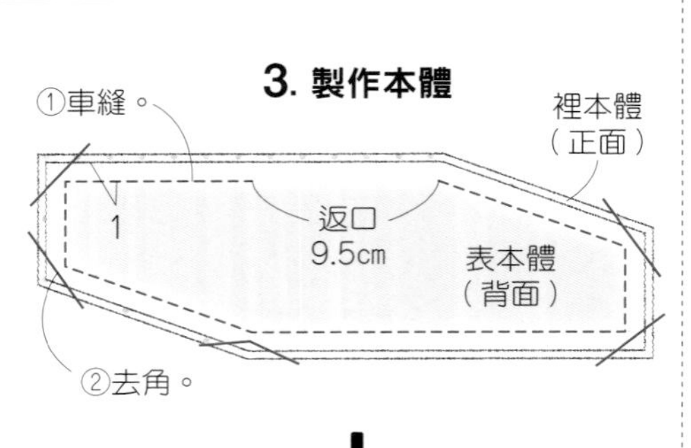

①車縫。
裡本體
（正面）
1
返口
9.5cm
表本體
（背面）
②去角。

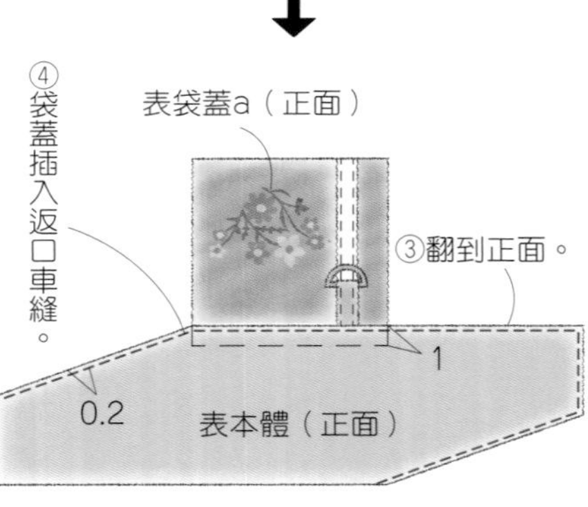

④袋蓋插入返口車縫。
表袋蓋a（正面）
③翻到正面。
1
0.2
表本體（正面）

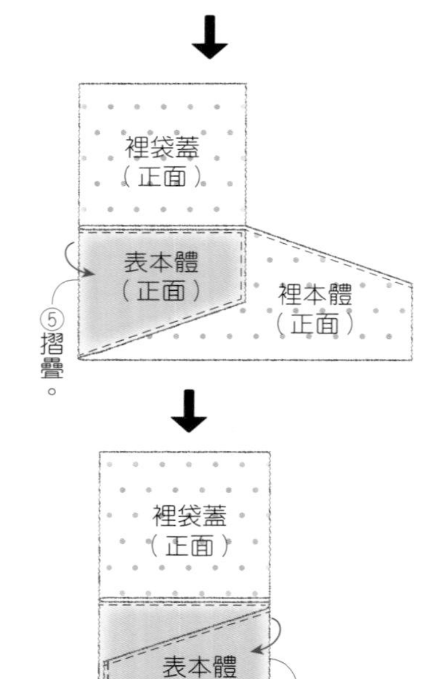

裡袋蓋
（正面）
表本體
（正面）
裡本體
（正面）
⑤摺疊。
裡袋蓋
（正面）
表本體
（正面）
⑥摺疊。
0.2
⑦車縫。

4. 安裝塑膠四合釦

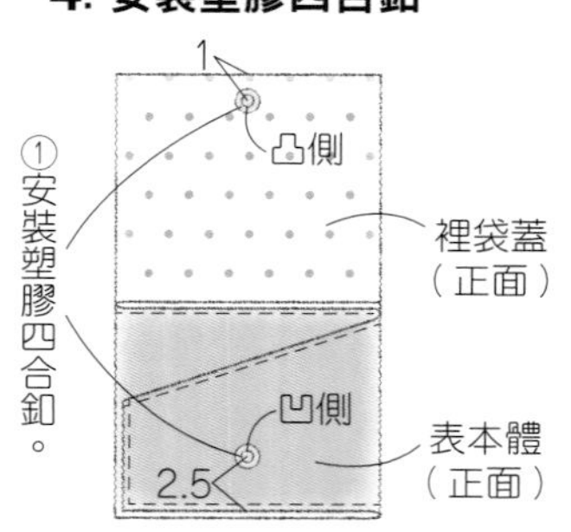

1
①安裝塑膠四合釦。
凸側
裡袋蓋
（正面）
凹側
表本體
（正面）
2.5

完成尺寸

寬36×高23cm
（提把23cm）

原寸紙型

A面

材料

表布（牛津布）50cm×80cm／**布標** 1片
配布A（牛津布）50cm×40cm
配布B（牛津布）40cm×30cm
裡布（帆布）50cm×80cm
接著襯（中厚）50cm×70cm／**撞釘磁釦** 18mm 1組

P.42_ No.33

荷葉邊肩背包

裁布圖

※荷葉邊＆提把無原寸紙型，請依標示尺寸（已含縫份）直接裁剪。
※ ▭ 處需於背面沿完成線燙貼接著襯。

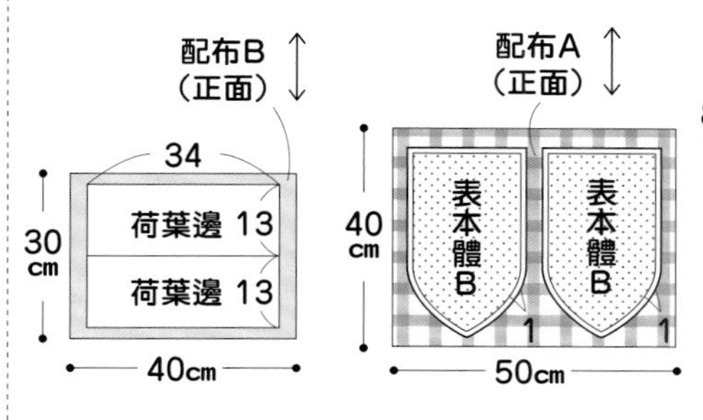

配布B（正面）
34
30cm
荷葉邊 13
荷葉邊 13
40cm
配布A（正面）
40cm
表本體B
表本體B
1
50cm

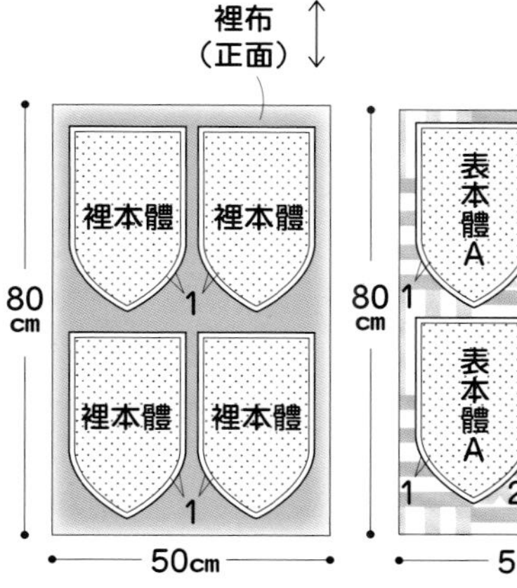

裡布（正面）
80cm
裡本體
裡本體
裡本體
裡本體
1
50cm
表布（正面）
80cm
10 10
表本體A
表本體A
提把
提把
55
2.5 5 5 2.5
1
50cm

1. 製作提把

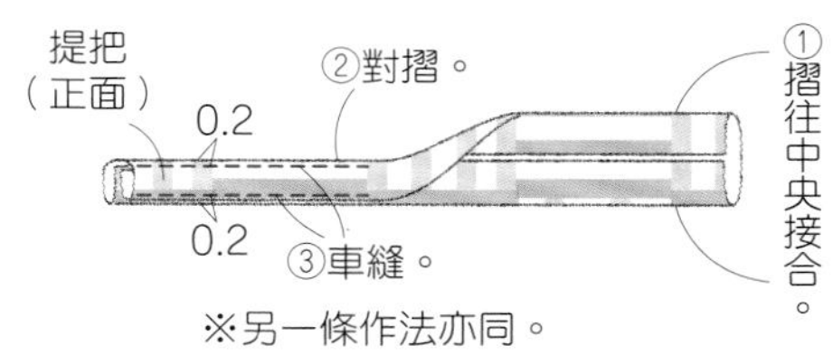

提把（正面）
②對摺。
①摺往中央接合。
0.2
0.2
③車縫。

※另一條作法亦同。

2. 縫上布標

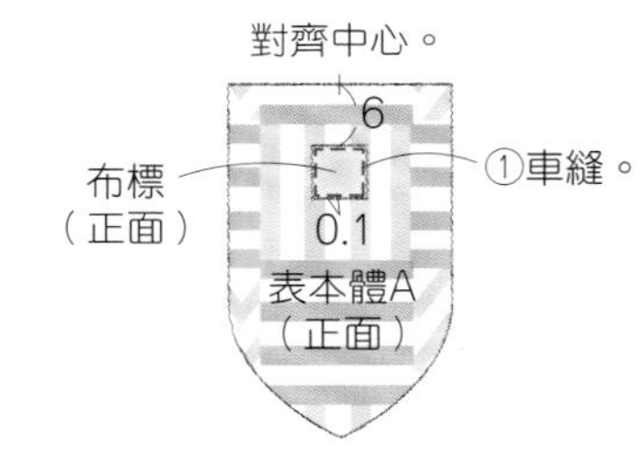

對齊中心。
6
布標（正面）
①車縫。
0.1
表本體A（正面）

3. 接縫荷葉邊

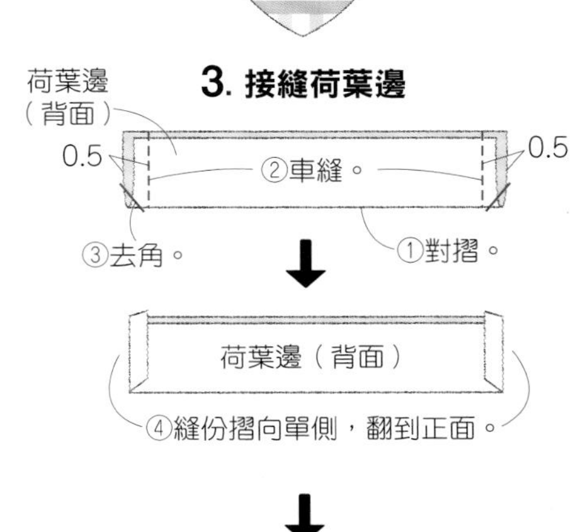

荷葉邊（背面）
0.5
②車縫。
0.5
③去角。
①對摺。
荷葉邊（背面）
④縫份摺向單側，翻到正面。
⑤粗針目車縫。
0.3
荷葉邊（正面）
0.5

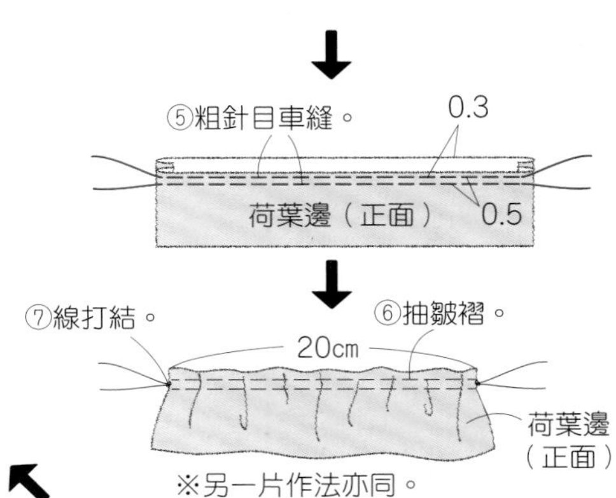

⑦線打結。
⑥抽皺褶。
20cm
荷葉邊（正面）

※另一片作法亦同。

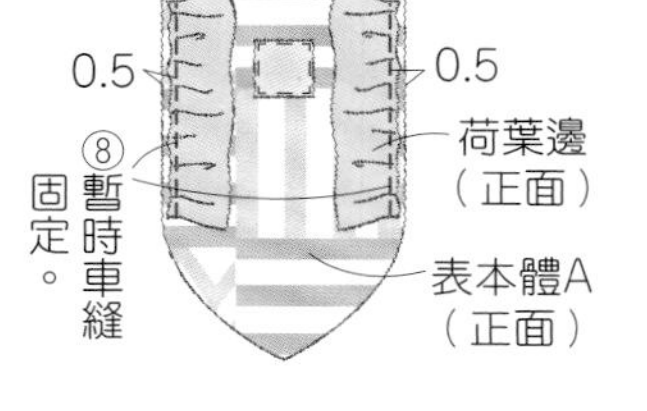

0.5
0.5
⑧暫時車縫固定。
荷葉邊（正面）
表本體A（正面）

4. 製作表本體

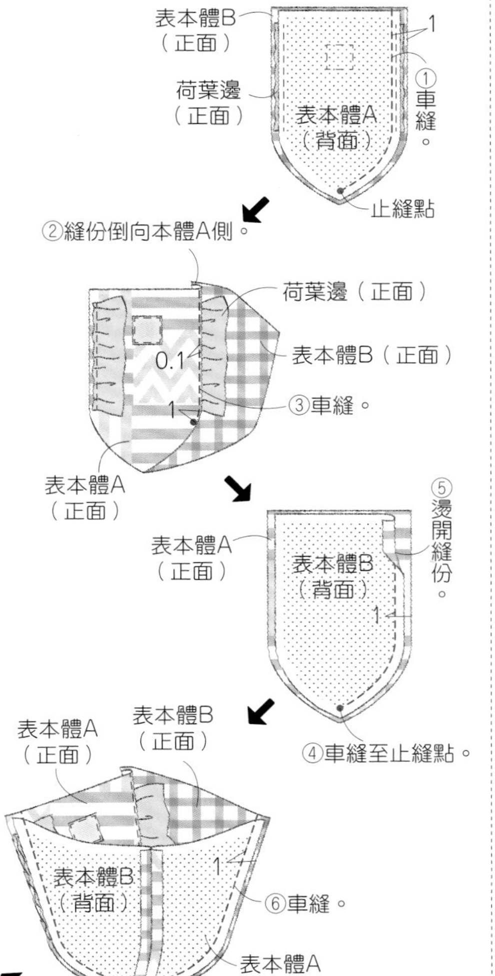

表本體B（正面）
1
荷葉邊（正面）
①車縫。
表本體A（背面）
止縫點
②縫份倒向本體A側。
荷葉邊（正面）
表本體B（正面）
0.1
1
③車縫。
表本體A（正面）
表本體A（正面）
表本體B（背面）
1
⑤燙開縫份。
④車縫至止縫點。
表本體A（正面）
表本體B（正面）
表本體B（背面）
1
⑥車縫。
表本體A（背面）

5. 接縫提把

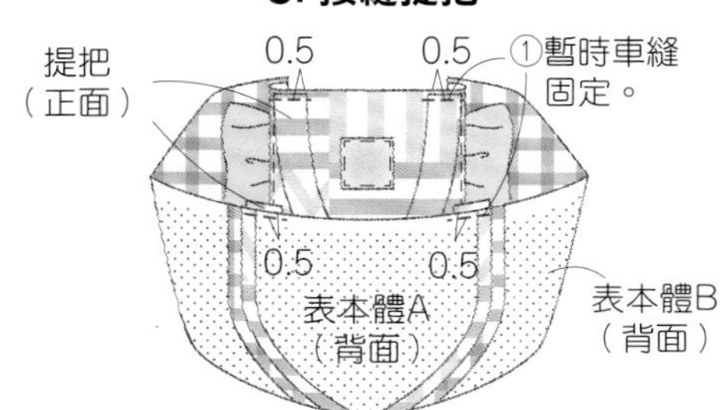

提把（正面）
0.5
0.5
①暫時車縫固定。
0.5
0.5
表本體A（背面）
表本體B（背面）

6. 製作裡本體

※另一組作法亦同。

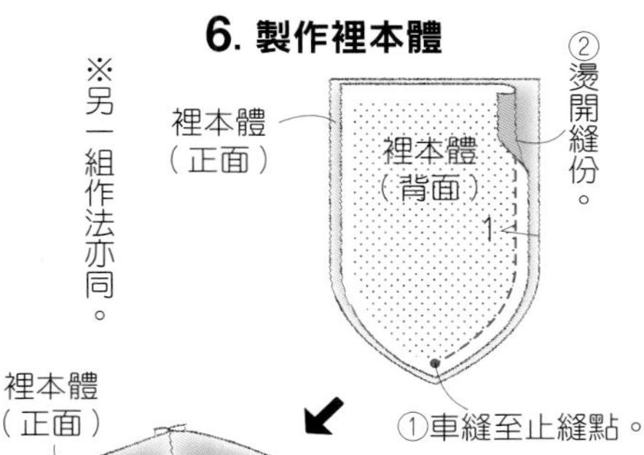

裡本體（正面）
裡本體（背面）
②燙開縫份。
1
①車縫至止縫點。

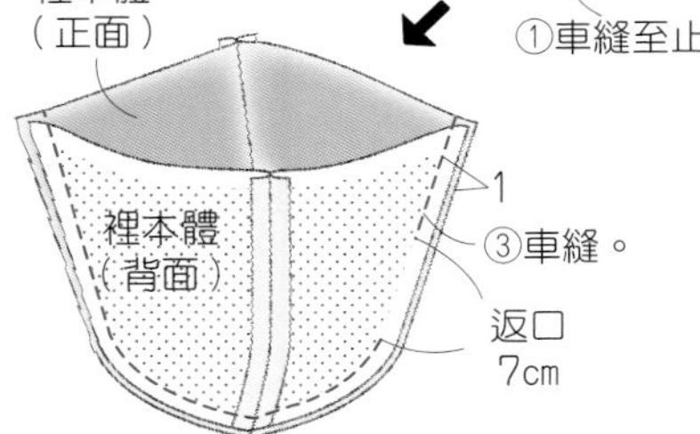

裡本體（正面）
1
③車縫。
裡本體（背面）
返口 7cm

7. 套疊表本體＆裡本體

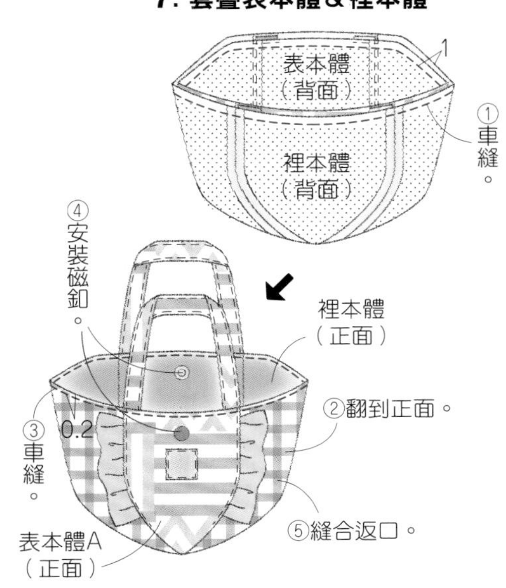

表本體（背面）
1
①車縫。
裡本體（背面）
④安裝磁釦。
裡本體（正面）
②翻到正面。
0.2
③車縫。
⑤縫合返口。
表本體A（正面）

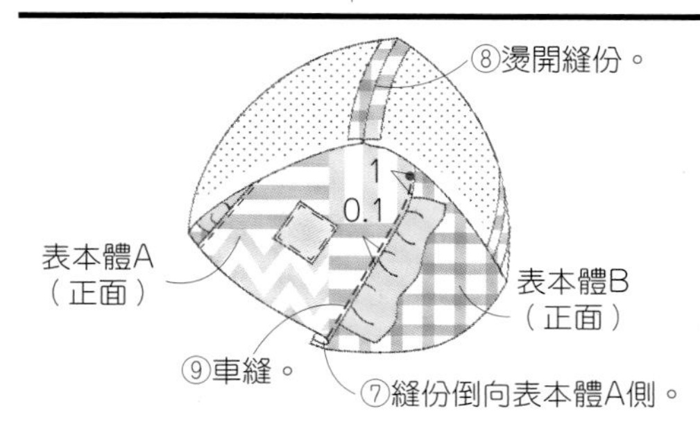

⑧燙開縫份。
1
0.1
表本體A（正面）
表本體B（正面）
⑨車縫。
⑦縫份倒向表本體A側。

完成尺寸

寬15×高13.5×側身3cm

原寸紙型

無

材料

表布（平織布）25cm×35cm

配布（牛津布）25cm×10cm

裡布（牛津布）25cm×35cm

接著襯（中薄）45cm×35cm／**彈片口金** 12cm 1個

P.43_ No.34 海葵彈片口金包

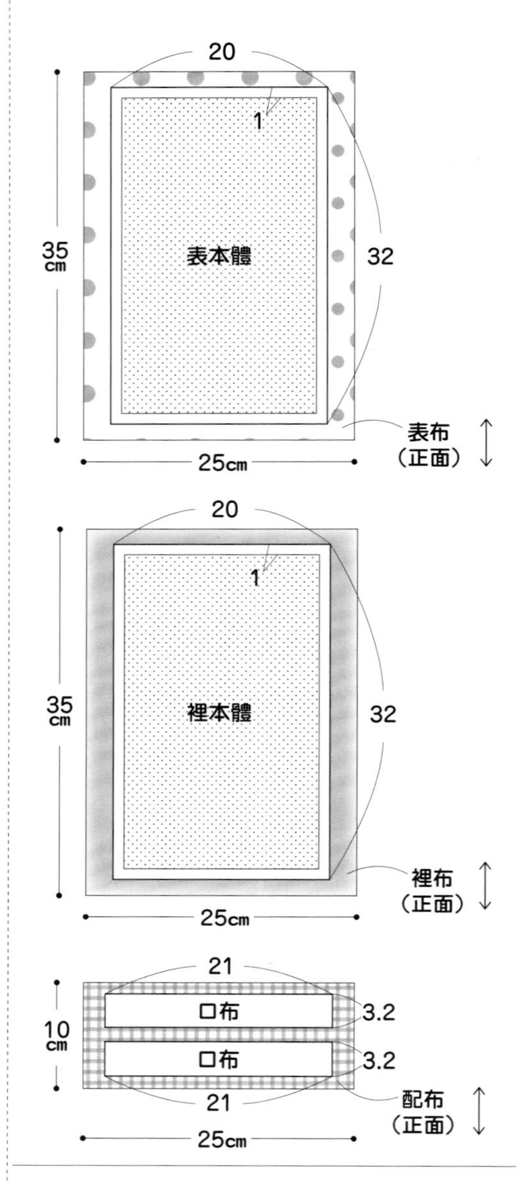

裁布圖
※標示尺寸已含縫份。
※ 處需於背面沿完成線燙貼接著襯。
20
1
35cm
表本體
32
表布（正面）
25cm
20
1
35cm
裡本體
32
裡布（正面）
25cm
21
口布
3.2
10cm
口布
3.2
21
配布（正面）
25cm

1. 接縫口布

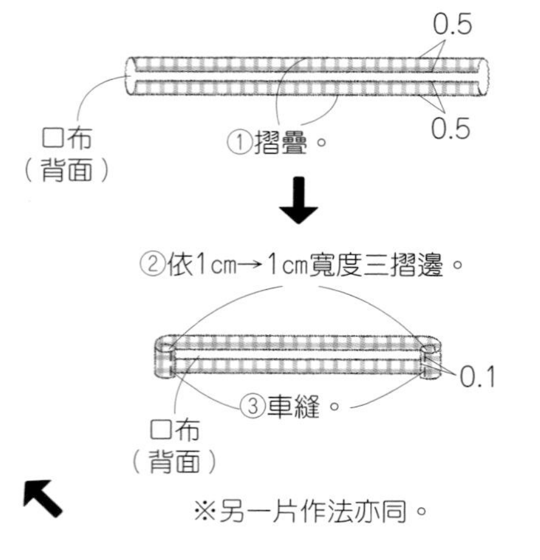

0.5
0.5
口布（背面）
①摺疊。
②依1cm→1cm寬度三摺邊。
0.1
③車縫。
口布（背面）
※另一片作法亦同。

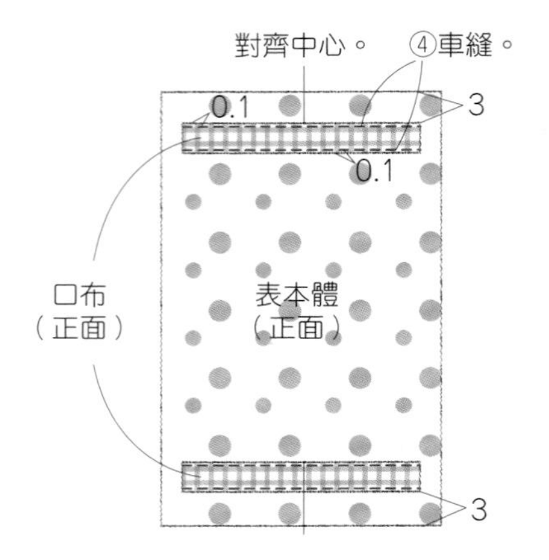

對齊中心。
④車縫。
0.1
3
0.1
口布（正面）
表本體（正面）
3

2. 疊合表本體＆裡本體

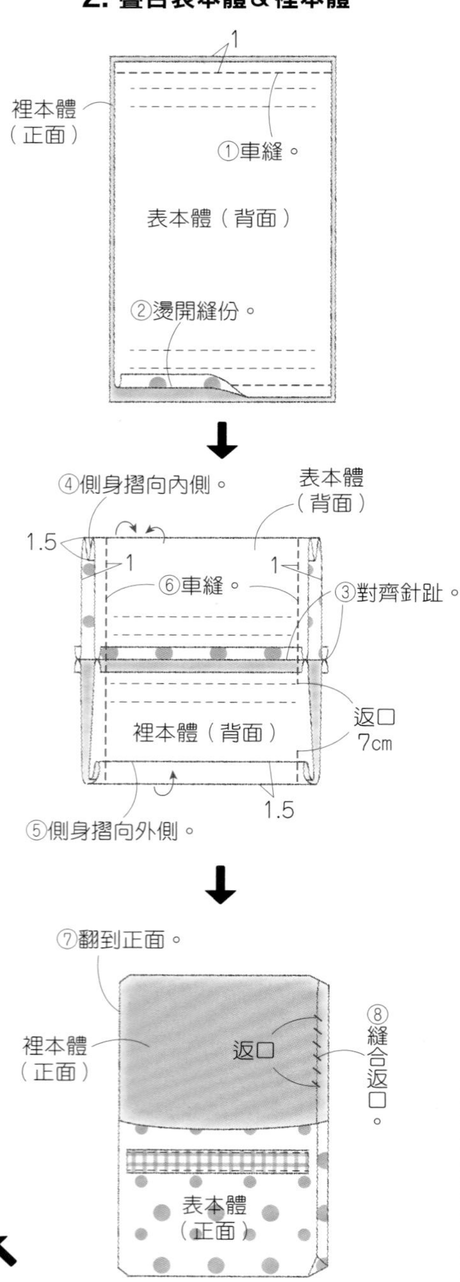

1
裡本體（正面）
①車縫。
表本體（背面）
②燙開縫份。
④側身摺向內側。
表本體（背面）
1.5
1
⑥車縫。
1
③對齊針趾。
裡本體（背面）
返口 7cm
1.5
⑤側身摺向外側。
⑦翻到正面。
裡本體（正面）
返口
⑧縫合返口。
表本體（正面）

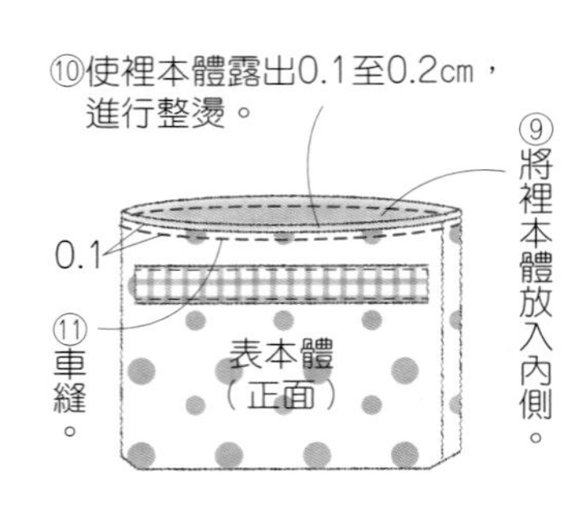

⑩使裡本體露出0.1至0.2cm，進行整燙。
⑨將裡本體放入內側。
0.1
⑪車縫。
表本體（正面）

3. 穿入＆安裝彈片口金

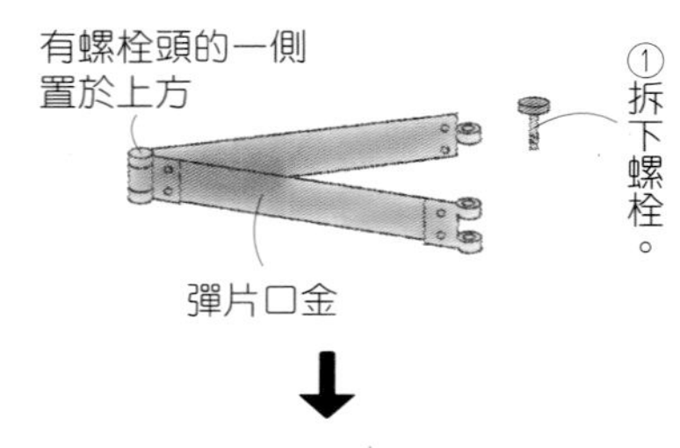

有螺栓頭的一側置於上方
①拆下螺栓。
彈片口金

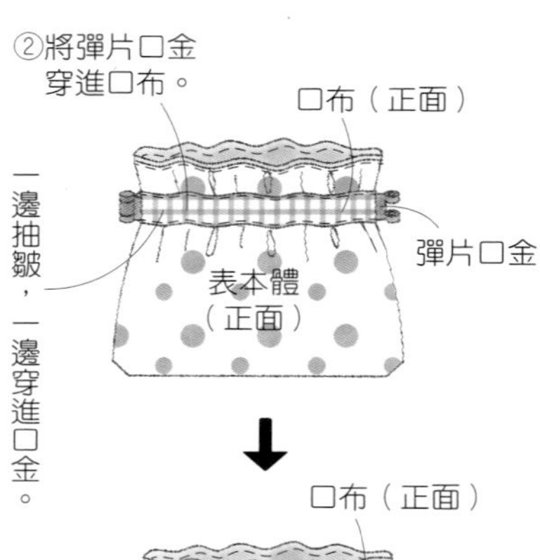

②將彈片口金穿進口布。
口布（正面）
一邊抽皺，一邊穿進口金。
彈片口金
表本體（正面）
口布（正面）
表本體（正面）

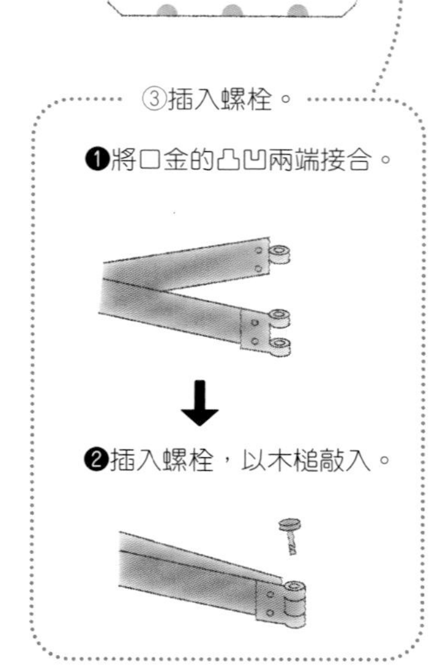

③插入螺栓。
❶將口金的凸凹兩端接合。
❷插入螺栓，以木槌敲入。

完成尺寸

寬16×高19cm

原寸紙型

C面

材料

表布（牛津布）15cm×25cm

配布A（牛津布）20cm×25cm／**配布B**（牛津布）5cm×20cm

配布C（牛津布）5cm×10cm 4片／**配布D**（平織布）10cm×10cm

裡布（棉布）20cm×35cm／**不織布**（黑色）5cm×5cm

接著襯（薄）40cm×25cm／**金屬拉鍊** 12cm 1條

P.43_ No.35

曼波魚波奇包

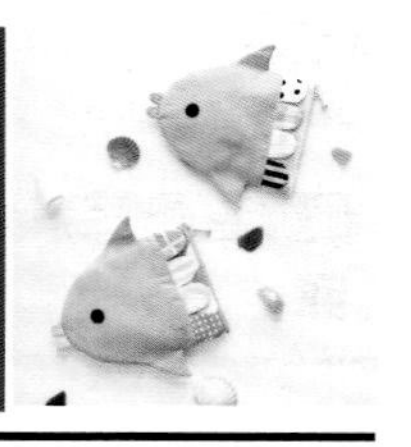

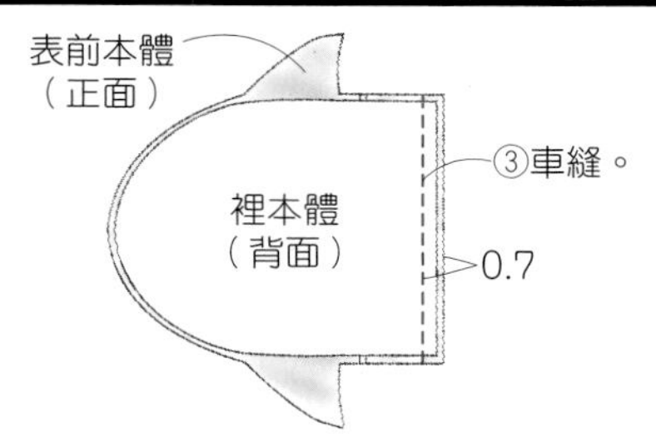

表前本體
（正面）
裡本體
（背面）
③車縫。
0.7

※另一側拉鍊布帶也接縫表後本體及裡本體。

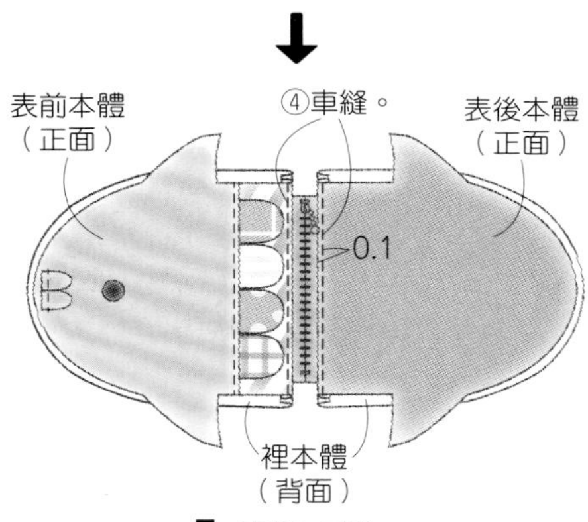

表前本體
（正面）
④車縫。
表後本體
（正面）
0.1
裡本體
（背面）

5. 車縫本體

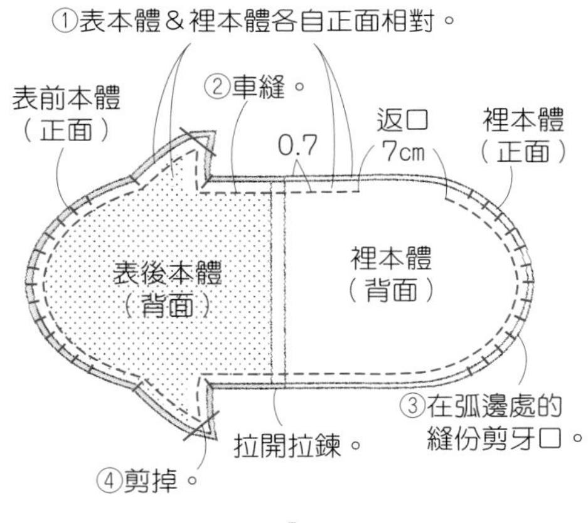

①表本體＆裡本體各自正面相對。
表前本體
（正面）
②車縫。
0.7
返口
7cm
裡本體
（正面）
表後本體
（背面）
裡本體
（背面）
③在弧邊處的
縫份剪牙口。
拉開拉鍊。
④剪掉。

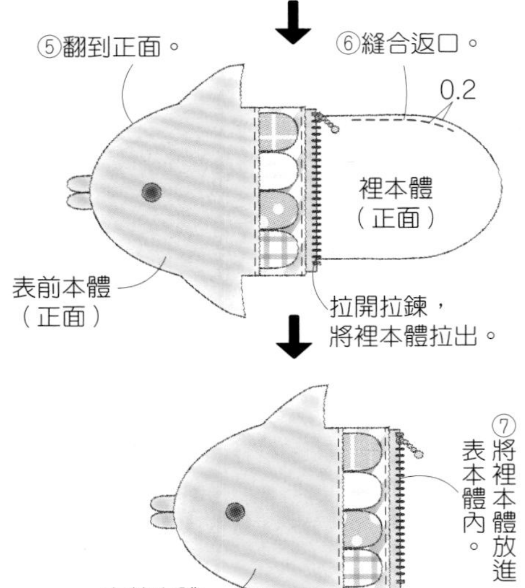

⑤翻到正面。
⑥縫合返口。
0.2
裡本體
（正面）
表前本體
（正面）
拉開拉鍊，
將裡本體拉出。
⑦將裡本體放進表本體內。
表前本體
（正面）

2. 縫上尾巴

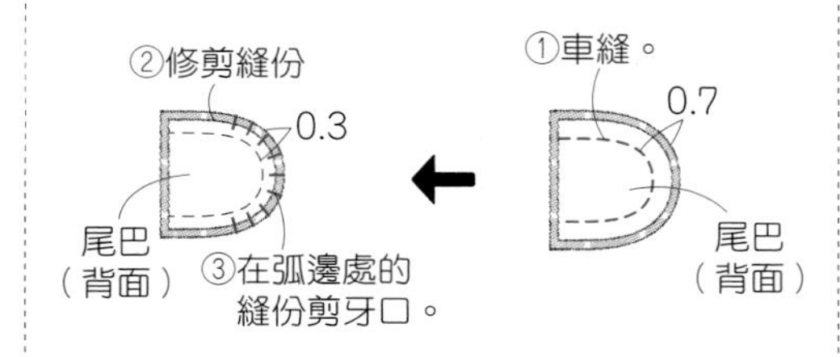

②修剪縫份
0.3
尾巴
（背面）
③在弧邊處的
縫份剪牙口。
①車縫。
0.7
尾巴
（背面）

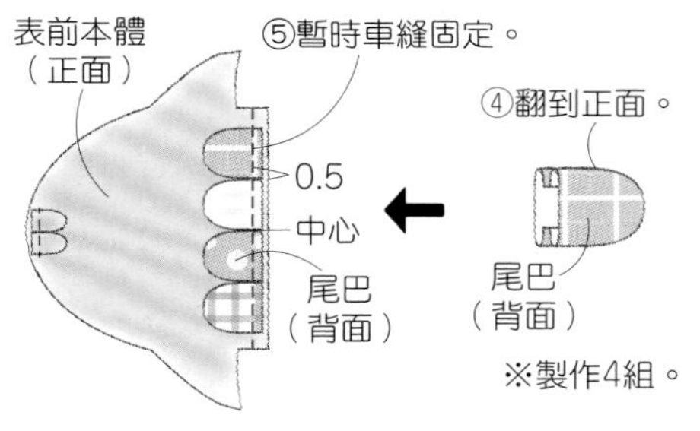

表前本體
（正面）
⑤暫時車縫固定。
④翻到正面。
0.5
中心
尾巴
（背面）
尾巴
（背面）
※製作4組。

3. 製作表前本體

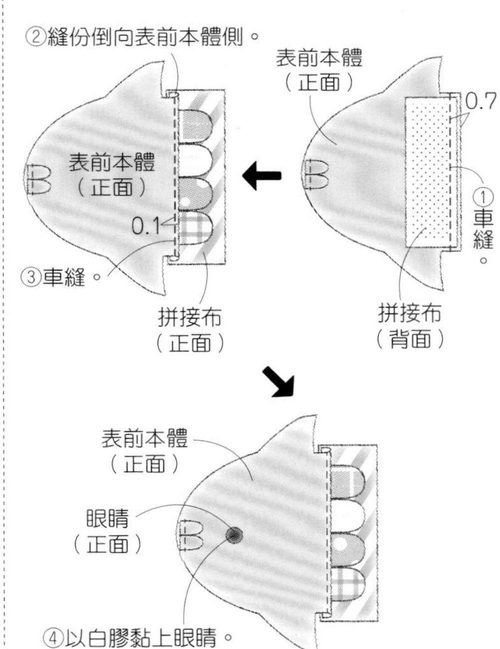

②縫份倒向表前本體側。
表前本體
（正面）
表前本體
（正面）
0.7
0.1
①車縫。
③車縫。
拼接布
（正面）
拼接布
（背面）
表前本體
（正面）
眼睛
（正面）
④以白膠黏上眼睛。

4. 安裝拉鍊

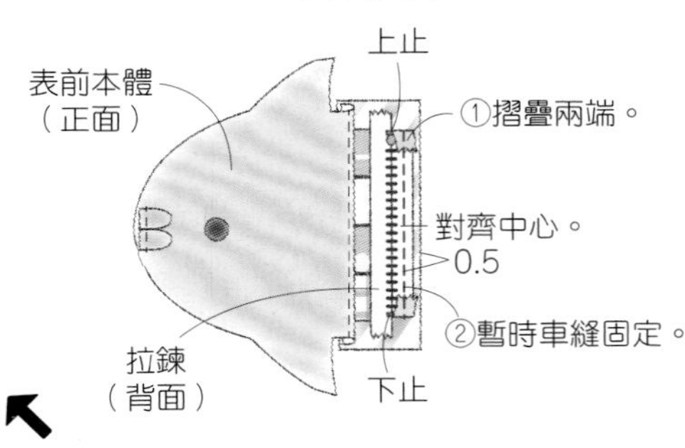

表前本體
（正面）
上止
①摺疊兩端。
對齊中心。
0.5
②暫時車縫固定。
拉鍊
（背面）
下止

裁布圖

※拼接布無原寸紙型，請依標示尺寸（已含縫份）直接裁剪。

※▒處需於背面沿完成線邊貼接著襯。

※□處將紙型翻面使用。

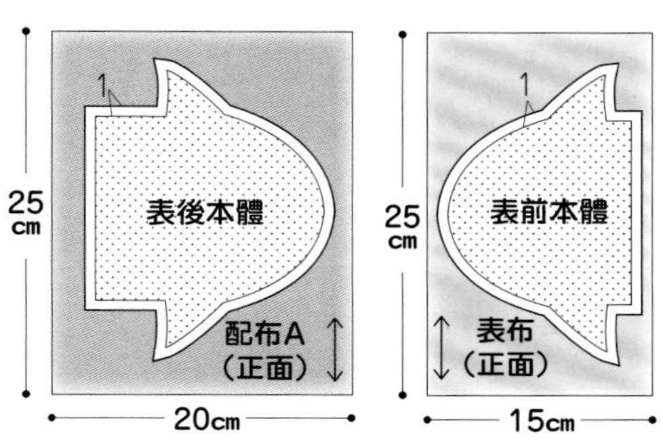

25cm
1
表後本體
配布A
（正面）
20cm
25cm
1
表前本體
表布
（正面）
15cm

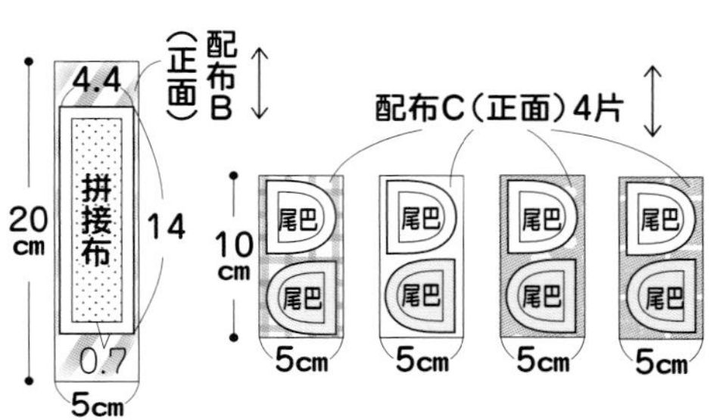

配布B
（正面）
4.4
20cm
拼接布
14
0.7
5cm
配布C（正面）4片
10cm
尾巴
5cm

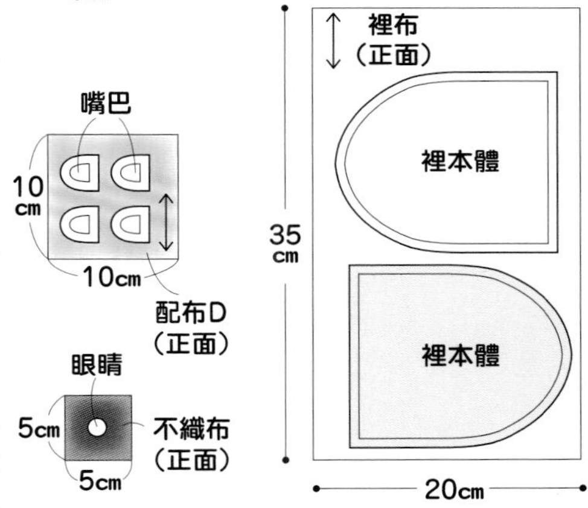

嘴巴
10cm
10cm
配布D
（正面）
眼睛
5cm
5cm
不織布
（正面）
裡布
（正面）
裡本體
裡本體
35cm
20cm

1. 縫上嘴巴

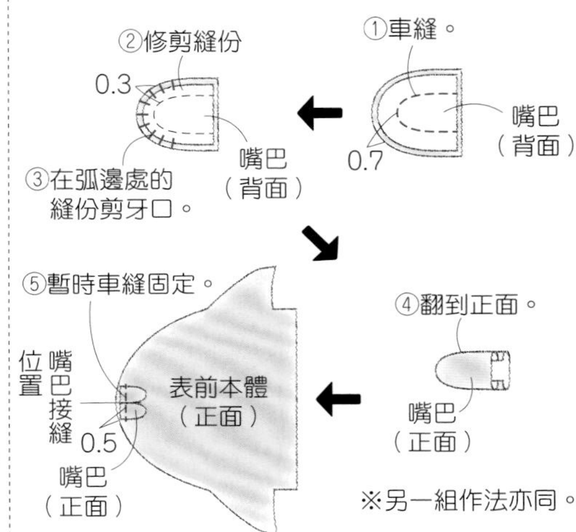

②修剪縫份
0.3
①車縫。
嘴巴
（背面）
嘴巴
（背面）
0.7
③在弧邊處的
縫份剪牙口。
⑤暫時車縫固定。
④翻到正面。
嘴巴接縫位置
表前本體
（正面）
0.5
嘴巴
（正面）
嘴巴
（正面）
※另一組作法亦同。

完成尺寸

寬33×高18×側身14cm
（提把約28cm）

原寸紙型

C面

材料

表布（Cotton Lawn）40cm×40cm
配布A（亞麻布）40cm×40cm
配布B（亞麻布）40cm×20cm
裡布（棉布）70cm×90cm／**接著襯**（薄）40cm×40cm

P.44_No.36 拼接祖母包

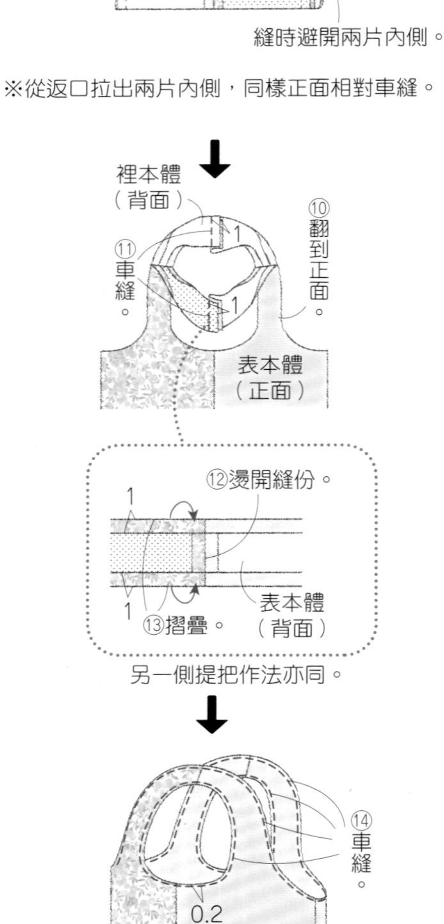

表本體（正面）
表本體（背面）
⑤表本體&裡本體各自正面相對。
⑥車縫。
完成線
⑦外側的表本體&裡本體正面相對。
裡本體（背面）
底（正面）
裡本體（正面）
⑧車縫。
裡本體（正面）
止縫點
⑨在弧邊剪牙口。
返口
表本體（背面）
縫時避開兩片內側。
※從返口拉出兩片內側，同樣正面相對車縫。
裡本體（背面）
⑩翻到正面。
⑪車縫。
表本體（正面）
⑫燙開縫份。
⑬摺疊。
表本體（背面）
另一側提把作法亦同。
⑭車縫。
0.2
表本體（正面）

2. 製作表本體

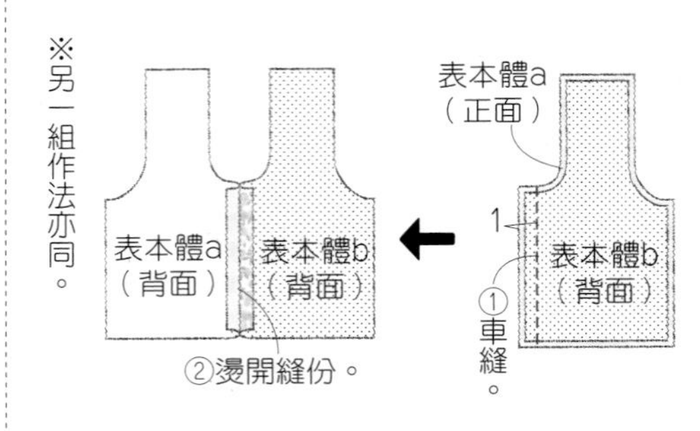

※另一組作法亦同。
表本體a（正面）
表本體a（背面）
表本體b（背面）
①車縫。
②燙開縫份。

3. 接縫底部

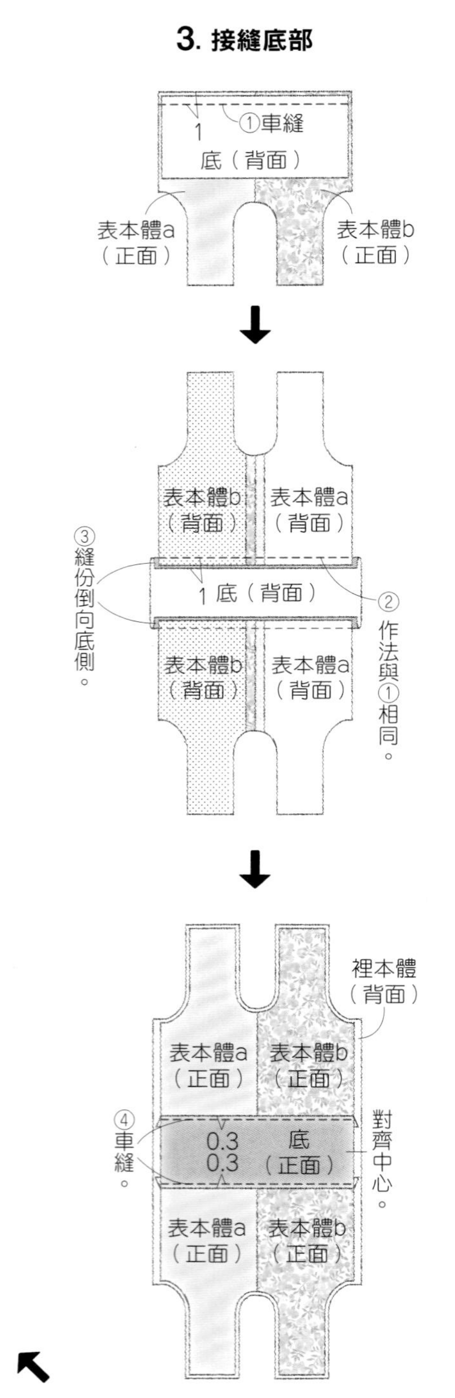

①車縫
底（背面）
表本體a（正面）
表本體b（正面）
表本體b（背面）
表本體a（背面）
③縫份倒向底側。
②作法與①相同。
表本體（背面）
表本體a（正面）
表本體b（正面）
④車縫。
0.3
0.3
底（正面）
對齊中心。
裡本體（背面）

裁布圖

※底＆口袋無原寸紙型，請依標示尺寸（已含縫份）直接裁剪。
※▭處需於背面燙貼接著襯。

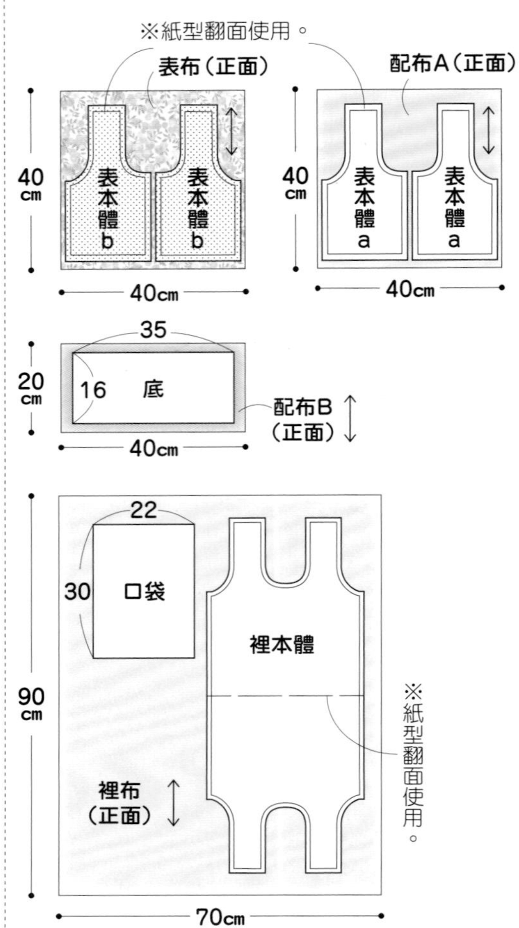

※紙型翻面使用。
表布（正面）
配布A（正面）
40cm
表本體b
表本體a
35
20cm
16
底
配布B（正面）
22
30
口袋
裡本體
90cm
裡布（正面）
※紙型翻面使用。
70cm

1. 縫上口袋

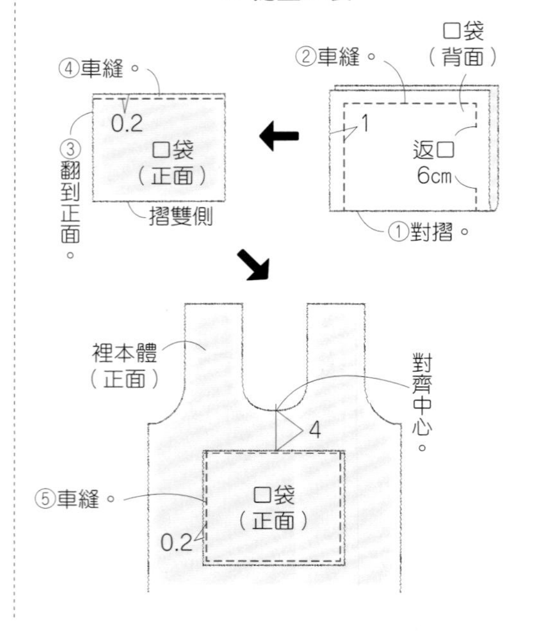

④車縫。
②車縫。
口袋（背面）
0.2
口袋（正面）
③翻到正面。
摺雙側
返口
6cm
①對摺。
裡本體（正面）
對齊中心。
4
⑤車縫。
口袋（正面）
0.2

完成尺寸

寬16×高18cm

原寸紙型

C面

材料

表布（Cotton Lawn）20cm×25cm
配布（亞麻布）20cm×30cm
裡布（棉布）60cm×35cm

P.45_ No.37 扇貝邊束口波奇袋

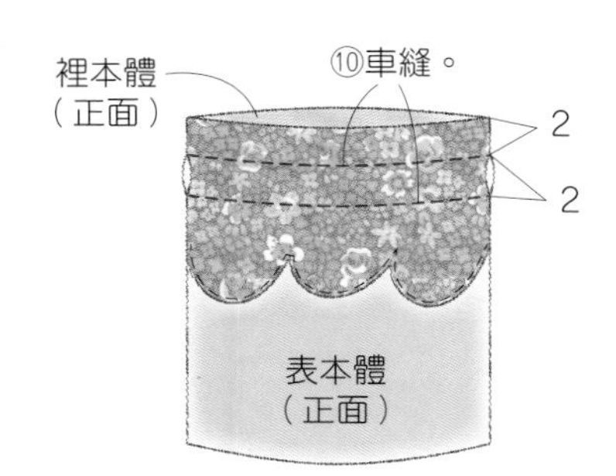

⑧翻到正面。
裡本體
（正面）
⑨縫合返口。
表本體
（正面）

裁布圖

※除了扇貝邊之外皆無原寸紙型，請依標示尺寸（已含縫份）直接裁剪。

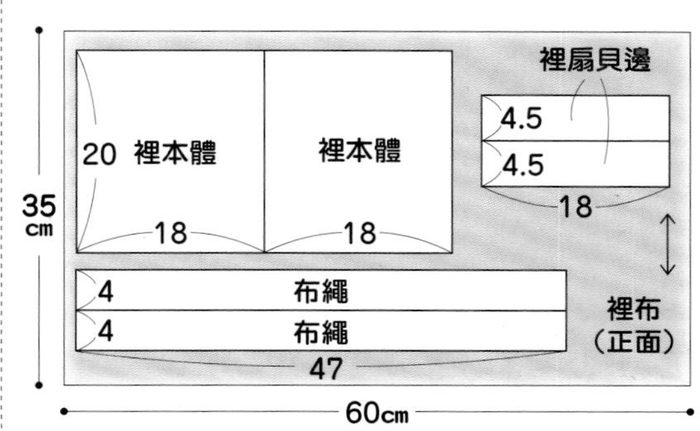

裡扇貝邊
4.5
4.5
18
20 裡本體
裡本體
18
18
35cm
4 布繩
4 布繩
47
裡布
（正面）
60cm
配布
（正面）
30cm
13 表本體
13 表本體
18
20cm
表布
（正面）
表扇貝邊
11.5
11.5
18
25cm
20cm

1. 製作扇貝邊

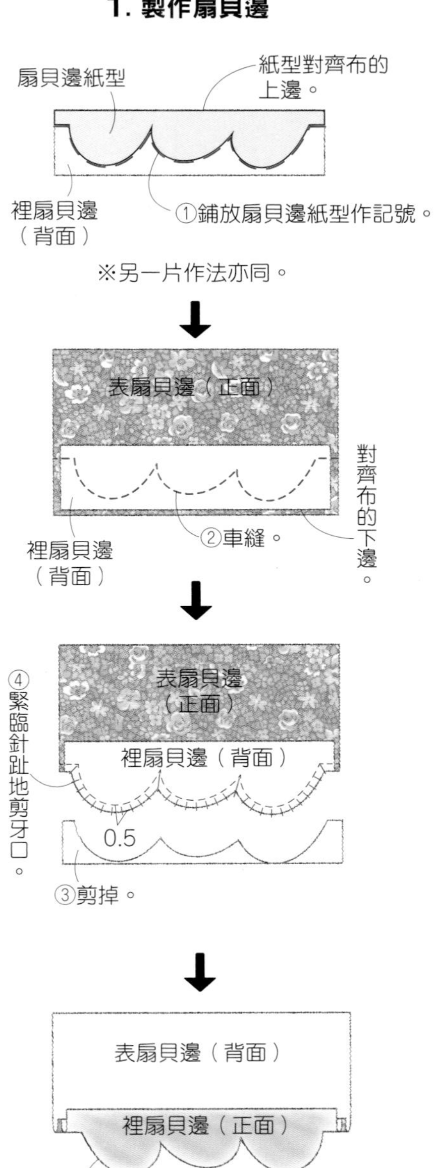

扇貝邊紙型
紙型對齊布的上邊。
裡扇貝邊
（背面）
①鋪放扇貝邊紙型作記號。
※另一片作法亦同。
表扇貝邊（正面）
對齊布的下邊。
裡扇貝邊
（背面）
②車縫。
表扇貝邊
（正面）
裡扇貝邊（背面）
④緊臨針趾地剪牙口。
0.5
③剪掉。
表扇貝邊（背面）
裡扇貝邊（正面）
⑤翻到正面整燙。
※另一組作法亦同。

2. 套疊表本體&裡本體

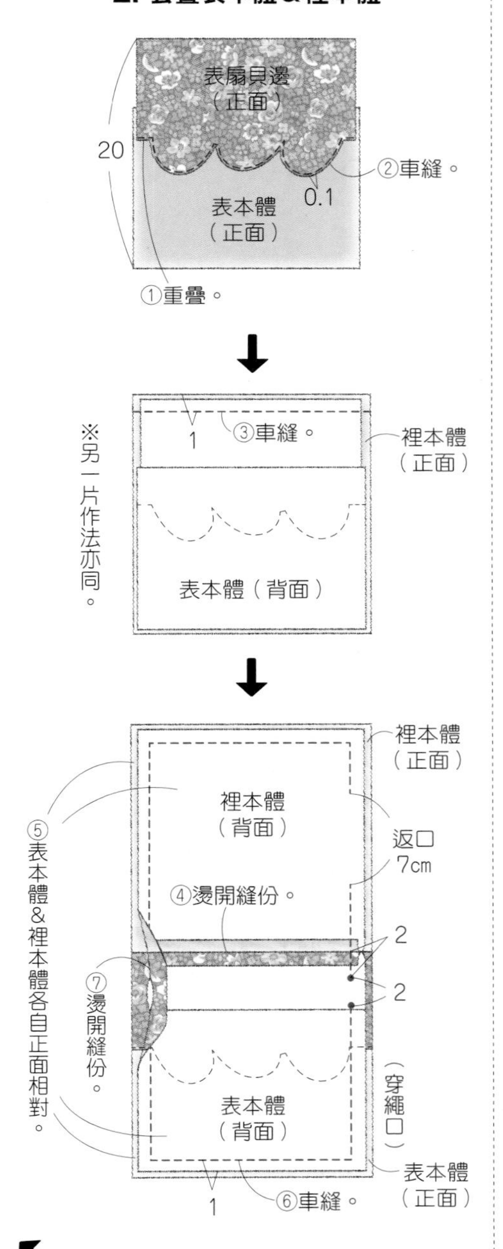

表扇貝邊
（正面）
20
②車縫。
0.1
表本體
（正面）
①重疊。
※另一片作法亦同。
1
③車縫。
裡本體
（正面）
表本體（背面）
裡本體
（正面）
裡本體
（背面）
返口
7cm
④燙開縫份。
⑤表本體&裡本體各自正面相對。
⑦燙開縫份。
2
2
（穿繩口）
表本體
（背面）
表本體
（正面）
1
⑥車縫。

3. 穿入布繩

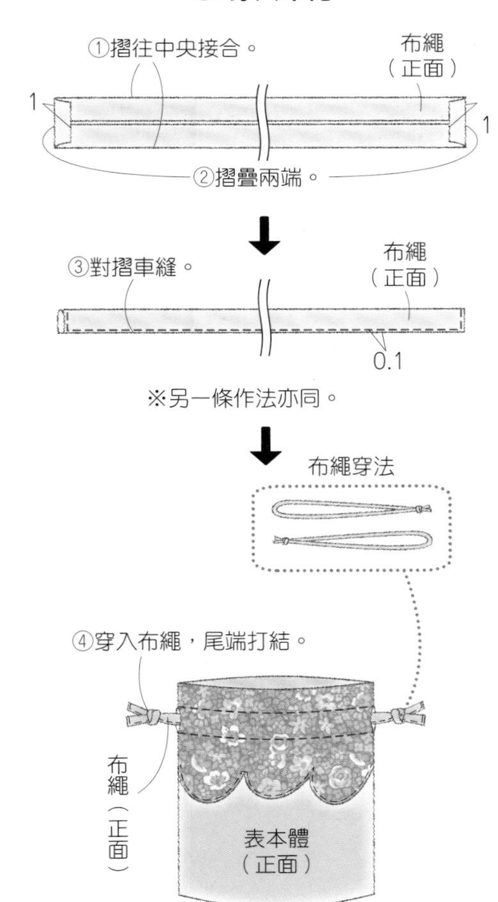

裡本體
（正面）
⑩車縫。
2
2
表本體
（正面）
①摺往中央接合。
布繩
（正面）
1
1
②摺疊兩端。
③對摺車縫。
布繩
（正面）
0.1
※另一條作法亦同。
布繩穿法
④穿入布繩，尾端打結。
布繩（正面）
表本體
（正面）

完成尺寸	材料
寬14×高11×側身6cm	**表布A**（Cotton Lawn）15cm×15cm **表布B**（Cotton Lawn）15cm×15cm **表布C**（Cotton Lawn）25cm×25cm **配布**（亞麻布）40cm×10cm／**裡布**（棉布）40cm×35cm **接著襯**（薄）40cm×35cm／**磁釦** 10mm 1組

原寸紙型

C面

P.45_ No.38

掀蓋式波奇包

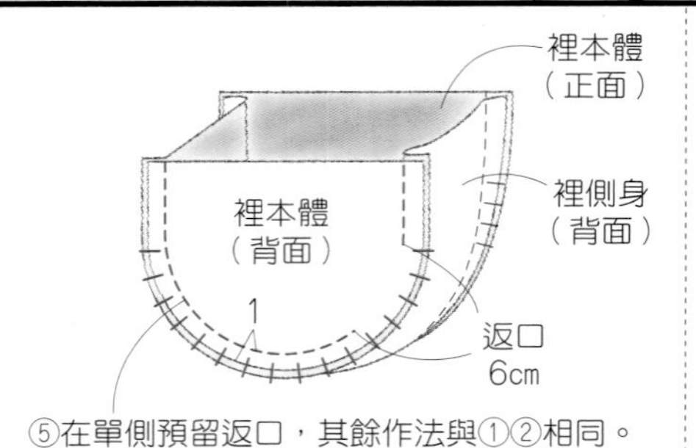

裡本體
（正面）
裡側身
（背面）
裡本體
（背面）
1
返口
6cm
⑤在單側預留返口，其餘作法與①②相同。

5. 套疊表本體＆裡本體

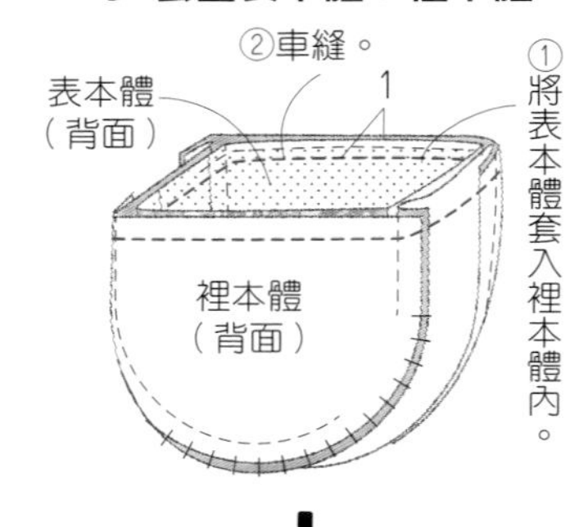

②車縫。
①將表本體套入裡本體內。
表本體
（背面）
1
裡本體
（背面）

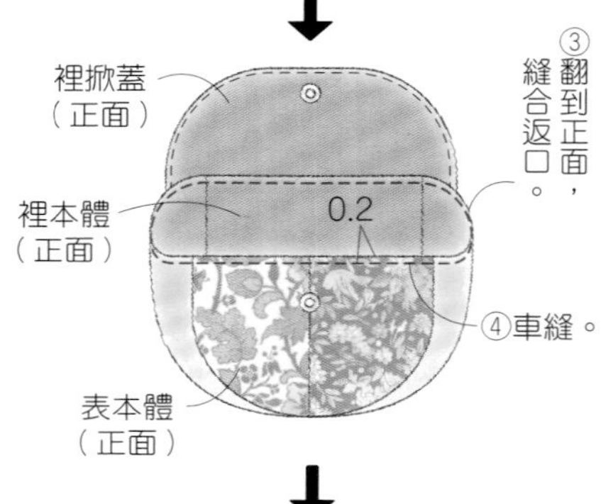

裡掀蓋
（正面）
③翻到正面，縫合返口。
裡本體
（正面）
0.2
④車縫。
表本體
（正面）

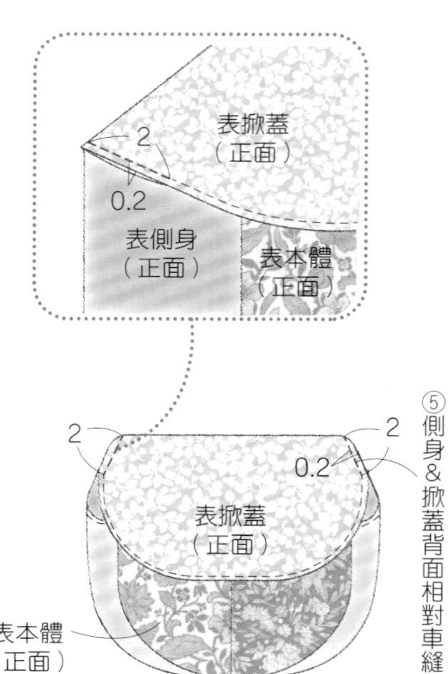

2
表掀蓋
（正面）
0.2
表側身
（正面）
表本體
（正面）
2
2
0.2
⑤側身＆掀蓋背面相對車縫。
表掀蓋
（正面）
表本體
（正面）

2. 安裝磁釦

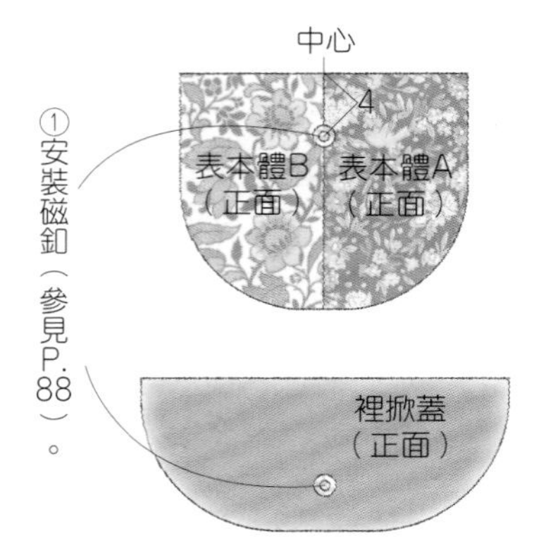

中心
4
①安裝磁釦（參見P.88）。
表本體B
（正面）
表本體A
（正面）
裡掀蓋
（正面）

3. 製作掀蓋

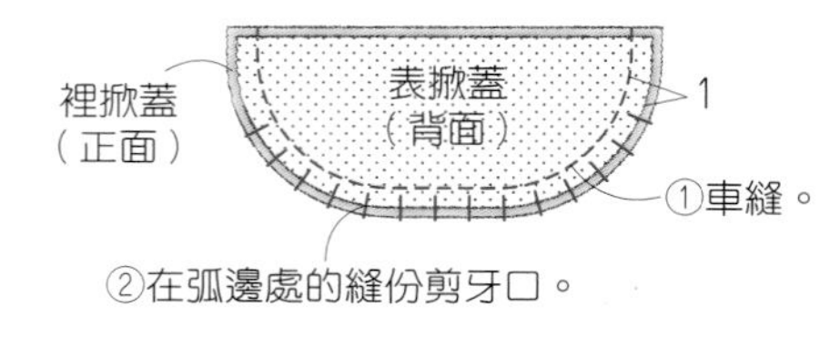

裡掀蓋
（正面）
表掀蓋
（背面）
1
①車縫。
②在弧邊處的縫份剪牙口。

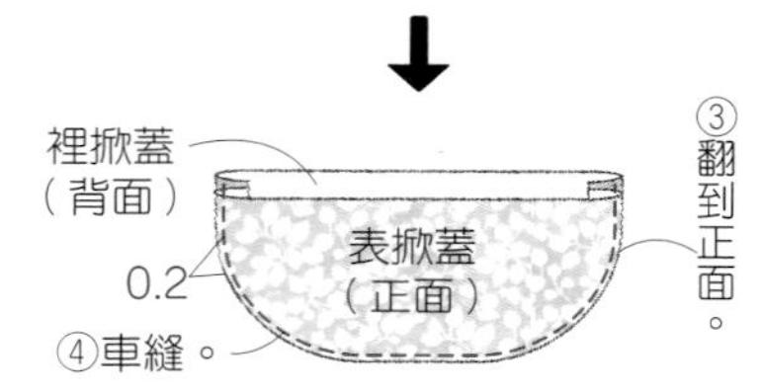

裡掀蓋
（背面）
③翻到正面。
表掀蓋
（正面）
0.2
④車縫。

4. 製作裡本體＆表本體

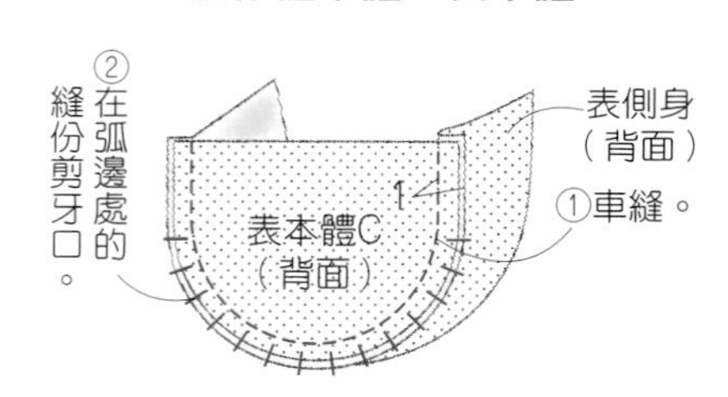

②在弧邊處的縫份剪牙口。
表側身
（背面）
1
①車縫。
表本體C
（背面）

※表側身的另一側同樣接縫表本體A・B。

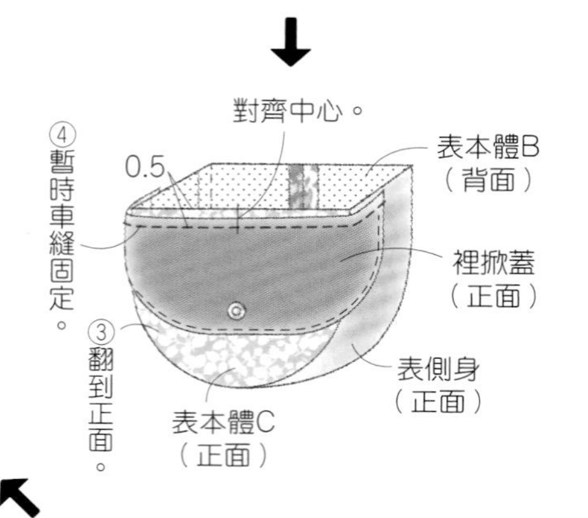

對齊中心。
④暫時車縫固定。
0.5
表本體B
（背面）
裡掀蓋
（正面）
③翻到正面。
表側身
（正面）
表本體C
（正面）

裁布圖

※表側身＆裡側身無原寸紙型，請依標示尺寸（已含縫份）直接裁剪。

※▭處需於背面燙貼接著襯。

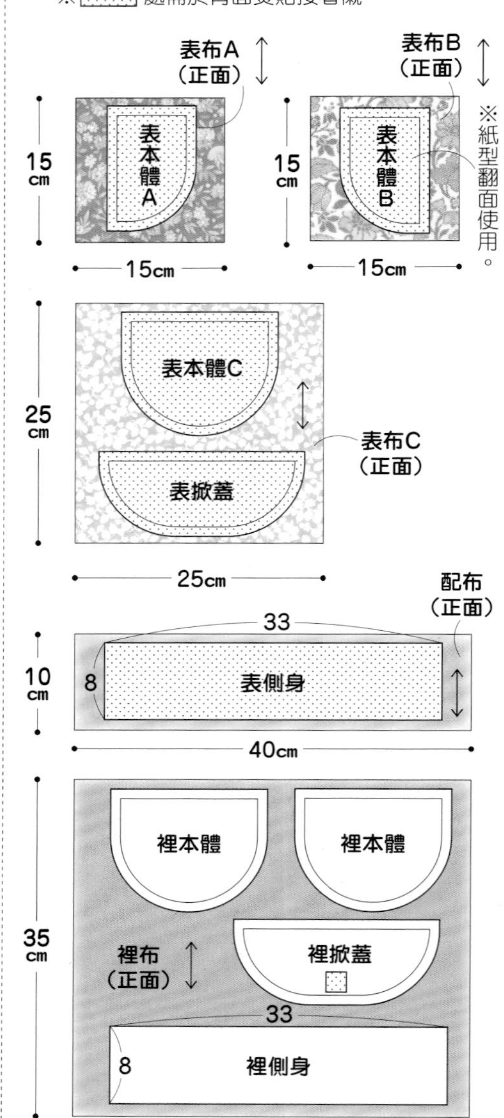

表布A
（正面）
15cm
表本體A
15cm
表布B
（正面）
15cm
表本體B
※紙型翻面使用。
15cm
25cm
表本體C
表布C
（正面）
表掀蓋
25cm
配布
（正面）
33
10cm
8
表側身
40cm
35cm
裡本體
裡本體
裡布
（正面）
裡掀蓋
33
8
裡側身
40cm

1. 製作表本體

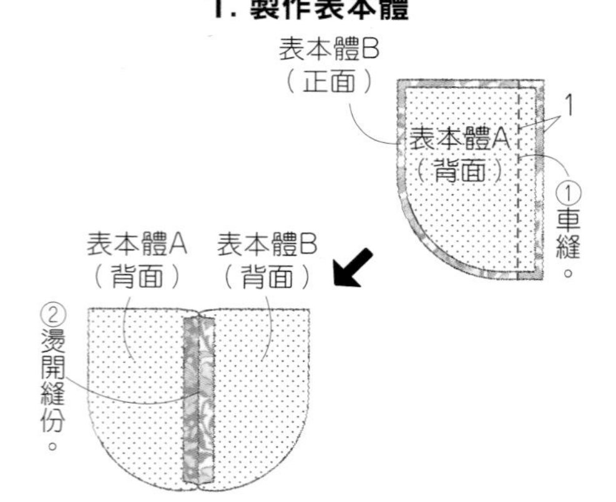

表本體B
（正面）
表本體A
（背面）
1
①車縫。
表本體A
（背面）
表本體B
（背面）
②燙開縫份。

完成尺寸

寬26×高7.5cm

原寸紙型

C面或下載 **紙型**

紙型下載方法請參見P.62

材料

表布（棉布）35cm×20cm／**配布**（棉布）30cm×10cm

裡布（平織布）25cm×20cm

接著鋪棉（薄）30cm×30cm／**Coil拉鍊** 15cm 1條

貼布繡紙襯 20cm×15cm／**布用彩繪筆**（銀色）

不織布貼紙（黑色）直徑 0.5cm 1片

25號繡線（白色・黑色）適量

P.46_ No.39

抹香鯨波奇包

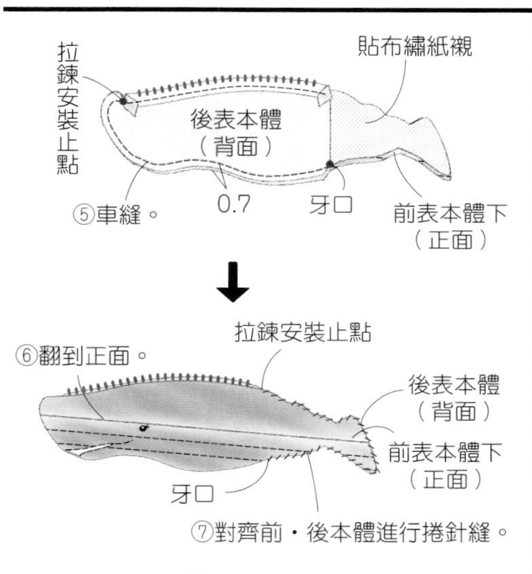

拉鍊安裝止點
貼布繡紙襯
後表本體
（背面）
⑤車縫。
0.7
牙口
前表本體下
（正面）
拉鍊安裝止點
⑥翻到正面。
後表本體
（背面）
前表本體下
（正面）
牙口
⑦對齊前・後本體進行捲針縫。

3. 接縫胸鰭

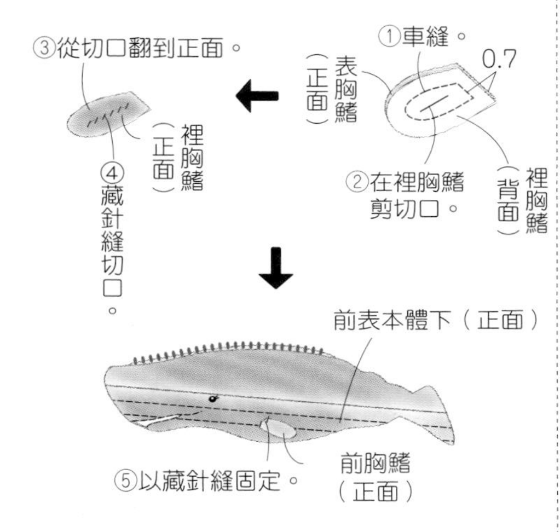

③從切口翻到正面。
①車縫。
0.7
表胸鰭（正面）
裡胸鰭（正面）
④藏針縫切口。
②在裡胸鰭剪切口。
裡胸鰭（背面）
前表本體下（正面）
⑤以藏針縫固定。
前胸鰭
（正面）

4. 套疊表本體＆裡本體

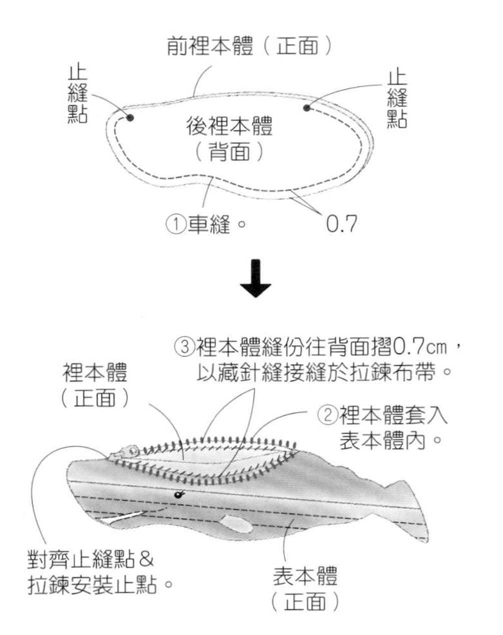

前裡本體（正面）
止縫點
止縫點
後裡本體
（背面）
①車縫。
0.7
裡本體
（正面）
③裡本體縫份往背面摺0.7cm，以藏針縫接縫於拉鍊布帶。
②裡本體套入表本體內。
對齊止縫點＆拉鍊安裝止點。
表本體
（正面）

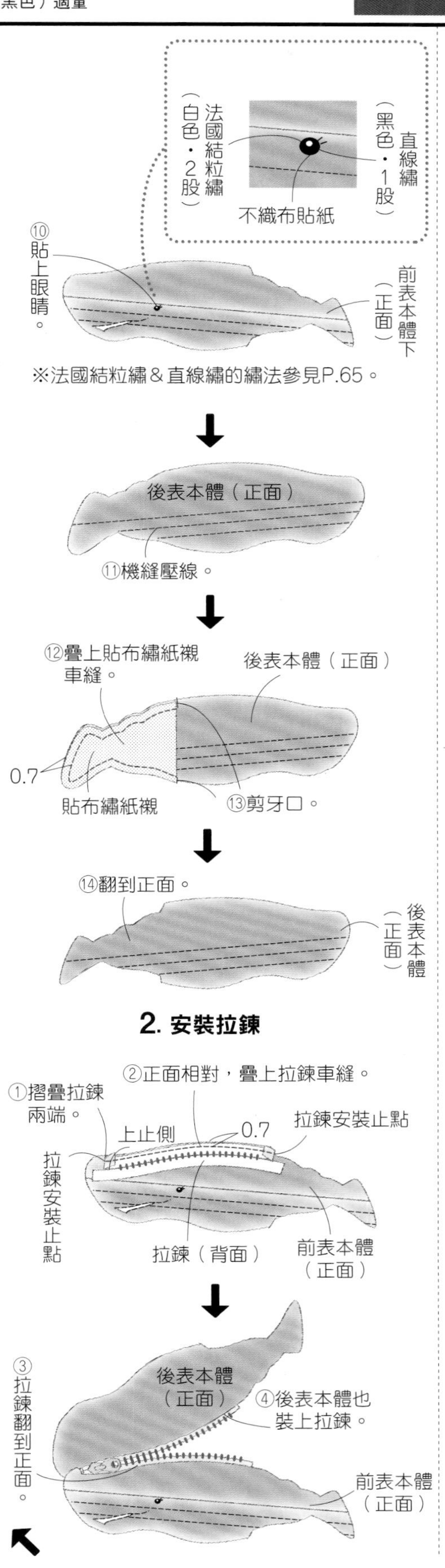

法國結粒繡（白色・2股）
直線繡（黑色・1股）
不織布貼紙
⑩貼上眼睛。
前表本體下（正面）
※法國結粒繡＆直線繡的繡法參見P.65。
後表本體（正面）
⑪機縫壓線。
⑫疊上貼布繡紙襯車縫。
後表本體（正面）
0.7
貼布繡紙襯
⑬剪牙口。
⑭翻到正面。
後表本體（正面）

2. 安裝拉鍊

②正面相對，疊上拉鍊車縫。
①摺疊拉鍊兩端。
上止側
0.7
拉鍊安裝止點
拉鍊安裝止點
拉鍊（背面）
前表本體
（正面）
後表本體
（正面）
④後表本體也裝上拉鍊。
③拉鍊翻到正面。
前表本體
（正面）

裁布圖

※▭處需於背面燙貼接著鋪棉。

前表本體上	表布（正面）
後表本體	
※裡胸鰭 紙型翻面使用。	表胸鰭
20cm	35cm

前表本體下	配布（正面）
10cm	30cm

前裡本體	裡布（正面）
後裡本體 ※紙型翻面使用。	
20cm	25cm

1. 製作表本體

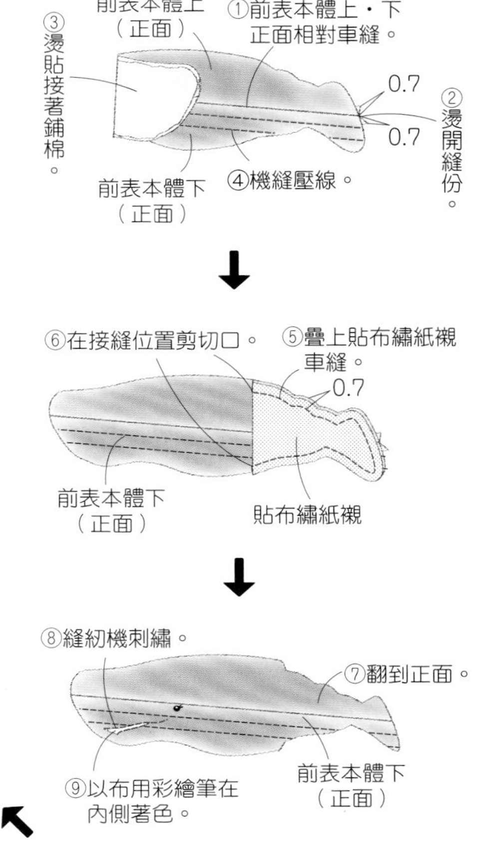

前表本體上
（正面）
①前表本體上・下正面相對車縫。
③燙貼接著鋪棉。
0.7
②燙開縫份。
0.7
前表本體下
（正面）
④機縫壓線。
⑥在接縫位置剪切口。
⑤疊上貼布繡紙襯車縫。
0.7
前表本體下
（正面）
貼布繡紙襯
⑧縫紉機刺繡。
⑦翻到正面。
⑨以布用彩繪筆在內側著色。
前表本體下
（正面）

完成尺寸

寬16×高12cm

原寸紙型

C面 或下載 **紙型**

紙型下載方法請參見P.62

材料

表布（棉布）40cm×20cm／**裡布**（棉布）40cm×20cm
配布A（棉布）20cm×25cm／**配布B**（棉布）20cm×20cm
配布C（棉布）15cm×15cm／**接著鋪棉** 40cm×20cm
接著襯（薄）15cm×10cm／**雙膠紙襯** 15cm×10cm／**布用彩繪筆**（白色）
Coil拉鍊 20cm 1條／**不織布貼紙**（黑色）直徑0.5cm 2片
水兵帶 寬1cm 20cm／**25號繡線**（黑色・白色）適量

P.46_ No.40

石蟹波奇包

裁布圖

※標示尺寸已含縫份。
※ ▒ 處需於背面燙貼接著襯。
　 □ 處需於背面燙貼接著鋪棉（僅限表本體）。

表・裡布（正面）
※裡布裁法相同。

前表本體 裡本體 ／ 後表本體 裡本體
20cm × 40cm

配布A（正面）：蟹殼、貼邊　25cm × 20cm

配布B（正面）：螯B、表腳A、裡腳A　20cm × 20cm

配布C（正面）：螯A、表腳B、裡腳B　15cm × 15cm

※需裁剪兩片的部件，其中一片是將紙型翻面裁剪。

1. 製作表本體

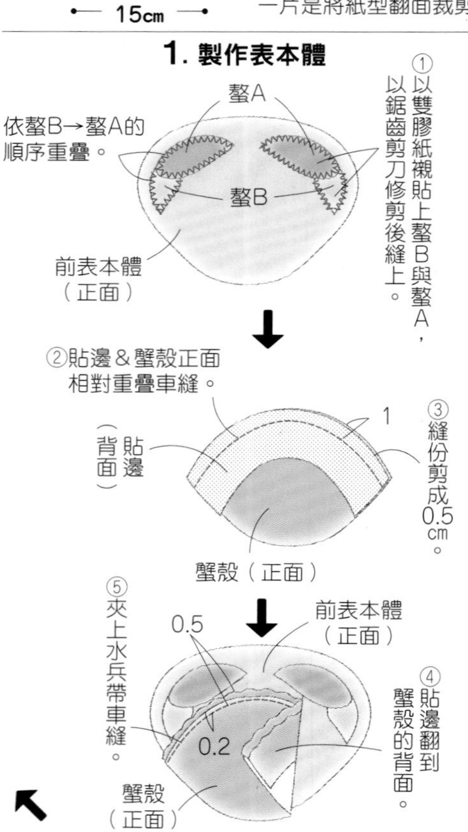

①以雙膠紙襯貼上螯B與螯A，以鋸齒剪刀修剪後縫上。
螯A
依螯B→螯A的順序重疊。
螯B
前表本體（正面）
②貼邊＆蟹殼正面相對重疊車縫。
1
③縫份剪成0.5cm。
貼邊（背面）
蟹殼（正面）
⑤夾上水兵帶車縫。
0.5
前表本體（正面）
④貼邊翻到蟹殼的背面。
0.2
蟹殼（正面）

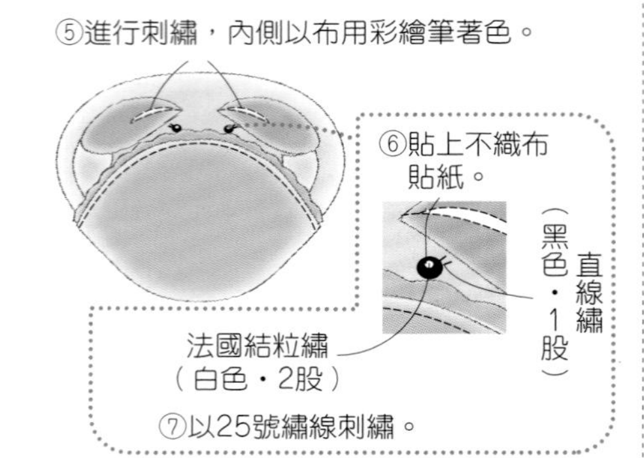

⑤進行刺繡，內側以布用彩繪筆著色。
⑥貼上不織布貼紙。
直線繡（黑色・1股）
法國結粒繡（白色・2股）
⑦以25號繡線刺繡。

※法國結粒繡＆直線繡的繡法參見P.65。

2. 安裝拉鍊

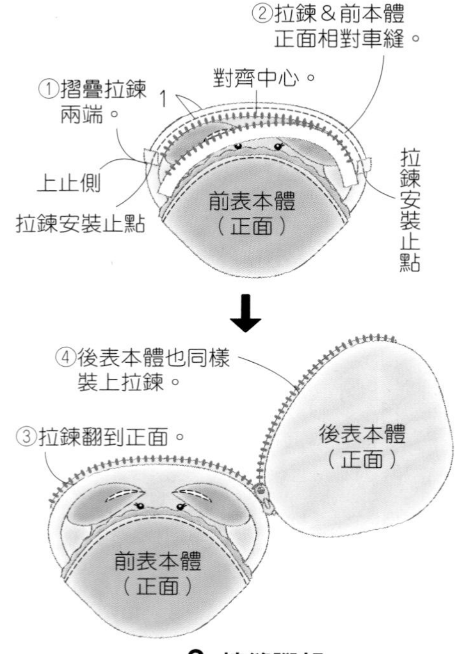

②拉鍊＆前本體正面相對車縫。
①摺疊拉鍊兩端。
1
對齊中心。
上止側
拉鍊安裝止點
前表本體（正面）
拉鍊安裝止點
④後表本體也同樣裝上拉鍊。
③拉鍊翻到正面。
後表本體（正面）
前表本體（正面）

3. 接縫腳部

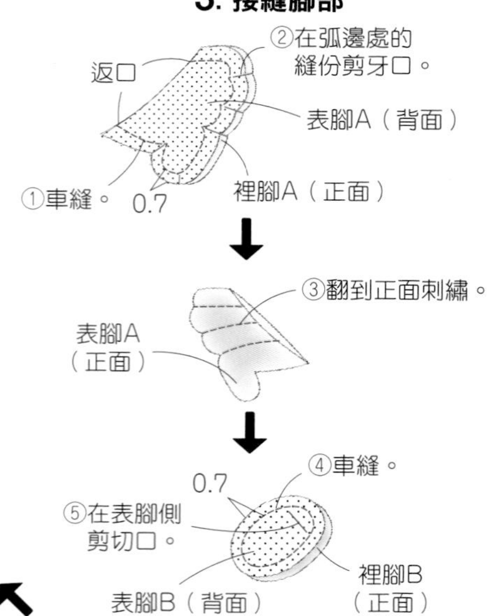

②在弧邊處的縫份剪牙口。
返口
表腳A（背面）
①車縫。
0.7
裡腳A（正面）
③翻到正面刺繡。
表腳A（正面）
④車縫。
0.7
⑤在表腳側剪切口。
表腳B（背面）
裡腳B（正面）

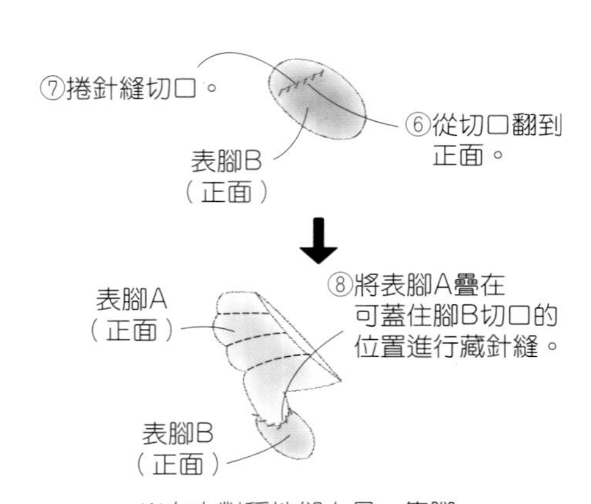

⑦捲針縫切口。
⑥從切口翻到正面。
表腳B（正面）
表腳A（正面）
⑧將表腳A疊在可蓋住腳B切口的位置進行藏針縫。
表腳B（正面）

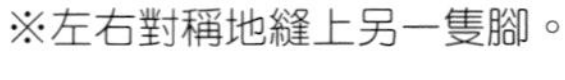

※左右對稱地縫上另一隻腳。

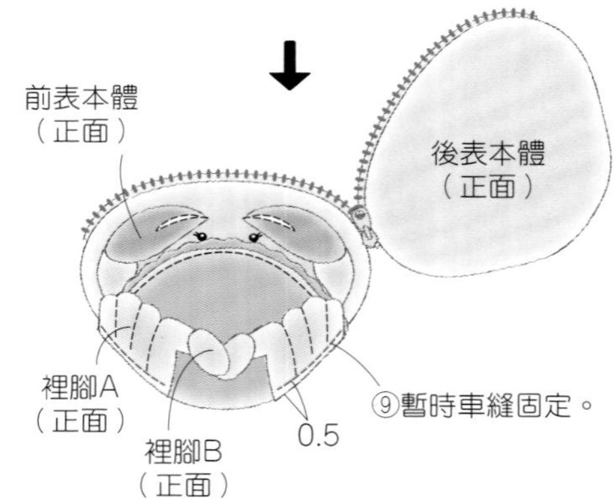

前表本體（正面）
後表本體（正面）
裡腳A（正面）
裡腳B（正面）
0.5
⑨暫時車縫固定。

4. 套疊表本體＆裡本體

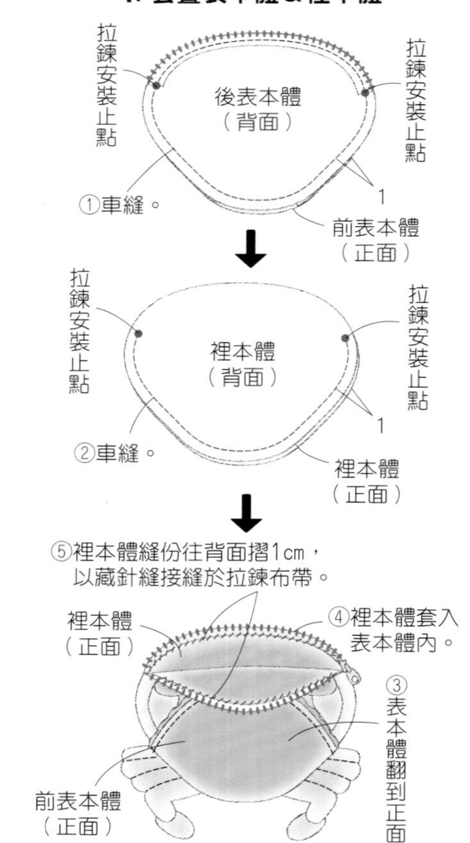

拉鍊安裝止點
後表本體（背面）
拉鍊安裝止點
①車縫。
1
前表本體（正面）
拉鍊安裝止點
裡本體（背面）
拉鍊安裝止點
②車縫。
1
裡本體（正面）
⑤裡本體縫份往背面摺1cm，以藏針縫接縫於拉鍊布帶。
裡本體（正面）
④裡本體套入表本體內。
③表本體翻到正面。
前表本體（正面）

完成尺寸

寬8×高36cm

原寸紙型

D面

材料

表布（聚酯纖維歐根紗）15cm×15cm
配布（網眼紗）90cm×20cm／**丸大串珠** 24顆
亮片（白色）直徑0.3cm 25片／**裝飾串珠** 直徑0.7至1cm 5顆
蕾絲織帶・歐根紗緞帶・椰纖風織帶 各50cm 3條
歐根紗緞帶・蕾絲織帶 各70cm 2條
壓克力棉蕾絲 20cm 2條／**金蔥線** 100cm
附3單圈別針 寬6cm 1個／**T針** 25mm 2根／**9針** 25mm 1根
水晶串珠 16mm 3顆

P.47_ No.41

發光水母胸針

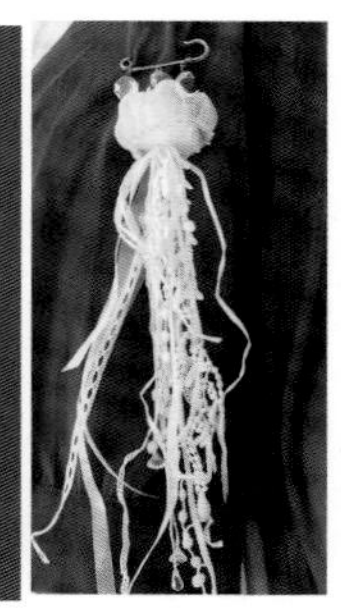

1. 製作本體

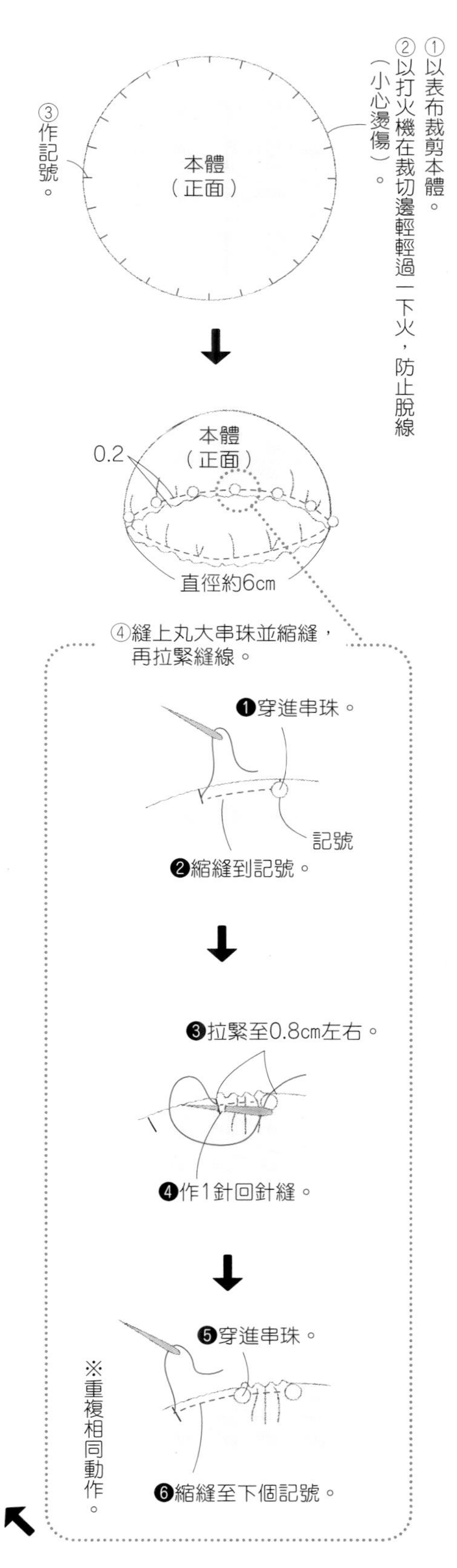

①以表布裁剪本體。
②以打火機在裁切邊輕輕過一下火，防止脫線（小心燙傷）。
③作記號。
本體（正面）
0.2
本體（正面）
直徑約6cm
④縫上丸大串珠並縮縫，再拉緊縫線。
❶穿進串珠。
記號
❷縮縫到記號。
❸拉緊至0.8cm左右。
❹作1針回針縫。
❺穿進串珠。
※重複相同動作。
❻縮縫至下個記號。

2. 製作內本體

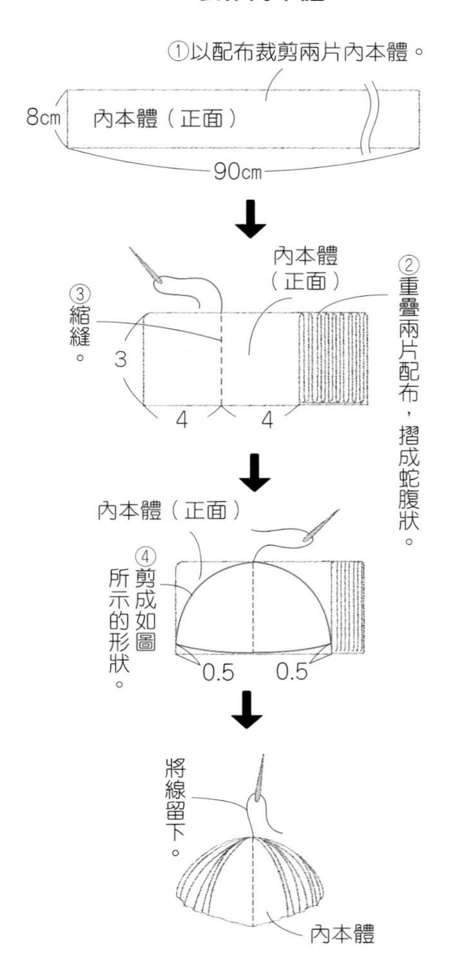

本體（正面）
⑤縫上亮片。
❶縮縫至記號，穿進亮片。
❷作1針回針縫固定亮片。
※重複相同動作。
①以配布裁剪兩片內本體。
8cm
內本體（正面）
90cm
內本體（正面）
②重疊兩片配布，摺成蛇腹狀。
③縮縫。
3
4
4
內本體（正面）
④剪成如圖所示的形狀。
0.5
0.5
將線留下。
內本體

3. 組裝

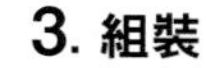

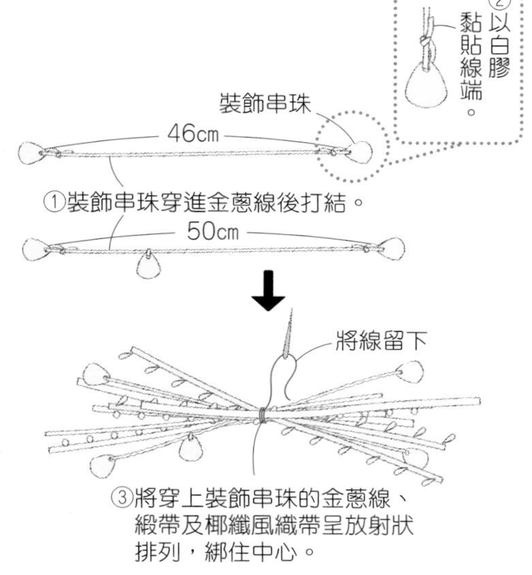

②以白膠黏貼線端。
裝飾串珠
46cm
①裝飾串珠穿進金蔥線後打結。
50cm
將線留下
③將穿上裝飾串珠的金蔥線、緞帶及椰纖風織帶呈放射狀排列，綁住中心。

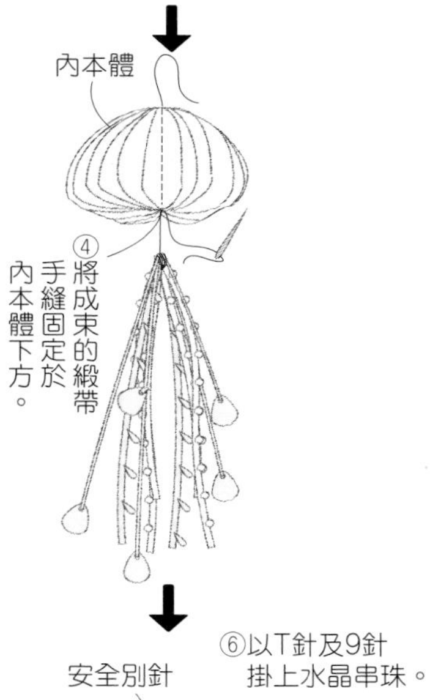

內本體
④將成束的緞帶手縫固定於內本體下方。

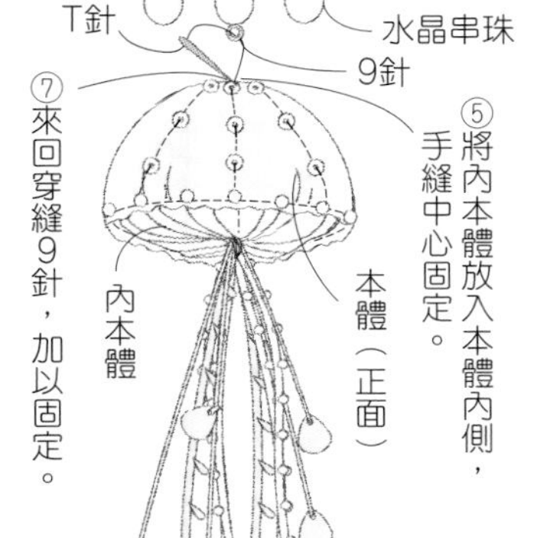

⑥以T針及9針掛上水晶串珠。
安全別針
T針
T針
水晶串珠
9針
⑦來回穿縫9針，加以固定。
⑤將內本體放入本體內側，手縫中心固定。
內本體
本體（正面）

完成尺寸

寬18×高25cm
（提把9cm）

原寸紙型

D面 或下載 **紙型**

紙型下載方法請參見P.62

材料

表布（雙層網布）20cm×25cm
裡布（平織布）20cm×25cm
配布A（棉布）30cm×25cm／**配布B**（合成皮）15cm×5cm
不織布（鮭魚色・水色）各5cm×5cm／**鈕釦** 7mm 2顆
樹脂拉鍊 15cm 1條／**緞帶** 寬1cm 20cm

P.47_ No.42

企鵝波奇包

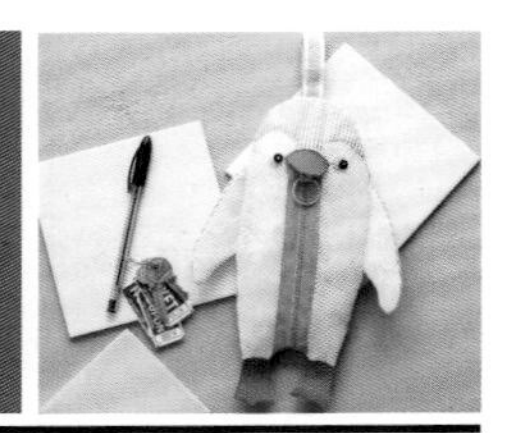

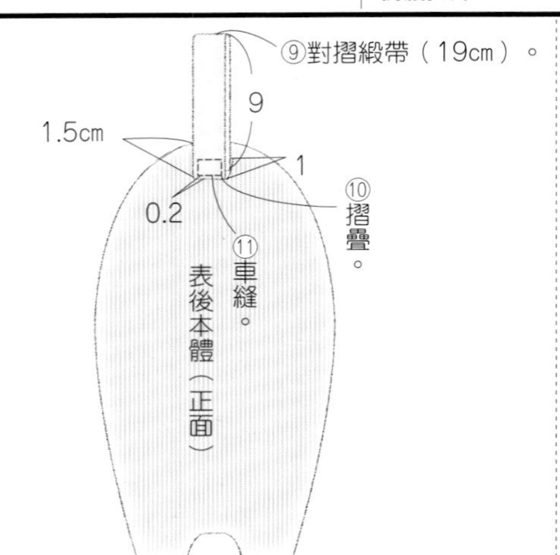

⑨對摺緞帶（19cm）。
9
1.5cm
1
0.2
⑩摺疊。
⑪車縫。
表後本體（正面）

4. 疊合表本體＆裡本體

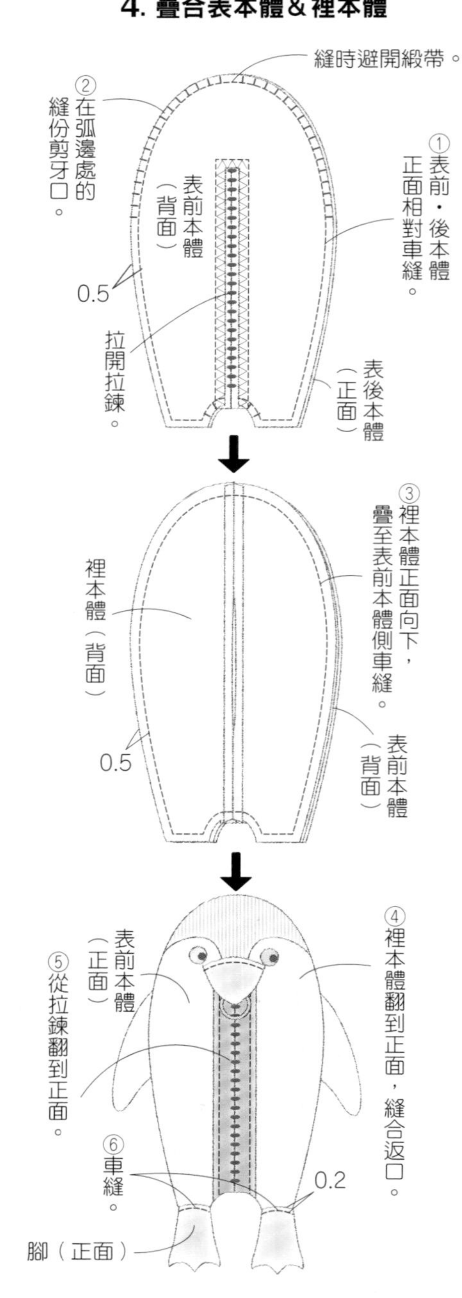

縫時避開緞帶。
②在弧邊處的縫份剪牙口。
①表前・後本體正面相對車縫。
表前本體（背面）
0.5
拉開拉鍊。
表後本體（正面）
③裡本體正面向下，疊至表前本體側車縫。
裡本體（背面）
0.5
表前本體（背面）
④裡本體翻到正面，縫合返口。
表前本體（正面）
⑤從拉鍊翻到正面。
⑥車縫。
0.2
腳（正面）

3. 製作表本體

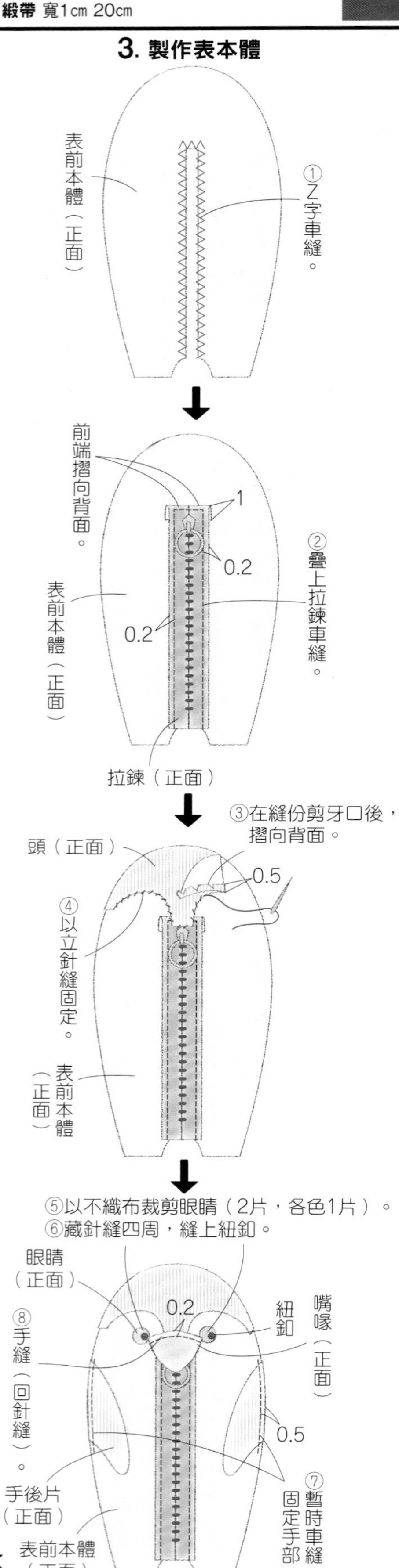

表前本體（正面）
①Z字車縫。
前端摺向背面。
1
0.2
表前本體（正面）
②疊上拉鍊車縫。
0.2
拉鍊（正面）
③在縫份剪牙口後，摺向背面。
頭（正面）
0.5
④以立針縫固定。
表前本體（正面）
⑤以不織布裁剪眼睛（2片，各色1片）。
⑥藏針縫四周，縫上紐釦。
眼睛（正面）
0.2
紐釦
嘴喙（正面）
⑧手縫（回針縫）。
0.5
手後片（正面）
⑦暫時車縫固定手部。
表前本體（正面）

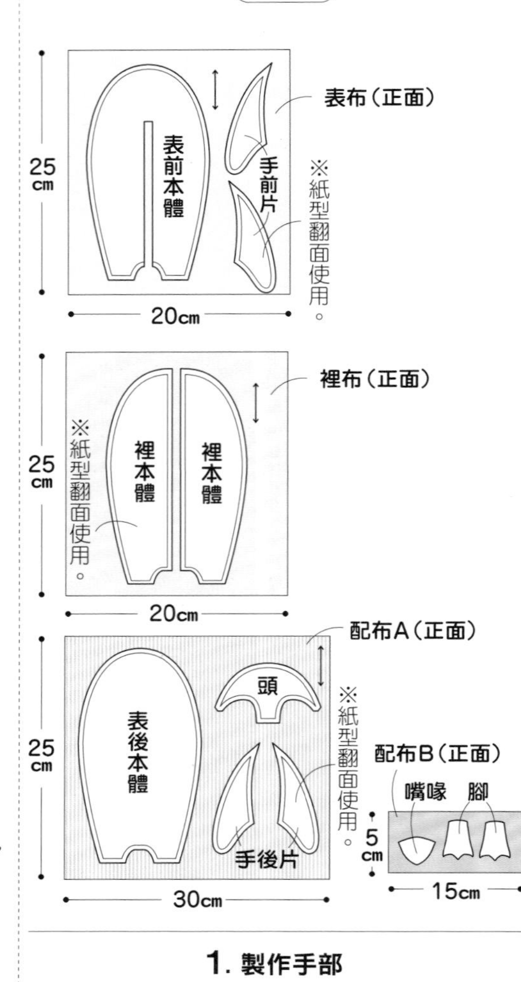

裁布圖
表布（正面）
25cm
表前本體
手前片
※紙型翻面使用。
20cm
裡布（正面）
25cm
※紙型翻面使用。
裡本體
裡本體
20cm
配布A（正面）
25cm
表後本體
頭
※紙型翻面使用。
手後片
30cm
配布B（正面）
嘴喙
腳
5cm
15cm

1. 製作手部

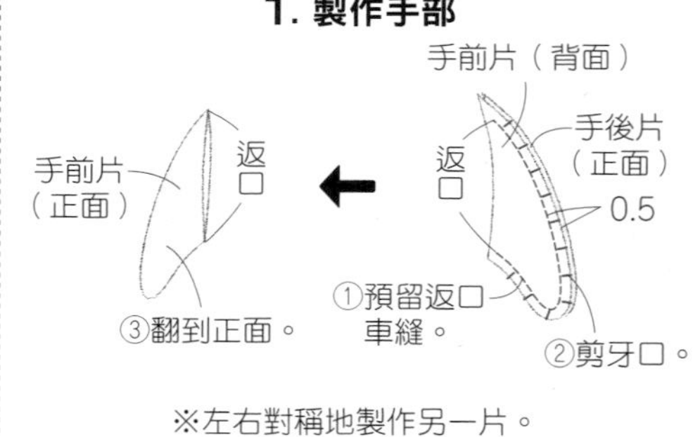

手前片（背面）
手後片（正面）
返口
0.5
手前片（正面）
返口
③翻到正面。
①預留返口車縫。
②剪牙口。

※左右對稱地製作另一片。

2. 製作裡本體

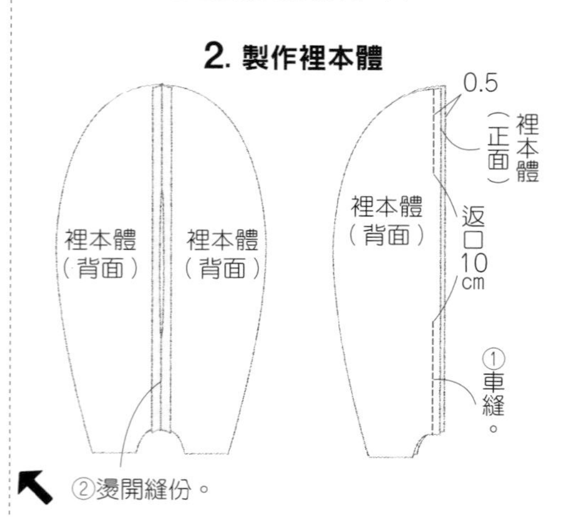

0.5
裡本體（正面）
裡本體（背面）
裡本體（背面）
裡本體（背面）
返口10cm
①車縫。
②燙開縫份。

完成尺寸

腰圍 73cm
總長 86cm

原寸紙型

無

材料

表布（Cotton Lawn）寬110cm 200cm
裡布（Cotton Lawn）寬110cm 200cm
鬆緊帶 寬3.5cm 80cm

P.48_ No.43
雙面裙

裁布圖

※標示尺寸已含縫份。
※裡布裁法相同。

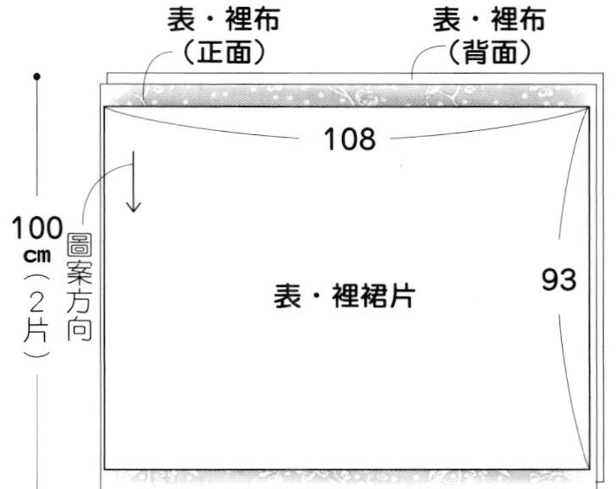
表・裡布
（正面）
表・裡布
（背面）
108
100cm（2片）
圖案方向
表・裡裙片
93
寬110cm

1. 作記號

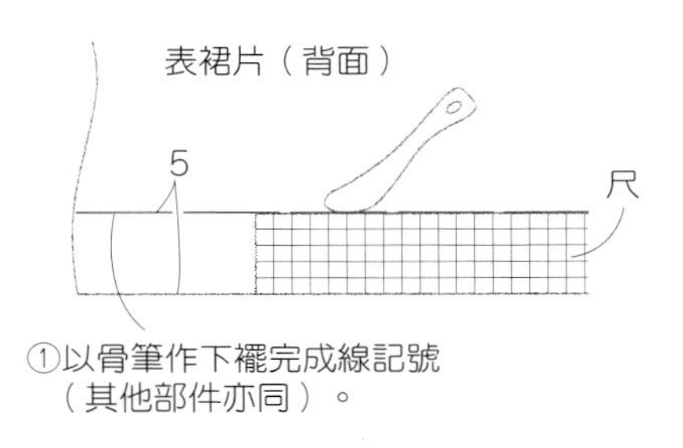
表裙片（背面）
5
尺
①以骨筆作下襬完成線記號
（其他部件亦同）。

2. 製作前・後裙片

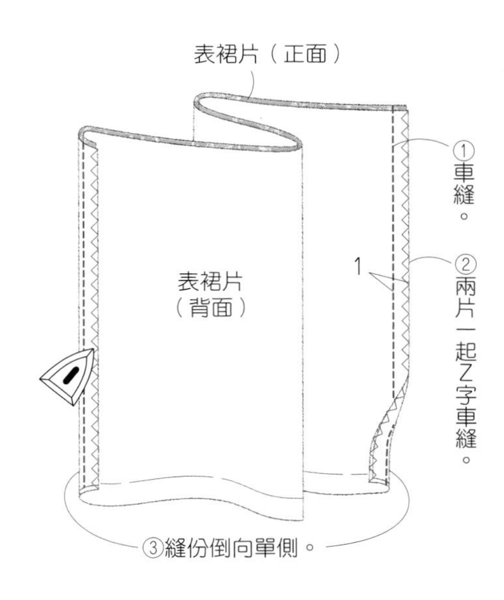
表裙片（正面）
①車縫。
1
②兩片一起Z字車縫。
表裙片
（背面）
③縫份倒向單側。

3. 車縫腰頭

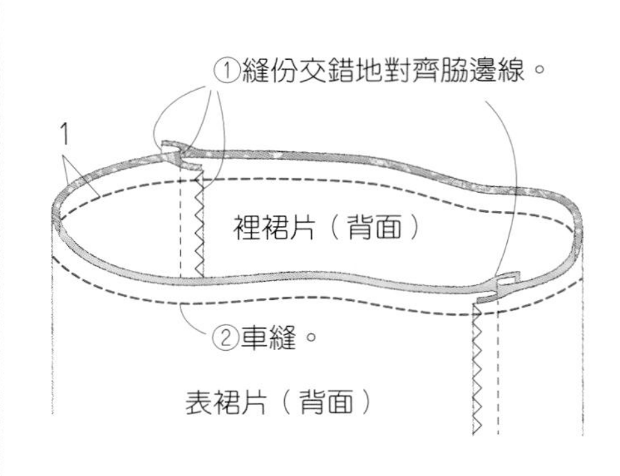
①縫份交錯地對齊脇邊線。
1
裡裙片（背面）
②車縫。
表裙片（背面）

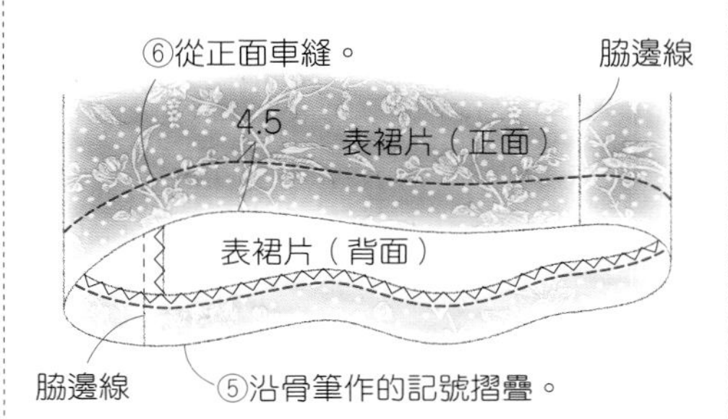
⑥從正面車縫。
脇邊線
4.5
表裙片（正面）
表裙片（背面）
脇邊線
⑤沿骨筆作的記號摺疊。

※依步驟**1.**及**2.**製作裡裙片
（縫份倒向與表裙片相反的方向）。

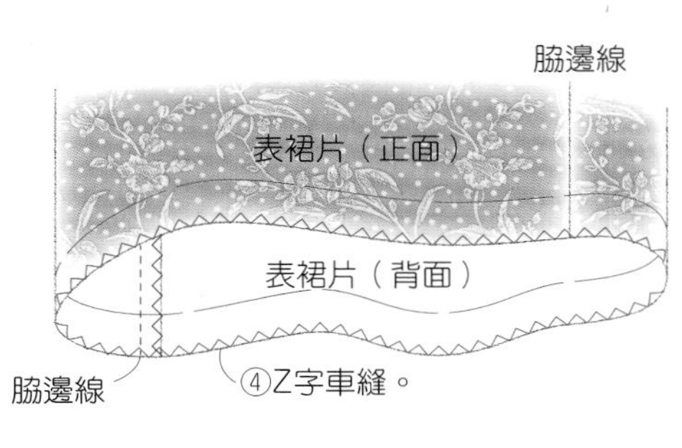
脇邊線
表裙片（正面）
表裙片（背面）
脇邊線
④Z字車縫。

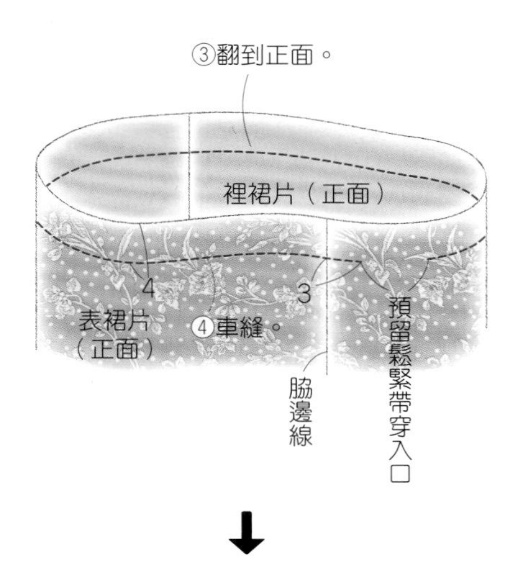
③翻到正面。
裡裙片（正面）
4
3
表裙片
（正面）
④車縫。
脇邊線
預留鬆緊帶穿入口

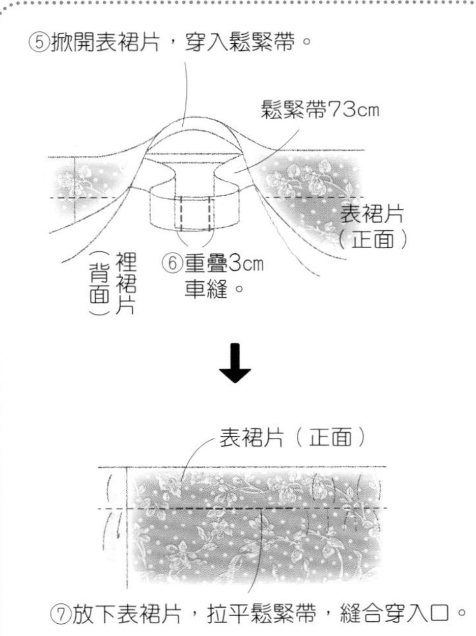
⑤掀開表裙片，穿入鬆緊帶。
鬆緊帶73cm
表裙片
（正面）
裡裙片
（背面）
⑥重疊3cm
車縫。
表裙片（正面）
⑦放下表裙片，拉平鬆緊帶，縫合穿入口。

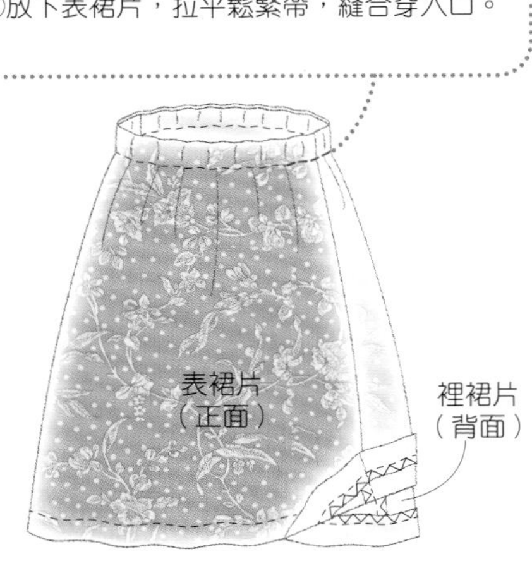
表裙片
（正面）
裡裙片
（背面）

完成尺寸	材料
總長114cm	**表布**（Cotton Lawn）寬110cm 280cm

原寸紙型

無

P.49_ No.44 輕便褲

裁布圖

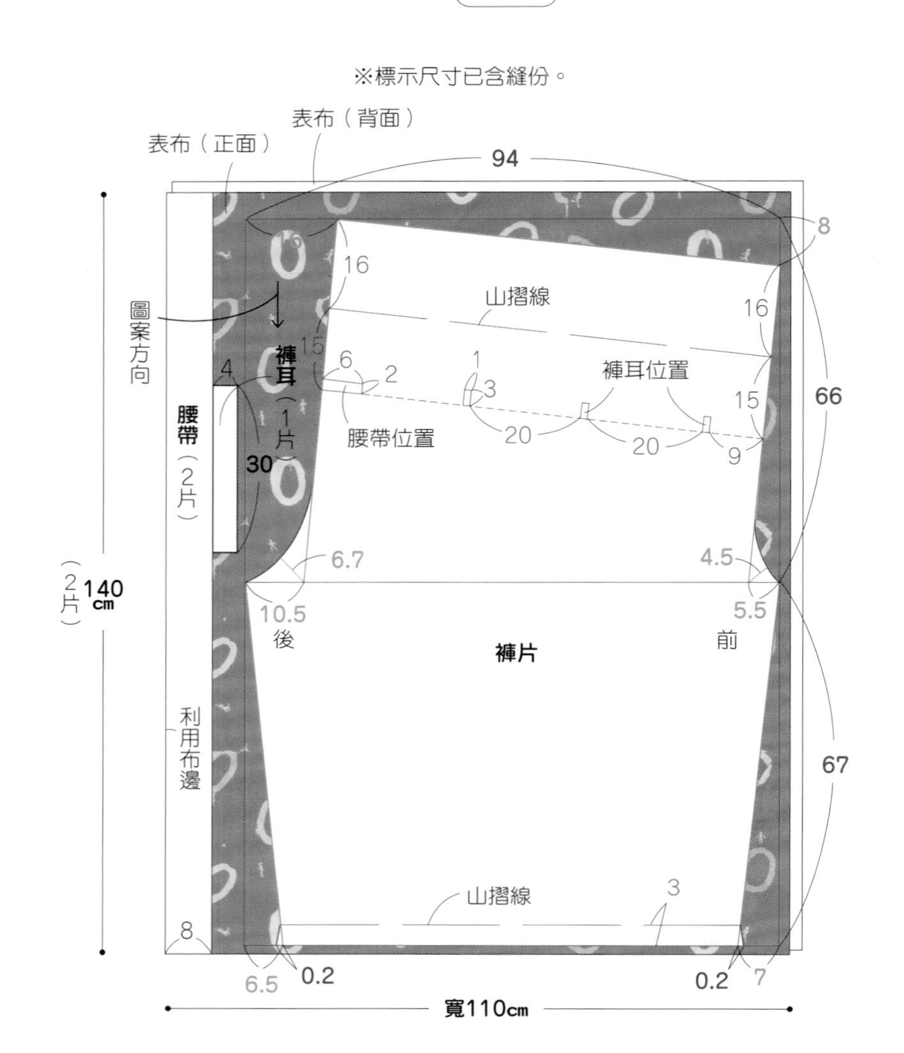

※標示尺寸已含縫份。
表布（背面）
表布（正面）
94
8
16
16
15
15
6
2
1
3
山摺線
褲耳位置
圖案方向
褲耳（1片）
4
腰帶（2片）
30
腰帶位置
20
20
9
66
6.7
4.5
140cm（2片）
10.5
5.5
後
前
褲片
利用布邊
67
山摺線
3
8
6.5
0.2
0.2
7
寬110cm

製作褲子紙型

在紙上繪圖，製作紙型，裁布（紙型已含縫份）。

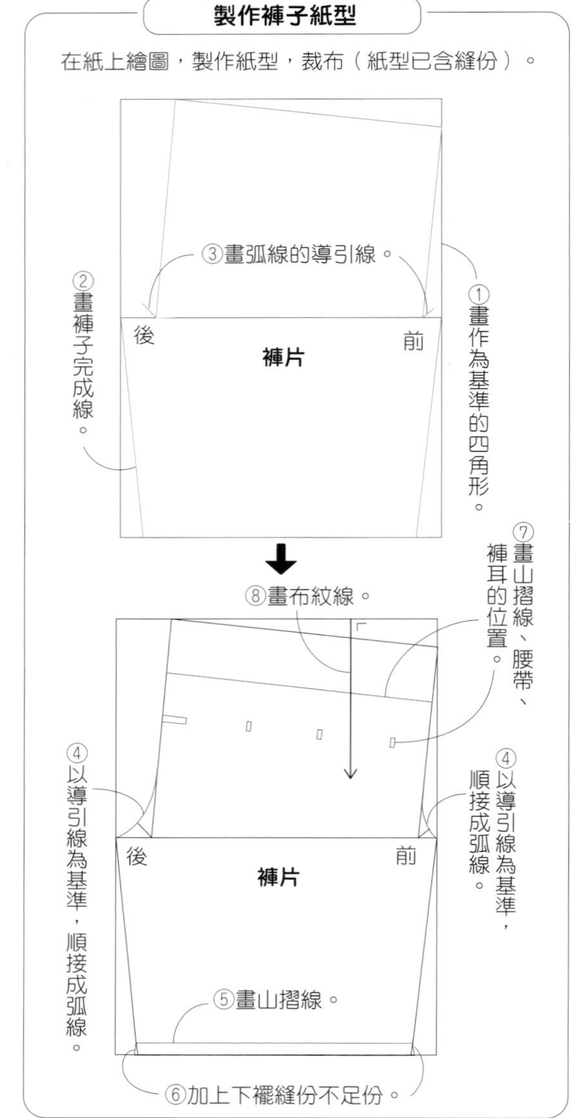

③畫弧線的導引線。
②畫褲子完成線。
①畫作為基準的四角形。
後
褲片
前
⑧畫布紋線。
⑦畫山摺線、腰帶、褲耳的位置。
④以導引線為基準，順接成弧線。
④以導引線為基準，順接成弧線。
後
褲片
前
⑤畫山摺線。
⑥加上下襬縫份不足份。

2. 製作褲耳

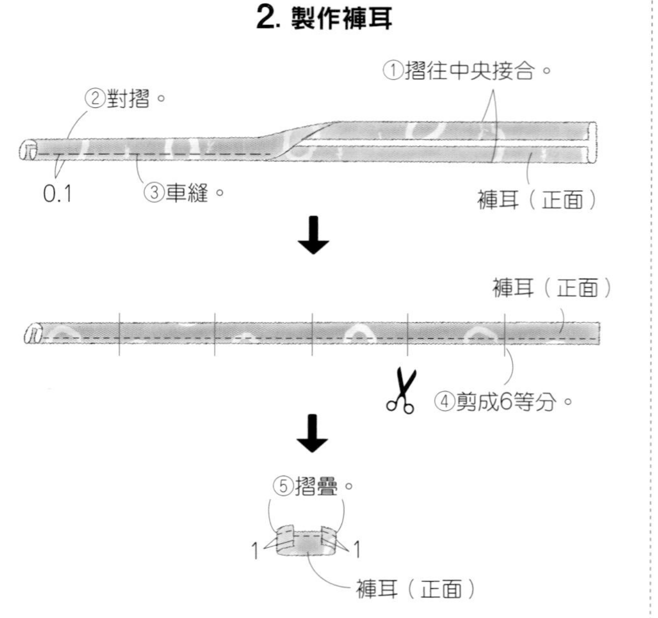

①摺往中央接合。
②對摺。
0.1
③車縫。
褲耳（正面）
褲耳（正面）
④剪成6等分。
⑤摺疊。
1
1
褲耳（正面）

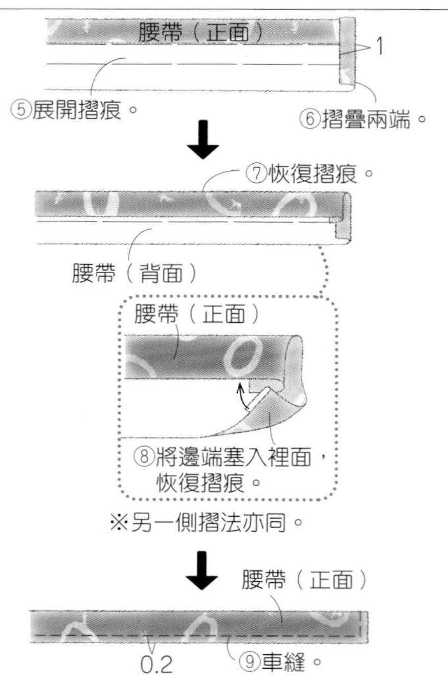

腰帶（正面）
1
⑤展開摺痕。
⑥摺疊兩端。
⑦恢復摺痕。
腰帶（背面）
腰帶（正面）
⑧將邊端塞入裡面，恢復摺痕。
※另一側摺法亦同。
腰帶（正面）
0.2
⑨車縫。

1. 製作腰帶

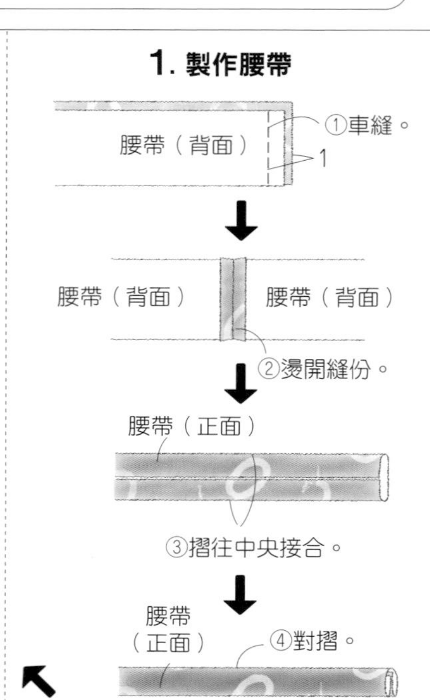

腰帶（背面）
①車縫。
1
腰帶（背面）
腰帶（背面）
②燙開縫份。
腰帶（正面）
③摺往中央接合。
腰帶（正面）
④對摺。

3. 車縫股下

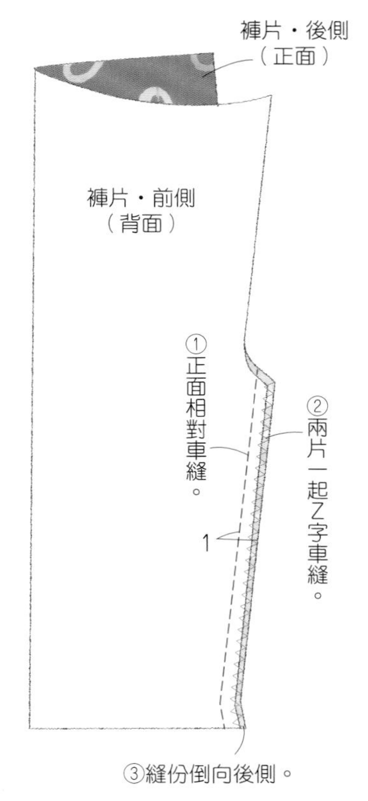

褲片・後側
（正面）
褲片・前側
（背面）
①正面相對車縫。
②兩片一起Z字車縫。
1
③縫份倒向後側。

※另一片作法亦同。

4. 車縫股上

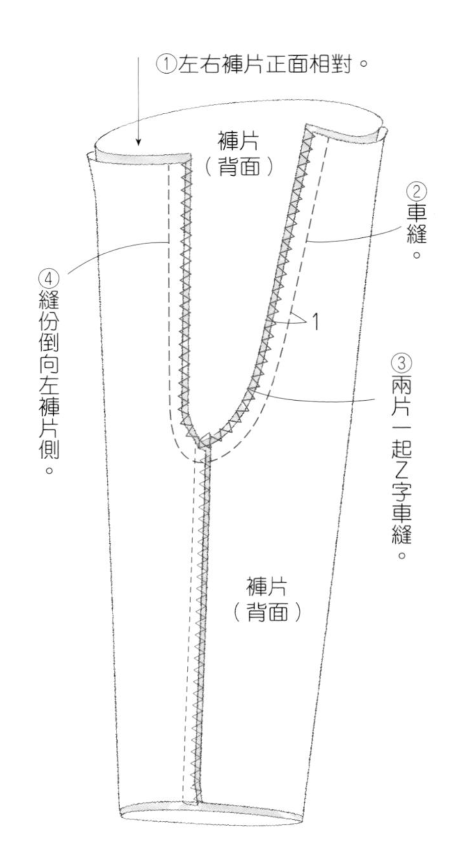

①左右褲片正面相對。
褲片
（背面）
②車縫。
④縫份倒向左褲片側。
1
③兩片一起Z字車縫。
褲片
（背面）

5. 車縫腰頭

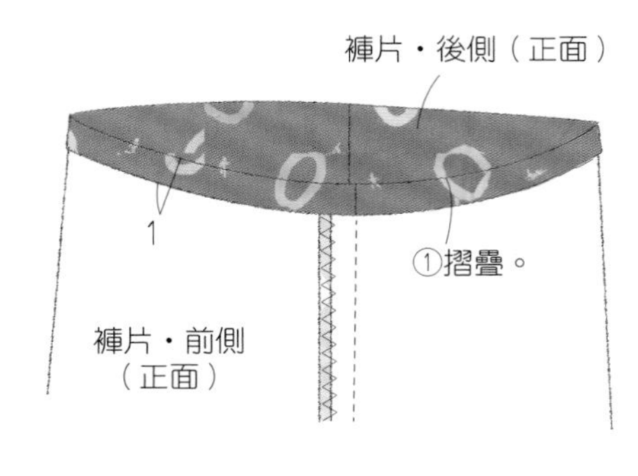

褲片・後側（正面）
1
①摺疊。
褲片・前側
（正面）

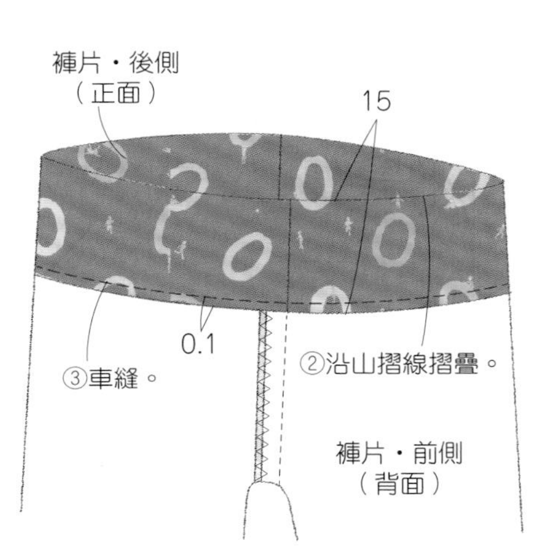

褲片・後側
（正面）
15
0.1
③車縫。
②沿山摺線摺疊。
褲片・前側
（背面）

6. 接縫腰帶

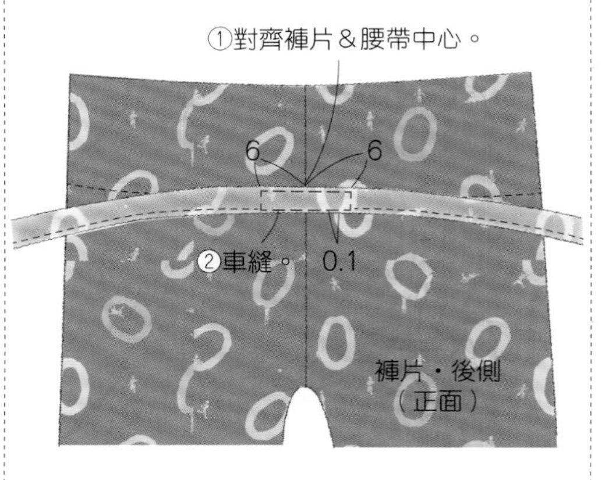

①對齊褲片＆腰帶中心。
6
6
②車縫。
0.1
褲片・後側
（正面）

7. 接縫褲耳

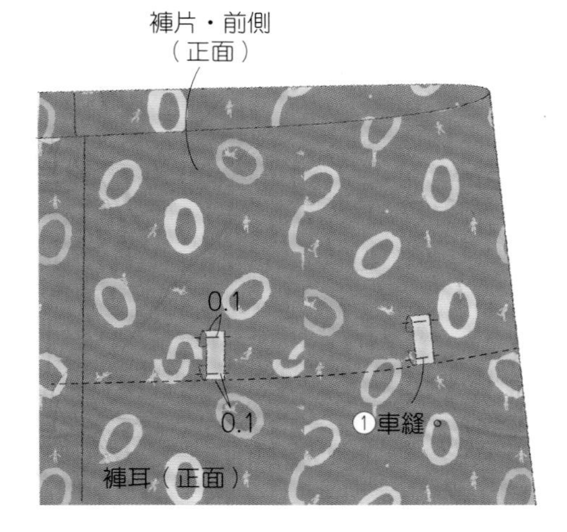

褲片・前側
（正面）
0.1
0.1
①車縫。
褲耳（正面）

※縫上6個褲耳。

8. 車縫下襬

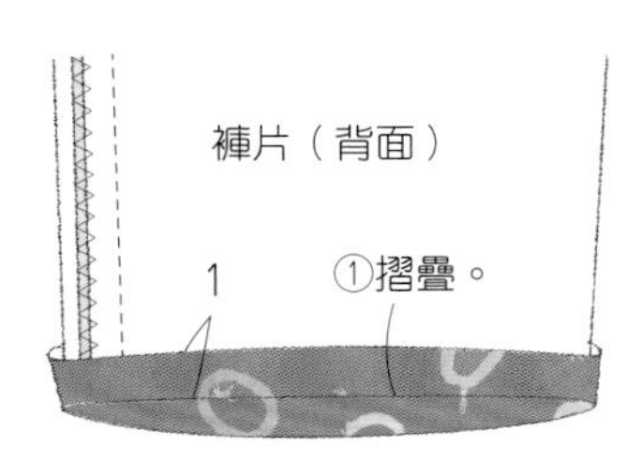

褲片（背面）
1
①摺疊。

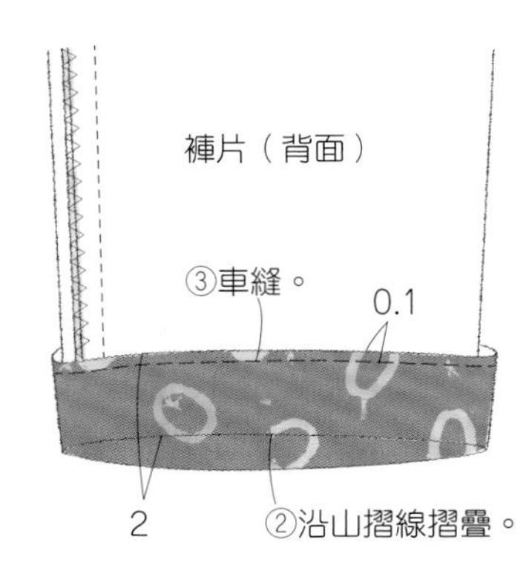

褲片（背面）
③車縫。
0.1
2
②沿山摺線摺疊。

完成尺寸	材料
腰圍119cm 總長85cm	**表布**（棉・麻平織布）寬110cm 200cm **鬆緊帶** 寬0.7cm 20cm

原寸紙型

D面

P.50_ No.45

寬鬆直筒長版上衣

4. 車縫拼接線

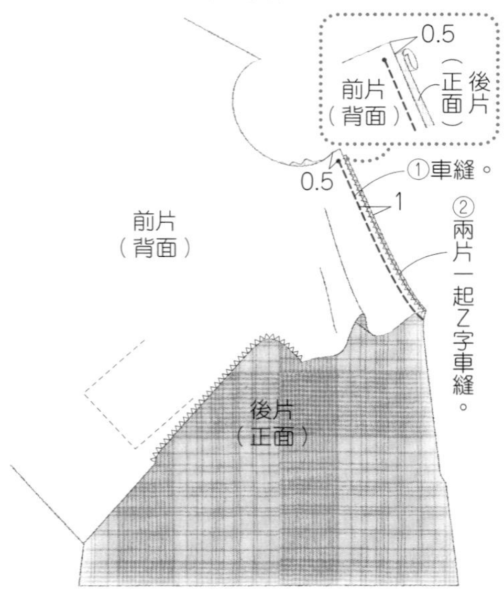

0.5
前片（背面）
後片（正面）
0.5
①車縫。
1
前片（背面）
②兩片一起Z字車縫。
後片（正面）

※另一側作法亦同。

5. 車縫脇邊線

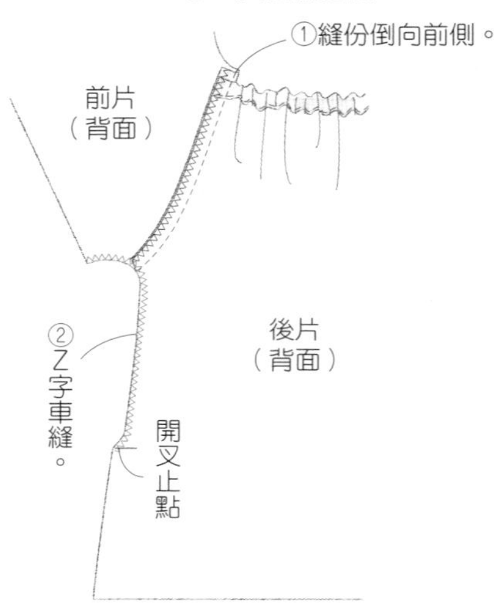

①縫份倒向前側。
前片（背面）
後片（背面）
②Z字車縫。
開叉止點

※另一側作法亦同。

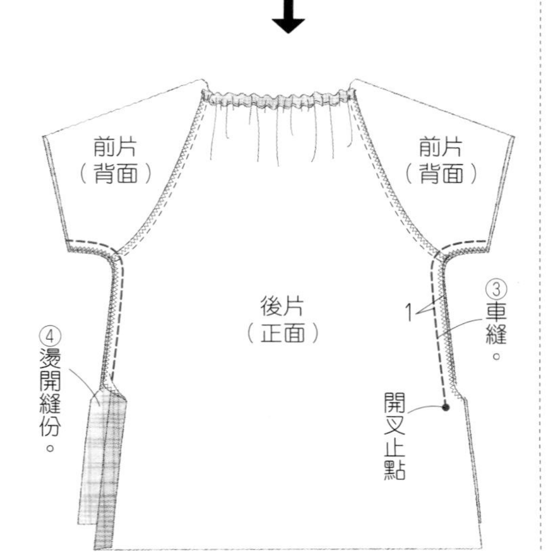

前片（背面）
前片（背面）
後片（正面）
1
③車縫。
④燙開縫份。
開叉止點

2. 製作口袋

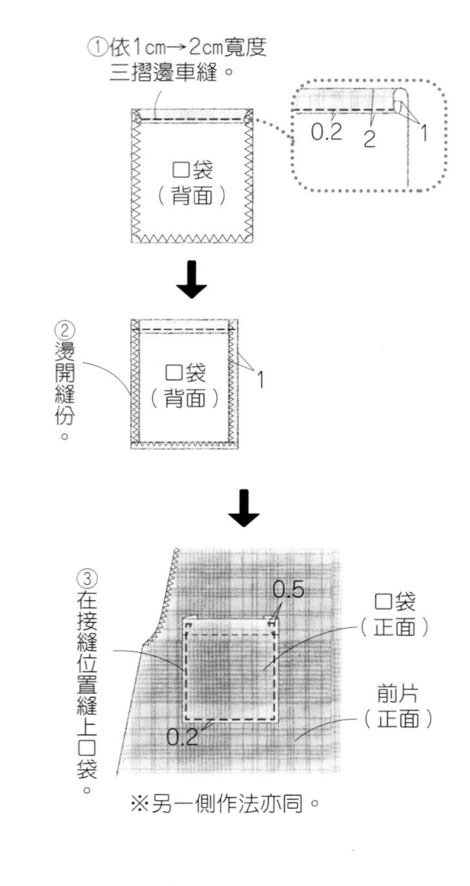

①依1cm→2cm寬度三摺邊車縫。
0.2
2
1
口袋（背面）
②燙開縫份。
口袋（背面）
1
③在接縫位置縫上口袋。
0.5
口袋（正面）
前片（正面）
0.2

※另一側作法亦同。

3. 車縫後領圍

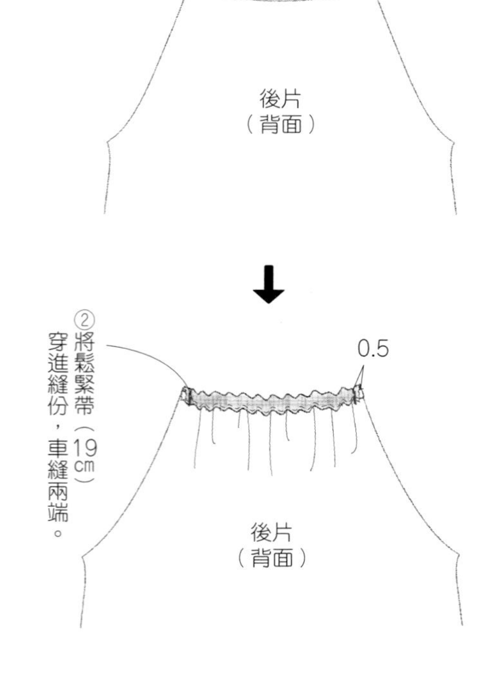

0.2
1
1
①依1cm→1cm寬度三摺邊車縫。
後片（背面）
②將鬆緊帶（19cm）穿進縫份，車縫兩端。
0.5
後片（背面）

裁布圖

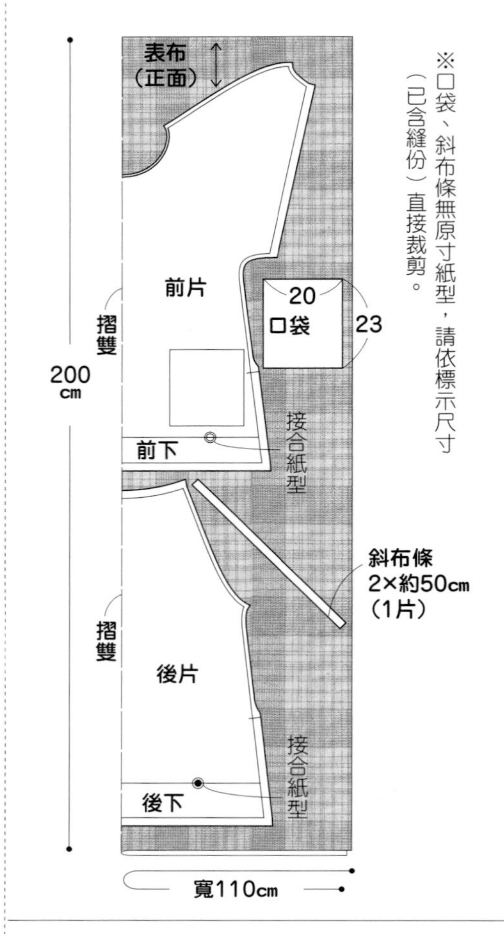

表布（正面）
前片
20
口袋
23
摺雙
200cm
前下
接合紙型
斜布條 2×約50cm（1片）
摺雙
後片
接合紙型
後下
寬110cm
※口袋、斜布條無原寸紙型，請依標示尺寸（已含縫份）直接裁剪。

1. 縫製前的準備

①Z字車縫 〰 部分。

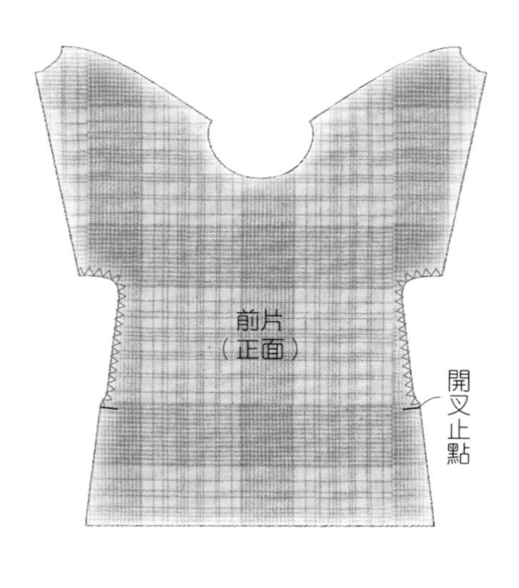

前片（正面）
開叉止點

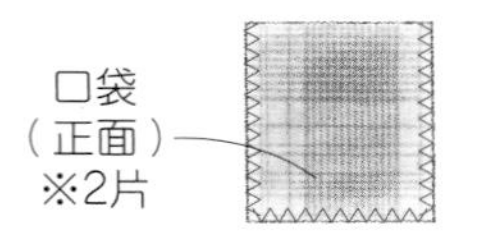

口袋（正面）※2片

6. 車縫前領圍

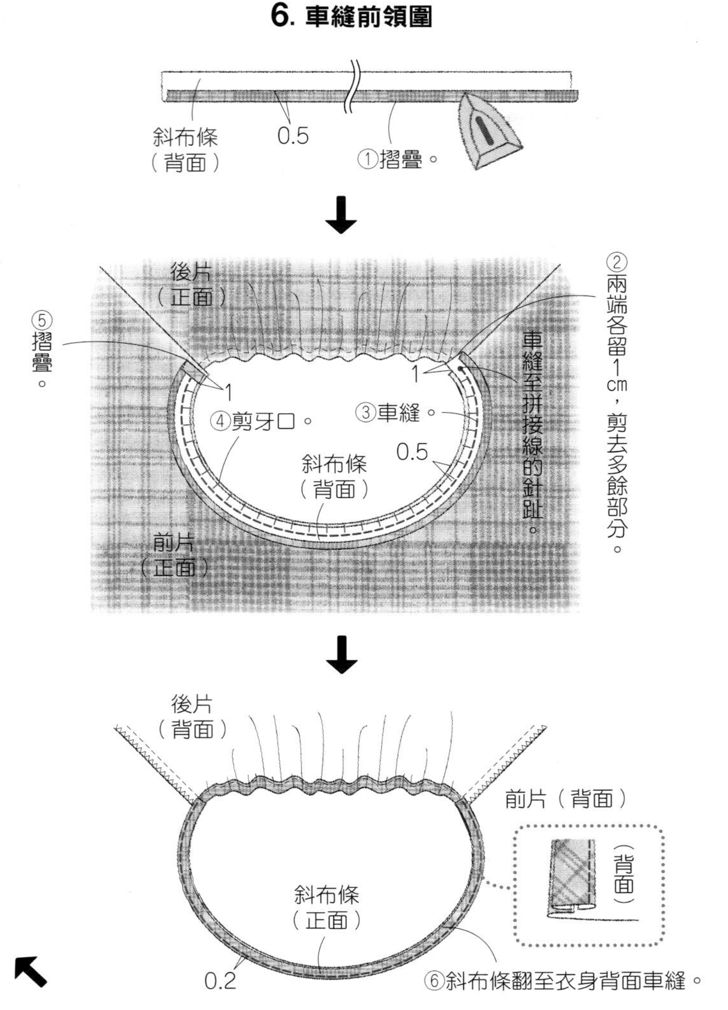

斜布條
（背面）
0.5
①摺疊。
後片
（正面）
⑤摺疊。
②兩端各留1cm，剪去多餘部分。
車縫至拼接線的針趾。
1
1
④剪牙口。
③車縫。
0.5
斜布條
（背面）
前片
（正面）
後片
（背面）
前片（背面）
（背面）
斜布條
（正面）
0.2
⑥斜布條翻至衣身背面車縫。

7. 完成

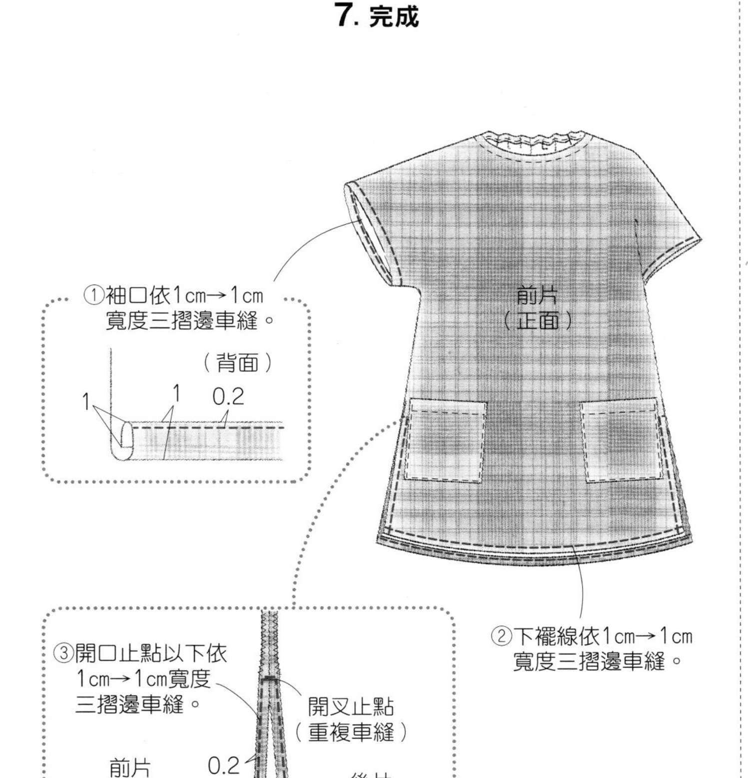

①袖口依1cm→1cm
寬度三摺邊車縫。
（背面）
1
1
0.2
前片
（正面）
②下襬線依1cm→1cm
寬度三摺邊車縫。
③開口止點以下依
1cm→1cm寬度
三摺邊車縫。
開叉止點
（重複車縫）
前片
（背面）
0.2
1
後片
（背面）
1
0.2

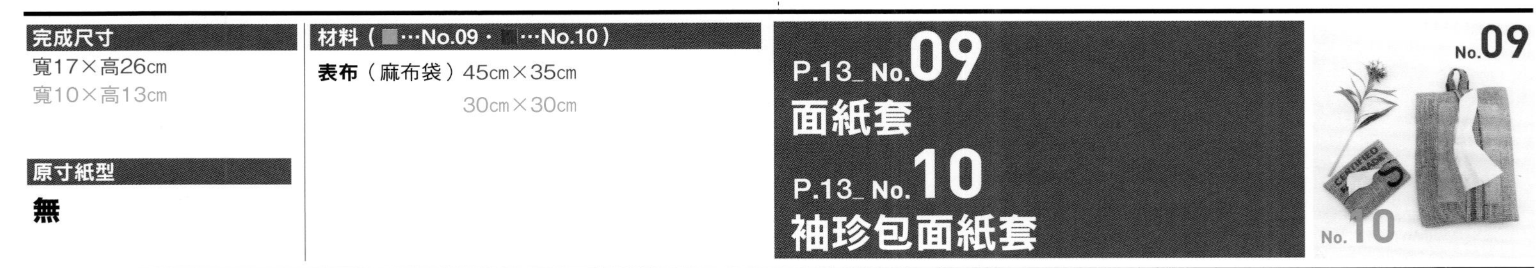

完成尺寸

寬17×高26cm
寬10×高13cm

原寸紙型

無

材料（■…No.09・■…No.10）

表布（麻布袋）45cm×35cm
30cm×30cm

P.13_ No.09
面紙套
P.13_ No.10
袖珍包面紙套

No.09
No.10

裁布圖

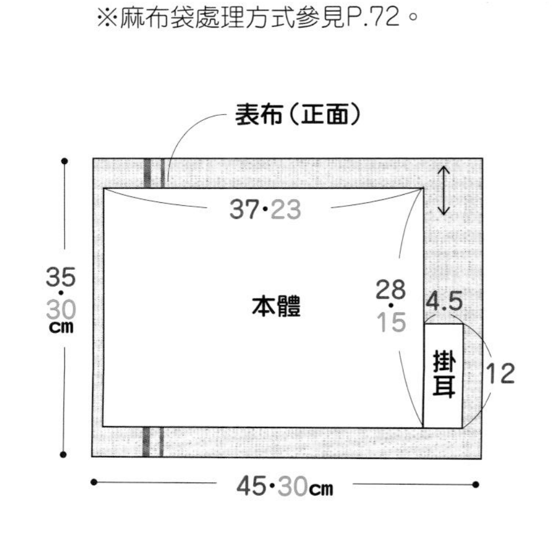

※標示尺寸已含縫份。
※■…No.09・■…No.10
※麻布袋處理方式參見P.72。
表布（正面）
37・23
35・30cm
本體
28・15
4.5
掛耳
12
45・30cm

1. 接縫掛耳（僅限No.09）

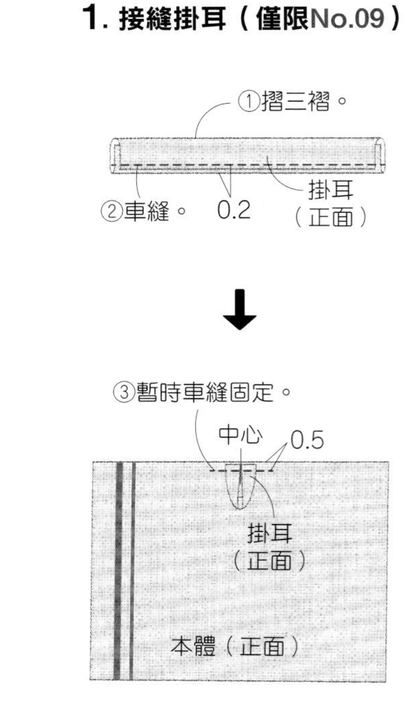

①摺三褶。
②車縫。
0.2
掛耳
（正面）
③暫時車縫固定。
中心
0.5
掛耳
（正面）
本體（正面）

2. 製作本體

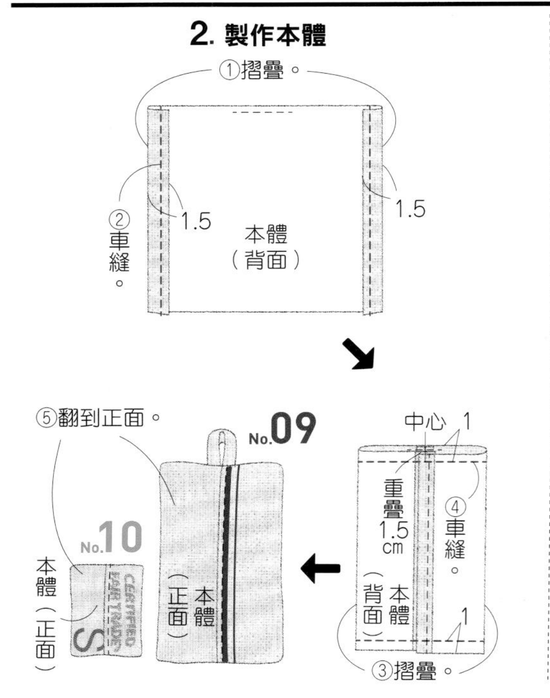

①摺疊。
②車縫。
1.5
1.5
本體
（背面）
中心
1
重疊1.5cm
④車縫。
本體（背面）
1
③摺疊。
⑤翻到正面。
No.09
No.10
本體（正面）
本體（正面）

完成尺寸

腰圍119cm
總長123cm

原寸紙型

D面

材料

表布（棉布）寬110cm 290cm
鬆緊帶 寬0.7cm 20cm

P.51_ No.46

寬鬆直筒連身裙

裁布圖

※口袋、斜布條無原寸紙型，請依標示尺寸（已含縫份）直接裁剪。

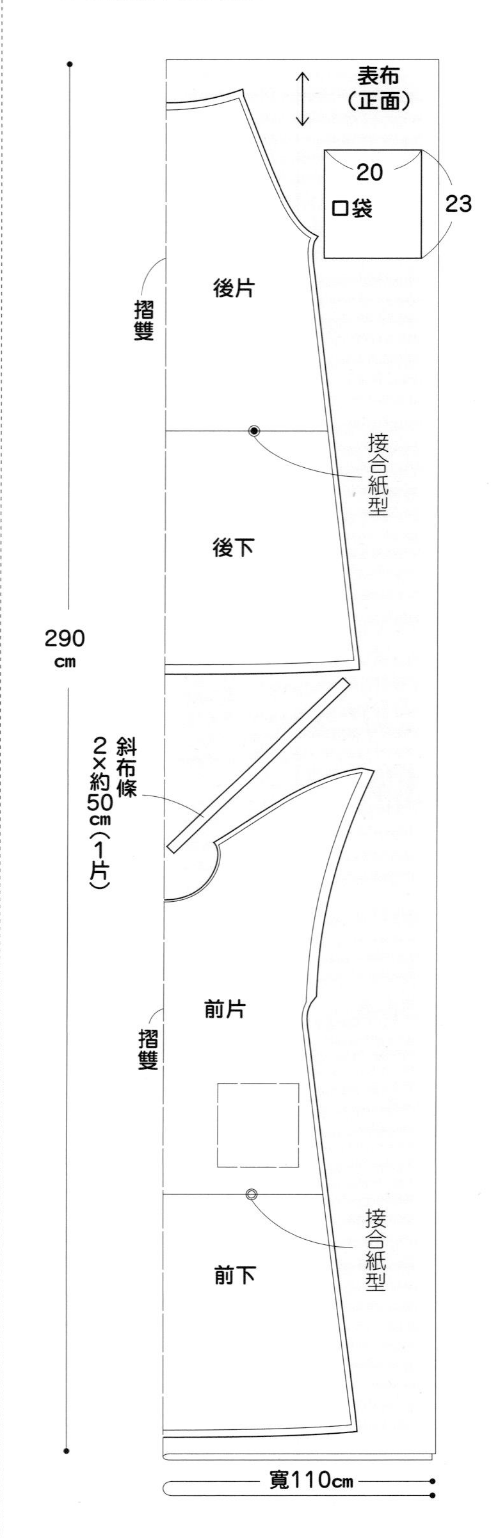

表布
（正面）
20
口袋
23
後片
摺雙
接合紙型
後下
290cm
斜布條
2×約50cm（1片）
前片
摺雙
接合紙型
前下
寬110cm

1. 縫製前的準備

①Z字車縫 部分。

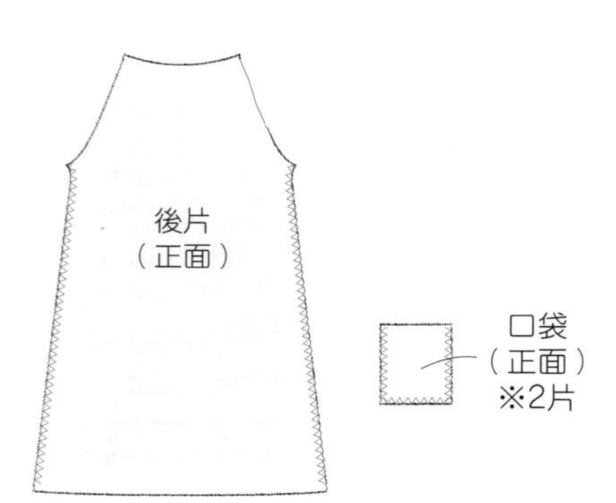

前片
（正面）
後片
（正面）
口袋
（正面）
※2片

2. 製作口袋
3. 車縫後領圍
4. 車縫袖子拼接線

※參見P.108 **2.至4.**縫製。

5. 車縫脇邊線

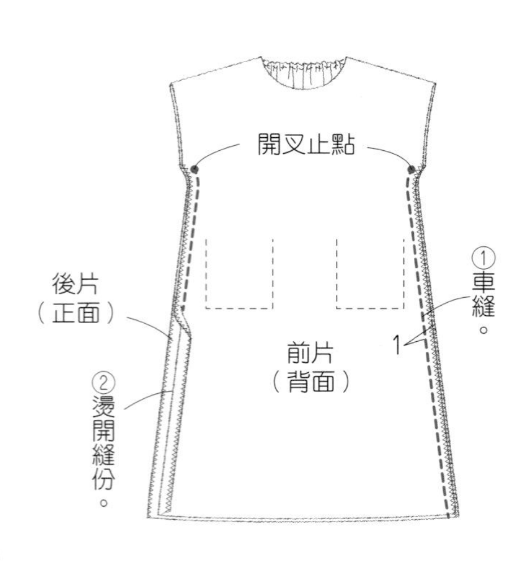

開叉止點
後片
（正面）
①車縫。
1
前片
（背面）
②燙開縫份。

6. 車縫前領圍

※參見P.109 **6.**縫製。

7. 車縫袖口＆下襬

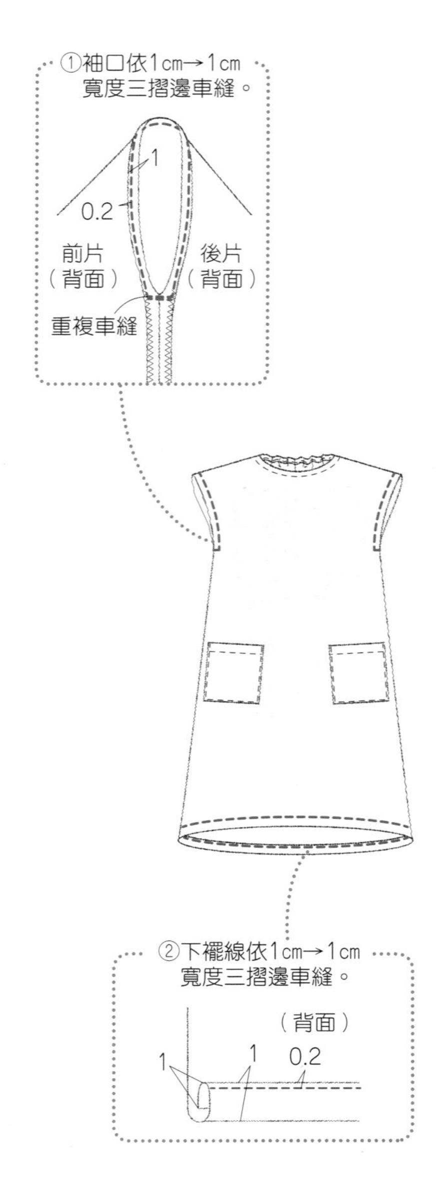

①袖口依1cm→1cm
寬度三摺邊車縫。
1
0.2
前片
（背面）
後片
（背面）
重複車縫
②下襬線依1cm→1cm
寬度三摺邊車縫。
（背面）
1
1
0.2

完成尺寸

寬4×高22.5cm

原寸紙型

B面

材料

表布（Cotton Lawn）15cm×30cm
裡布（棉布）15cm×30cm
接著襯（薄）15cm×30cm

P.23_ No.20 扇袋

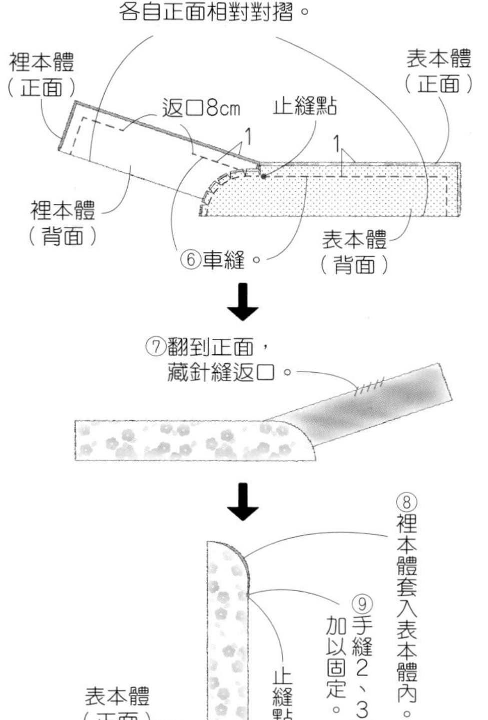
⑤翻到背面，表本體＆裡本體各自正面相對對摺。
裡本體（正面）
表本體（正面）
返口8cm
止縫點
1
1
裡本體（背面）
⑥車縫。
表本體（背面）
⑦翻到正面，藏針縫返口。

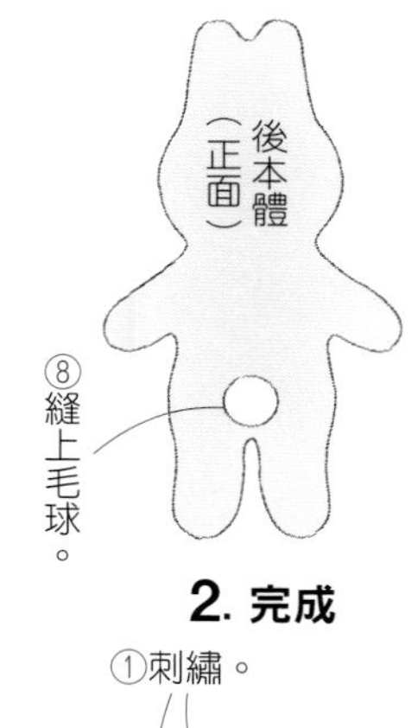
⑧裡本體套入表本體內。
⑨手縫2、3次加以固定。
止縫點
表本體（正面）

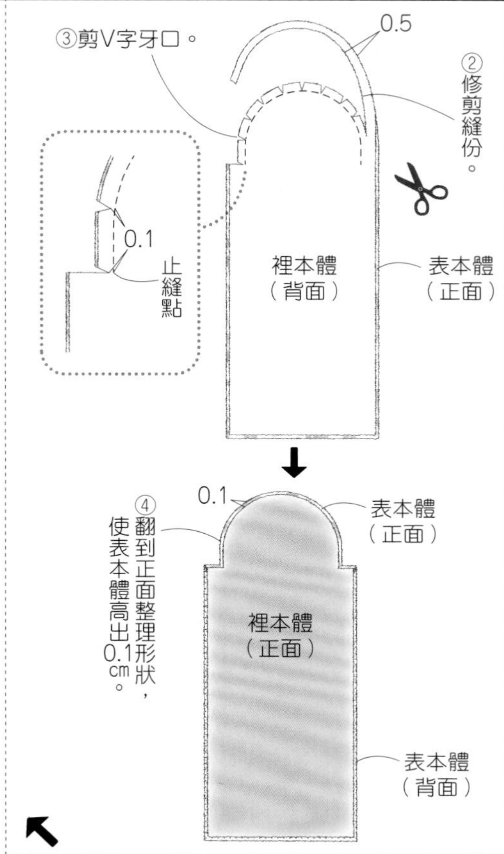
③剪V字牙口。
0.5
②修剪縫份。
0.1
止縫點
裡本體（背面）
表本體（正面）
0.1
④翻到正面整理形狀，使表本體高出0.1cm。
表本體（正面）
裡本體（正面）
表本體（背面）

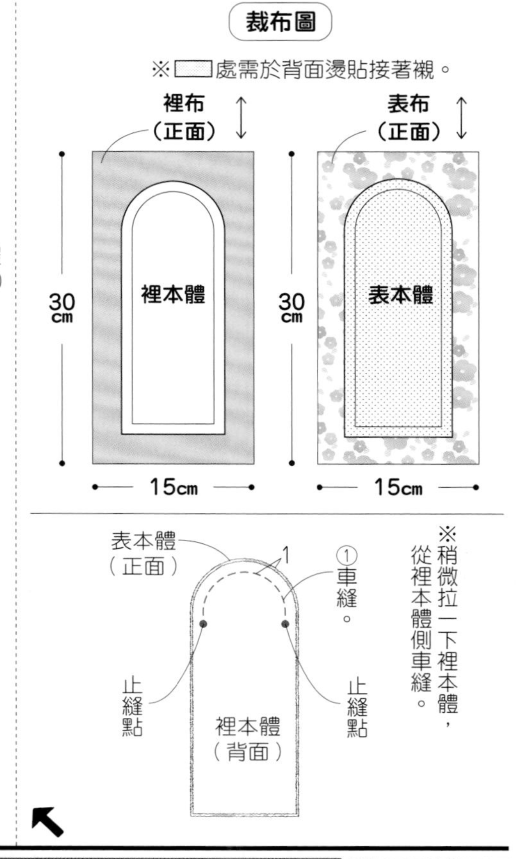
裁布圖
※▭處需於背面燙貼接著襯。
裡布（正面）
表布（正面）
裡本體
表本體
30cm
30cm
15cm
15cm
表本體（正面）
1
①車縫。
※稍微拉一下裡本體，從裡本體側車縫。
止縫點
止縫點
裡本體（背面）

完成尺寸

寬7×高12.5cm

原寸紙型

D面

材料

表布（Cotton Lawn）20cm×20cm／**配布**（棉布）5cm×5cm
紐釦 6mm1顆／**毛球** 1顆
填充棉 適量
DMC25號繡線（356・米褐粉紅）適量

P.56_ No.50 兔子玩偶

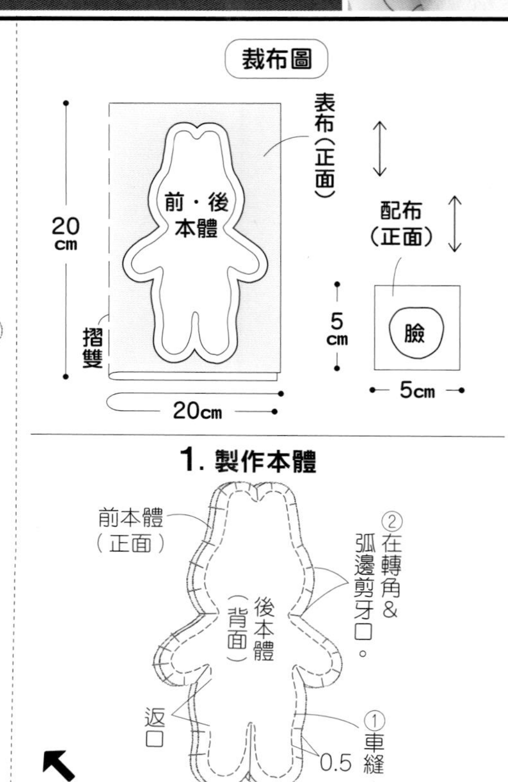
裁布圖
表布（正面）
前・後本體
20cm
摺雙
20cm
配布（正面）
臉
5cm
5cm
1. 製作本體
前本體（正面）
②在弧邊轉角＆剪牙口。
後本體（背面）
返口
①車縫。
0.5

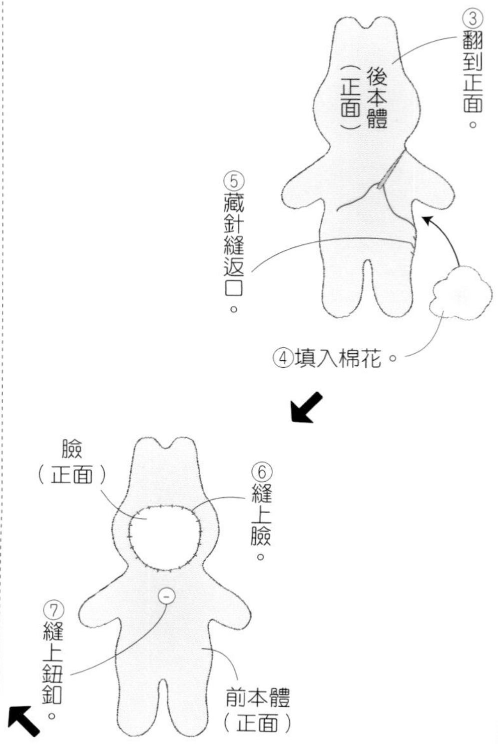
③翻到正面。
後本體（正面）
⑤藏針縫返口。
④填入棉花。
臉（正面）
⑥縫上臉。
⑦縫上鈕釦。
前本體（正面）

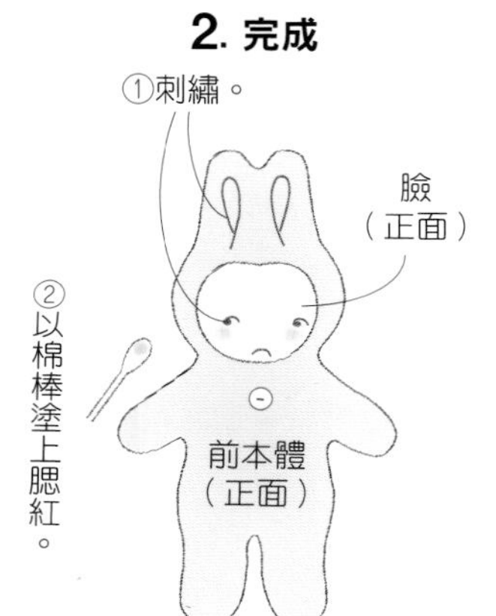
後本體（正面）
⑧縫上毛球。
2. 完成
①刺繡。
臉（正面）
②以棉棒塗上腮紅。
前本體（正面）

完成尺寸	材料
寬21×高21㎝	**表布**（13目/1㎝亞麻布）30㎝×30㎝
原寸紙型	**配布**（棉布）25㎝×25㎝
無	**裡布**（棉布）50㎝×25㎝
	鋪棉（薄）25㎝×25㎝
	DMC25號繡線 適量／**彈簧壓釦** 12㎜ 1組

P.56_ No.51 扁平波奇包

刺繡圖案

※使用經線＆緯線等間距織成的布料（亞麻布）。
13目/1㎝意指1㎝寬有13目經線＆緯線的布料。依目數變化刺繡的大小。

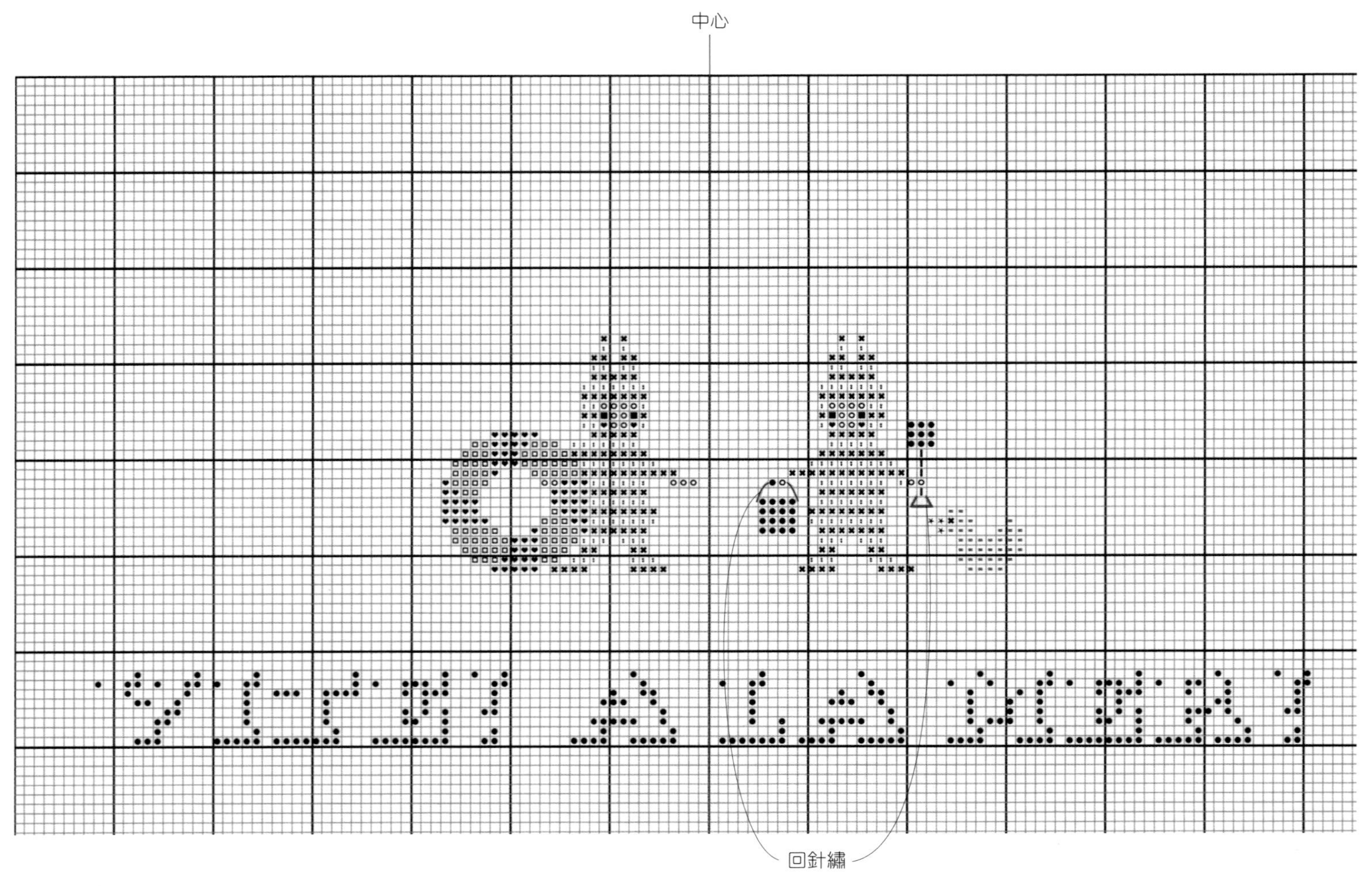

中心
回針繡

※除了指定處之外，一律取2股繡線在13目/1㎝亞麻布上依圖案進行十字繡。

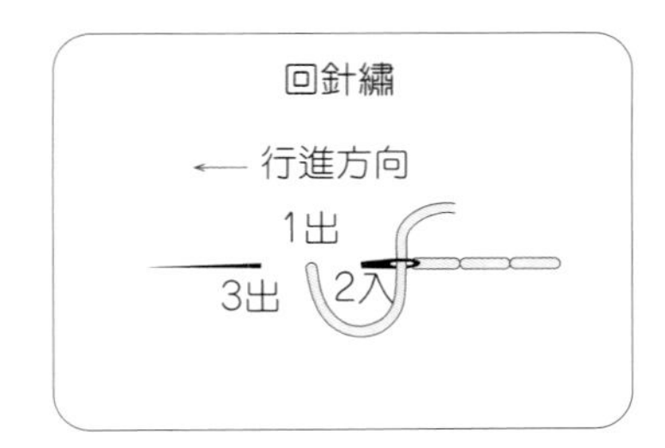

回針繡
行進方向
1出
2入
3出

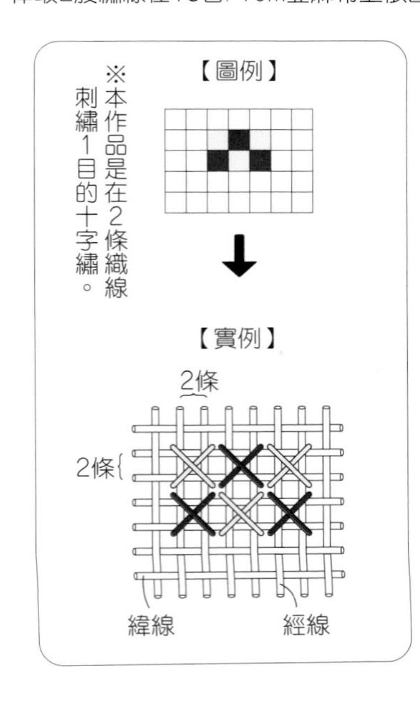

※本作品是在刺繡1目的十字繡。2條織線
【圖例】
【實例】
2條
2條
緯線
經線

DMC繡線色號

■	#310	:	#613
○	#950	●	#666
♥	#356	=	#726
✕	#3810	I	#415
★	#972	□	#3815

※若手邊無相同色號繡線，可參考圖片使用喜歡的顏色刺繡。

工具・材料

【十字繡用針】

針眼較長，易於穿入粗線。針尖是圓的，容易刺入布的織目。數字愈大，針愈細、愈短。

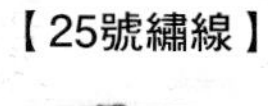

【25號繡線】

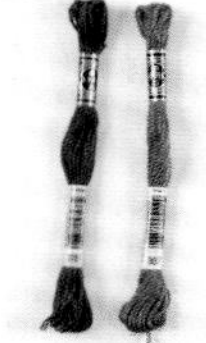

由6股細線捻合成1股繡線，取線時依所需數量抽出使用。

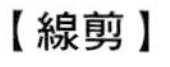

【線剪】

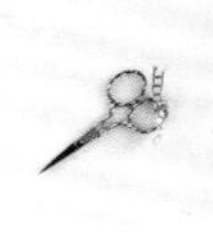

刀尖也能剪線的鋒利剪刀。

【繡框】

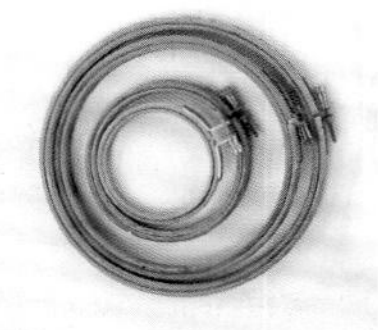

將布蹦在繡框，可防止刺繡皺縮，刺繡起來也更容易。

十字繡繡法

數著目數，將繡線交叉成十字，填滿圖案。

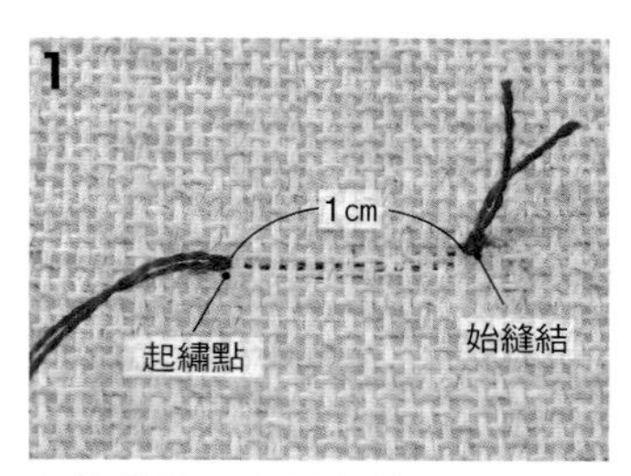

1
1cm
起繡點
始縫結

打始縫結，在距起繡點1㎝處入針，從起繡點出針。

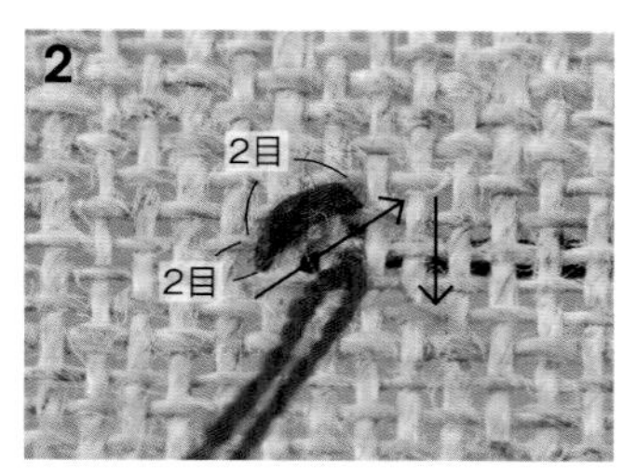

2
2目
2目

斜跨縱橫兩條織線，繡出／形，再從第2條織線垂直向下出針。

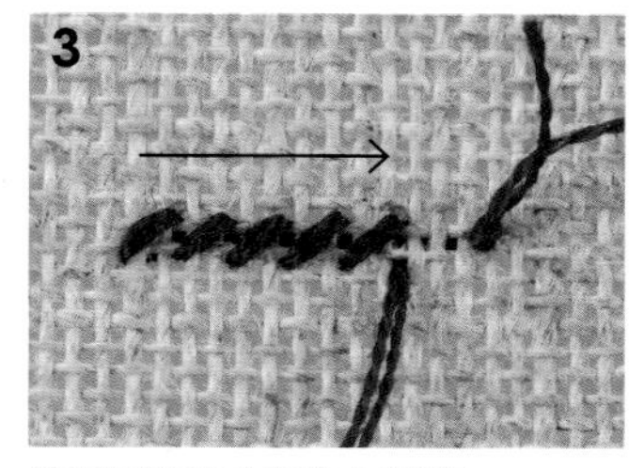

3

依相同作法由左向右刺繡。

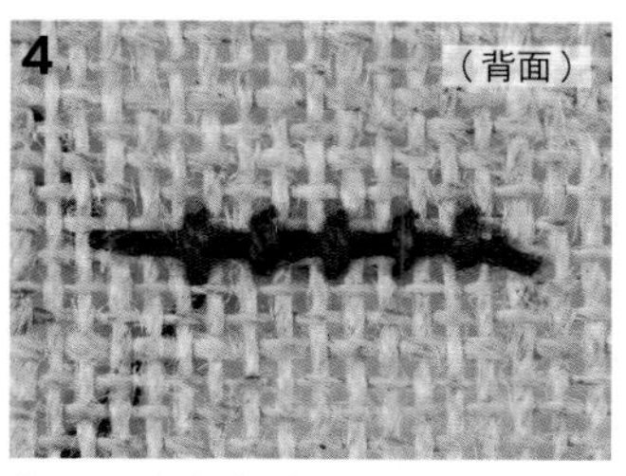

4
（背面）

背面是夾住起繡的繡線，縱向渡線。

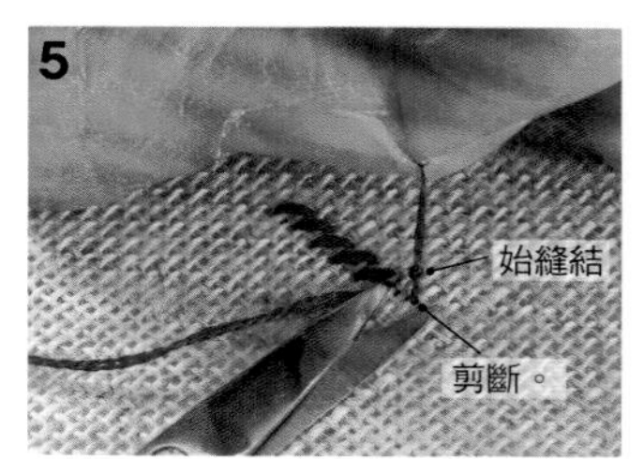

5
始縫結
剪斷。

繡到靠近始縫結時，拉起繡線，從始縫結下剪斷。

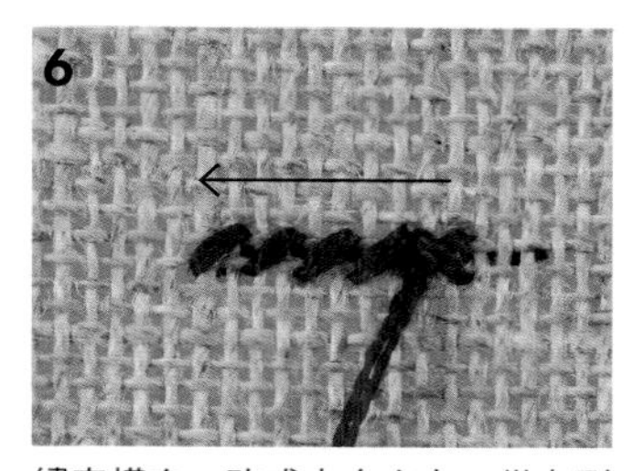

6

繡完橫向，改成由右向左，從上到下繡成×字型。

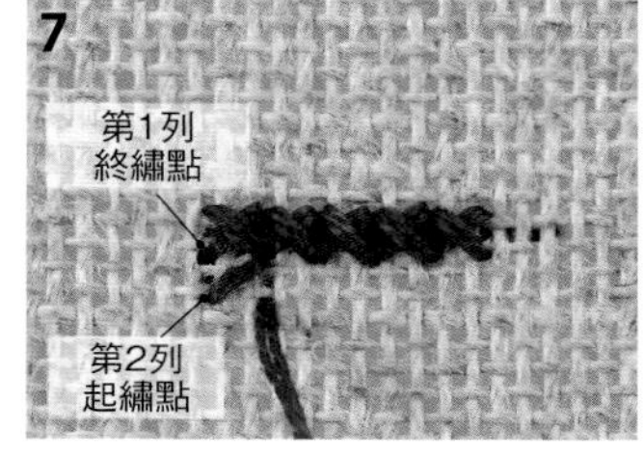

7
第1列
終繡點
第2列
起繡點

縱向移至下一列，依相同方式刺繡。

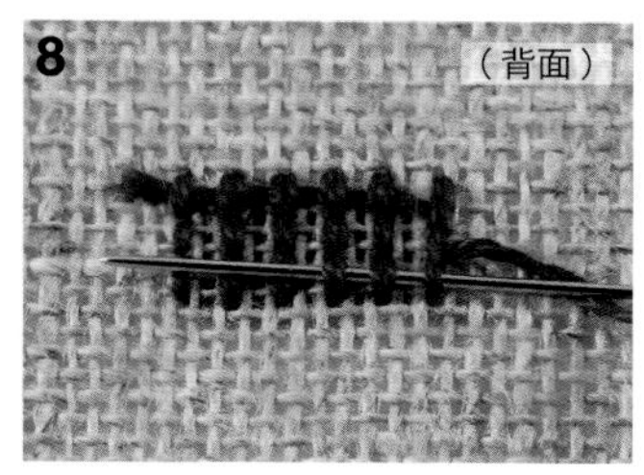

8
（背面）

刺繡完畢，由背面出針，穿過約3個縱向針目，剪斷繡線。

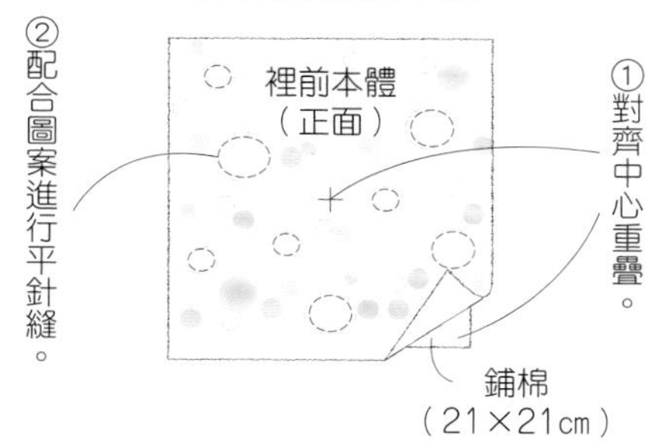

1. 製作裡前本體
裡前本體
（正面）
①對齊中心重疊。
②配合圖案進行平針縫。
鋪棉
（21×21㎝）

※有鋪棉的是裡前本體，沒鋪棉的是裡後本體。

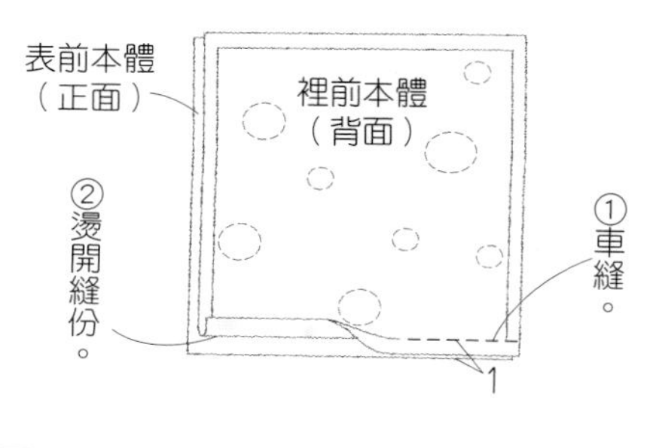

2. 製作本體
表前本體
（正面）
裡前本體
（背面）
②燙開縫份。
①車縫。
1

※表後本體＆裡後本體作法亦同。

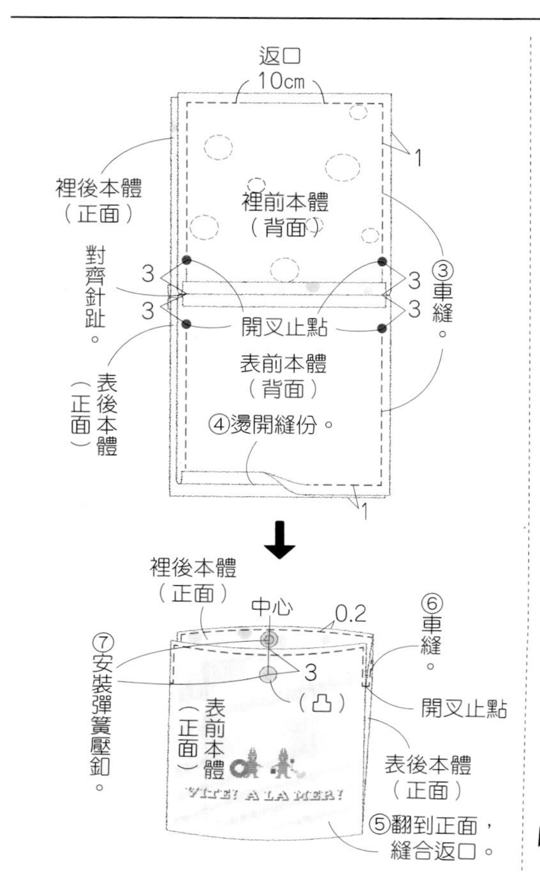

返口
10㎝
1
裡後本體
（正面）
裡前本體
（背面）
對齊針趾。
3
3
③車縫。
3
3
開叉止點
表前本體
（背面）
表後本體
（正面）
④燙開縫份。
1
裡後本體
（正面）
中心
0.2
⑥車縫。
⑦安裝彈簧壓釦。
3
（凸）
開叉止點
表前本體
（正面）
表後本體
（正面）
VITE! A LA MER!
⑤翻到正面，縫合返口。

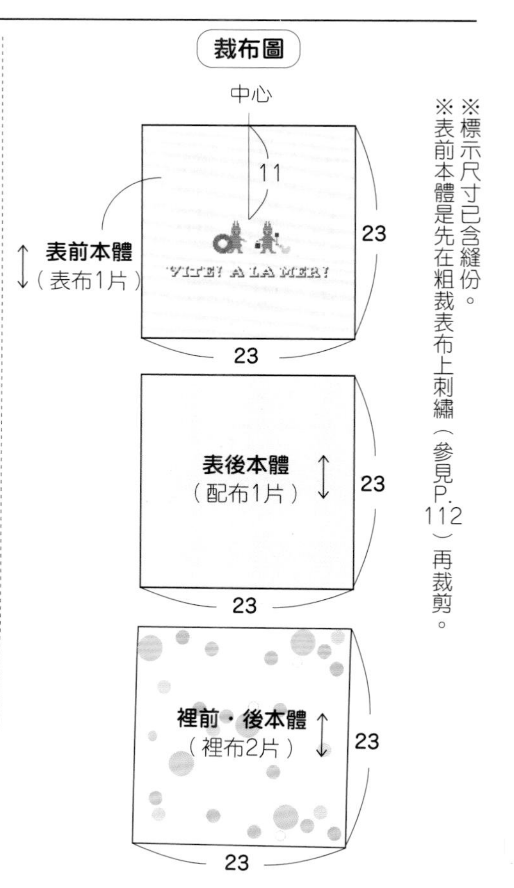

裁布圖
中心
11
表前本體
（表布1片）
VITE! A LA MER!
23
23
表後本體
（配布1片）
23
23
裡前・後本體
（裡布2片）
23
23
※標示尺寸已含縫份。
※表前本體是先在粗裁表布上刺繡（參見P.112）再裁剪。

雅書堂 搜尋

www.elegantbooks.com.tw

Cotton friend 手作誌 Summer Edition 2023 vol.61

清爽度UP！加入設計感的布作練習

衣物改造×零碼布的涼夏創作好點子

授權	BOUTIQUE-SHA
譯者	周欣芃 · 瞿中蓮
社長	詹慶和
執行編輯	陳姿伶
編輯	劉蕙寧・黃璟安・詹凱雲
美術編輯	陳麗娜・周盈汝・韓欣恬
內頁排版	陳麗娜・造極彩色印刷
出版者	雅書堂文化事業有限公司
發行者	雅書堂文化事業有限公司
郵政劃撥帳號	18225950
郵政劃撥戶名	雅書堂文化事業有限公司
地址	新北市板橋區板新路 206 號 3 樓
網址	www.elegantbooks.com.tw
電子郵件	elegant.books@msa.hinet.net
電話	(02)8952-4078
傳真	(02)8952-4084

2023 年 7 月初版一刷　定價／420 元

經銷／易可數位行銷股份有限公司
地址／新北市新店區寶橋路 235 巷 6 弄 3 號 5 樓
電話／ (02)8911-0825
傳真／ (02)8911-0801

國家圖書館出版品預行編目 (CIP) 資料

清爽度 UP! 加入設計感的布作練習 / BOUTIQUE-SHA 授權；周欣芃，翟中蓮譯. -- 初版. -- 新北市：雅書堂文化事業有限公司，2023.07
面；　公分. -- (Cotton friend 手作誌；61)
ISBN 978-986-302-680-8(平裝)

1.CST: 手工藝

426.7　　112010945

STAFF	日文原書製作團隊
編輯長	根本さやか
編輯	渡辺千帆里　川島順子　濱口亜沙子
編輯協力	浅沼かおり
攝影	回里純子　腰塚良彥　藤田律子
造型	西森 萌
妝髮	タニジュンコ
視覺&排版	みうらしゅう子　松本真由美　牧 陽子　和田充美
繪圖	並木愛　爲季法子　三島恵子　高田翔子 星野喜久代　松尾容巳子　宮路睦子 あべひろみ　上野友美
摹寫	榊原良一
紙型製作	山科文子
校對	澤井清絵